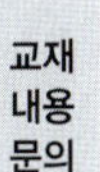
정답과 풀이는 EBS*i* 사이트(www.ebs*i*.co.kr)에서 내려받으실 수 있습니다.

교재 내용 문의	교재 및 강의 내용 문의는 EBS*i* 사이트 (www.ebs*i*.co.kr)의 학습 Q&A 서비스를 이용하시기 바랍니다.	**교 재 정오표 공 지**	발행 이후 발견된 정오 사항을 EBS*i* 사이트 정오표 코너에서 알려 드립니다. 교재 ▶ 교재 자료실 ▶ 교재 정오표	**교재 정정 신청**	공지된 정오 내용 외에 발견된 정오 사항이 있다면 EBS*i* 사이트를 통해 알려 주세요. 교재 ▶ 교재 정정 신청

EBS play+

'잠들기 전에'

지식은 루틴이 된다

'식사할 때'

하루 10분
나를 위한 콘텐츠

EBS play+

'출·퇴근길에'

'커피 한잔할 때'

Knowledge Becomes Routine

'산책할 때'

EBS play+

EBS 구독이 후원입니다.
www.ebs.co.kr/package/support

내신과 수능을 모두 잡는 EBS 대표 기본서

공통수학2

이 책의 구성과 특징

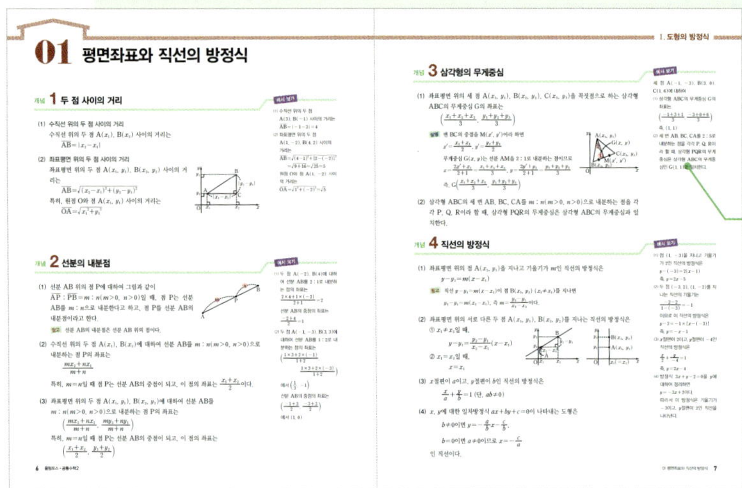

핵심 개념

교과서 개념을 소주제별로 세분화하여 핵심 내용을 체계적으로 정리하였습니다.

개념이 적용된 '예시 보기'를 통해 개념의 확실한 이해를 도울 수 있도록 하였습니다.

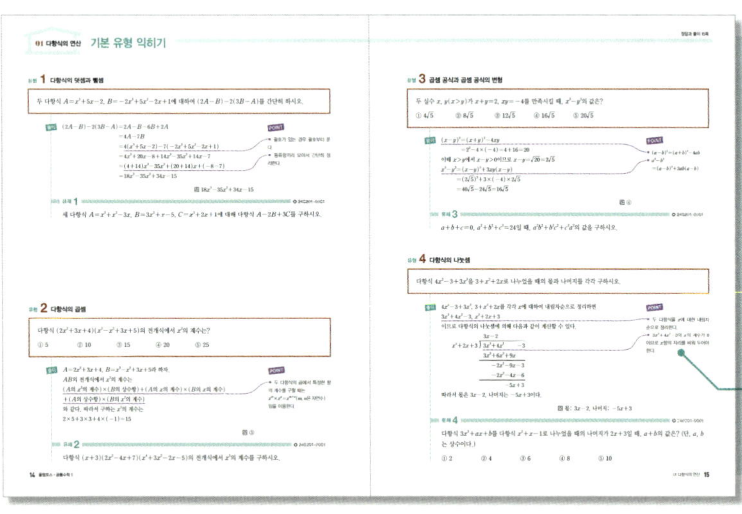

기본 유형 익히기

대표 문제를 통해 기본 유형을 익히고 비슷한 유제를 다시 한 번 풀어보며, 완벽하게 연습할 수 있도록 하였습니다.

'POINT'를 통해 문제 해결에 도움이 되는 내용과 추가 개념을 학습할 수 있도록 하였습니다.

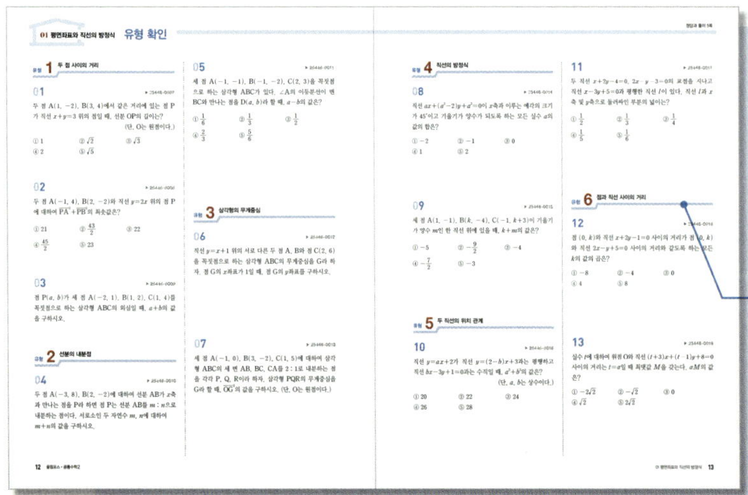

유형 확인

중단원별 자주 출제되는 문제들로 엄선하여 유형에 대한 적응력을 높일 수 있도록 하였습니다.

기본 유형 익히기에서 다룬 유형과 동일하게 구분하여 유형별 학습에 최적화될 수 있도록 하였습니다.

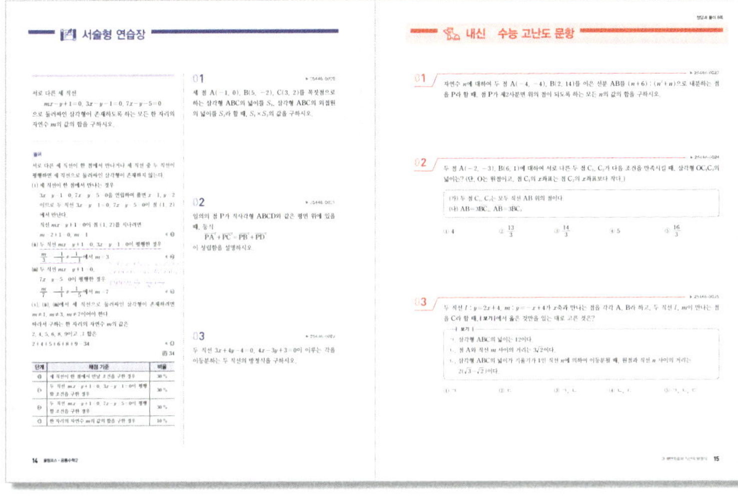

서술형 연습장

단계적 풀이 과정과 채점 기준표를 통해 문제 해결 과정의 이해를 돕고 서술형 문제에 대비할 수 있도록 하였습니다.

내신 + 수능 고난도 문항

내신 및 수능 1등급에 대비하기 위한 유형들로 구성하여 고난도 문항에 대한 자신감을 얻을 수 있도록 하였습니다.

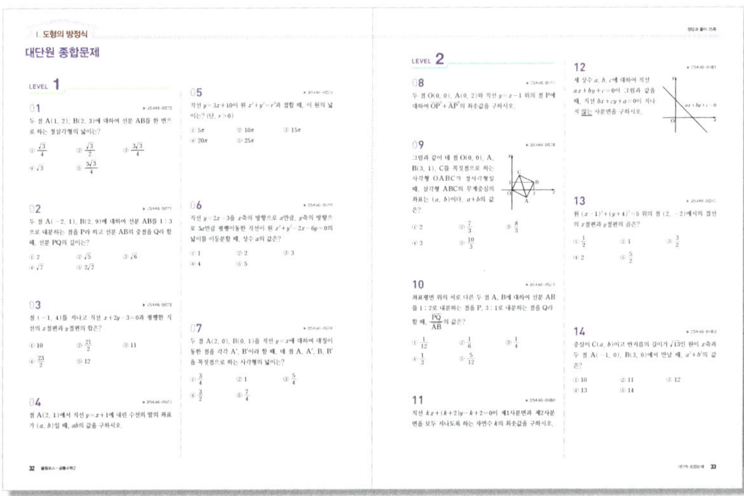

대단원 종합문제

체계적이고 종합적인 사고력을 학습할 수 있도록 LEVEL1 기본 문제부터 LEVEL3 고난도 문제까지 단계별로 수록하였습니다.

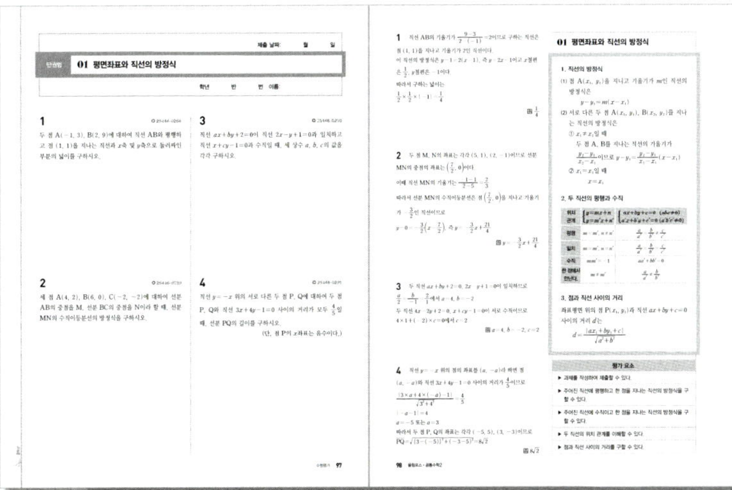

수행평가

학교 수행평가에 대비할 수 있도록 단원별 서술형 쪽지 시험을 구성하였습니다.

뒷장에 바로 풀이와 관련 개념, 평가 요소를 수록하여 스스로 확인하며 학습할 수 있도록 하였습니다.

이 책의 차례

Ⅲ. 함수와 그래프

정답과 풀이

평면좌표와 직선의 방정식

개념 **1** 두 점 사이의 거리

(1) 수직선 위의 두 점 사이의 거리

수직선 위의 두 점 $A(x_1)$, $B(x_2)$ 사이의 거리는

$$\overline{AB}=|x_2-x_1|$$

(2) 좌표평면 위의 두 점 사이의 거리

좌표평면 위의 두 점 $A(x_1,\ y_1)$, $B(x_2,\ y_2)$ 사이의 거리는

$$\overline{AB}=\sqrt{(x_2-x_1)^2+(y_2-y_1)^2}$$

특히, 원점 O와 점 $A(x_1,\ y_1)$ 사이의 거리는

$$\overline{OA}=\sqrt{{x_1}^2+{y_1}^2}$$

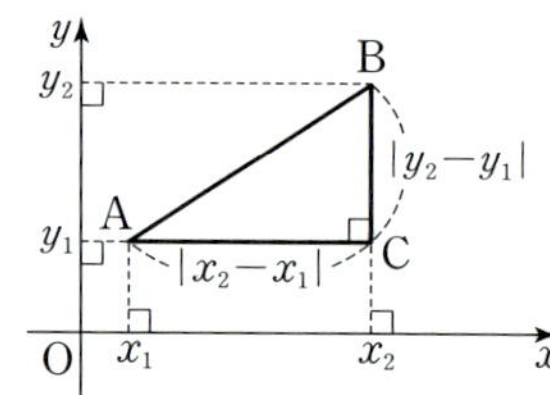

개념 **2** 선분의 내분점

(1) 선분 AB 위의 점 P에 대하여 그림과 같이
$\overline{AP}:\overline{PB}=m:n(m>0,\ n>0)$일 때, 점 P는 선분
AB를 $m:n$으로 내분한다고 하고, 점 P를 선분 AB의
내분점이라고 한다.

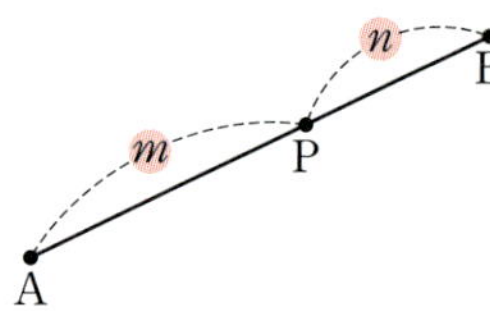

참고 선분 AB의 내분점은 선분 AB 위의 점이다.

(2) 수직선 위의 두 점 $A(x_1)$, $B(x_2)$에 대하여 선분 AB를 $m:n(m>0,\ n>0)$으로
내분하는 점 P의 좌표는

$$\frac{mx_2+nx_1}{m+n}$$

특히, $m=n$일 때 점 P는 선분 AB의 중점이 되고, 이 점의 좌표는 $\dfrac{x_1+x_2}{2}$이다.

(3) 좌표평면 위의 두 점 $A(x_1,\ y_1)$, $B(x_2,\ y_2)$에 대하여 선분 AB를
$m:n(m>0,\ n>0)$으로 내분하는 점 P의 좌표는

$$\left(\frac{mx_2+nx_1}{m+n},\ \frac{my_2+ny_1}{m+n}\right)$$

특히, $m=n$일 때 점 P는 선분 AB의 중점이 되고, 이 점의 좌표는

$$\left(\frac{x_1+x_2}{2},\ \frac{y_1+y_2}{2}\right)$$

개념 3 삼각형의 무게중심

(1) 좌표평면 위의 세 점 $A(x_1, y_1)$, $B(x_2, y_2)$, $C(x_3, y_3)$을 꼭짓점으로 하는 삼각형 ABC의 무게중심 G의 좌표는

$$\left(\frac{x_1+x_2+x_3}{3}, \frac{y_1+y_2+y_3}{3}\right)$$

설명 변 BC의 중점을 $M(x', y')$이라 하면

$$x'=\frac{x_2+x_3}{2}, \; y'=\frac{y_2+y_3}{2}$$

무게중심 $G(x, y)$는 선분 AM을 $2:1$로 내분하는 점이므로

$$x=\frac{2x'+x_1}{2+1}=\frac{x_1+x_2+x_3}{3}, \; y=\frac{2y'+y_1}{2+1}=\frac{y_1+y_2+y_3}{3}$$

즉, $G\left(\dfrac{x_1+x_2+x_3}{3}, \dfrac{y_1+y_2+y_3}{3}\right)$

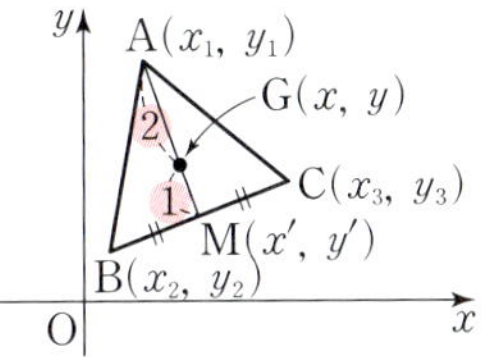

(2) 삼각형 ABC의 세 변 AB, BC, CA를 $m:n\,(m>0,\, n>0)$으로 내분하는 점을 각각 P, Q, R이라 할 때, 삼각형 PQR의 무게중심은 삼각형 ABC의 무게중심과 일치한다.

개념 4 직선의 방정식

(1) 좌표평면 위의 점 $A(x_1, y_1)$을 지나고 기울기가 m인 직선의 방정식은

$$y-y_1=m(x-x_1)$$

참고 직선 $y-y_1=m(x-x_1)$이 점 $B(x_2, y_2)\,(x_1\neq x_2)$를 지나면

$$y_2-y_1=m(x_2-x_1), \; \text{즉} \; m=\frac{y_2-y_1}{x_2-x_1}\text{이다.}$$

(2) 좌표평면 위의 서로 다른 두 점 $A(x_1, y_1)$, $B(x_2, y_2)$를 지나는 직선의 방정식은

① $x_1\neq x_2$일 때,

$$y-y_1=\frac{y_2-y_1}{x_2-x_1}(x-x_1)$$

② $x_1=x_2$일 때,

$$x=x_1$$

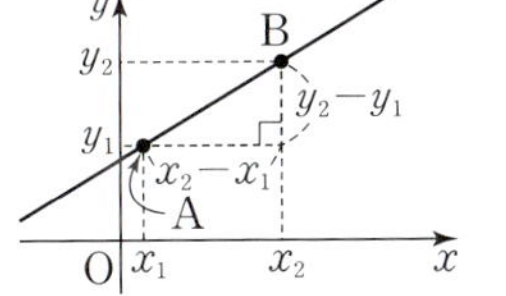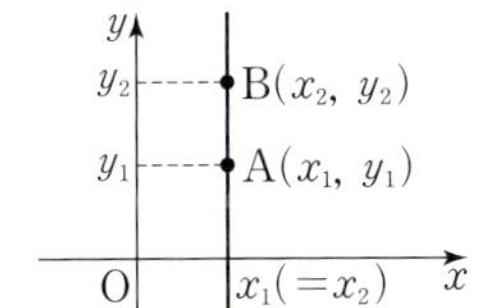

(3) x절편이 a이고, y절편이 b인 직선의 방정식은

$$\frac{x}{a}+\frac{y}{b}=1 \; (\text{단}, \; ab\neq0)$$

(4) x, y에 대한 일차방정식 $ax+by+c=0$이 나타내는 도형은

$$b\neq0\text{이면} \; y=-\frac{a}{b}x-\frac{c}{b},$$

$$b=0\text{이면} \; a\neq0\text{이므로} \; x=-\frac{c}{a}$$

인 직선이다.

예시 보기

세 점 $A(-1, -3)$, $B(3, 0)$, $C(1, 6)$에 대하여

(1) 삼각형 ABC의 무게중심 G의 좌표는

$$\left(\frac{-1+3+1}{3}, \frac{-3+0+6}{3}\right)$$

즉, $(1, 1)$

(2) 세 변 AB, BC, CA를 $2:5$로 내분하는 점을 각각 P, Q, R이라 할 때, 삼각형 PQR의 무게중심은 삼각형 ABC의 무게중심인 $G(1, 1)$과 일치한다.

예시 보기

(1) 점 $(1, -3)$을 지나고 기울기가 2인 직선의 방정식은

$$y-(-3)=2(x-1)$$

즉, $y=2x-5$

(2) 두 점 $(-3, 2)$, $(1, -2)$를 지나는 직선의 기울기는

$$\frac{-2-2}{1-(-3)}=-1$$

이므로 이 직선의 방정식은

$$y-2=-1\times\{x-(-3)\}$$

즉, $y=-x-1$

(3) x절편이 2이고, y절편이 -4인 직선의 방정식은

$$\frac{x}{2}+\frac{y}{-4}=1$$

즉, $y=2x-4$

(4) 방정식 $3x+y-2=0$을 y에 대하여 정리하면

$$y=-3x+2\text{이다.}$$

따라서 이 방정식은 기울기가 -3이고, y절편이 2인 직선을 나타낸다.

개념 5 두 직선의 위치 관계

위치 관계 \ 두 직선	$\begin{cases} y=mx+n \\ y=m'x+n' \end{cases}$	$\begin{cases} ax+by+c=0 \ (abc\neq0) \\ a'x+b'y+c'=0 \ (a'b'c'\neq0) \end{cases}$
평행	$m=m',\ n\neq n'$	$\dfrac{a}{a'}=\dfrac{b}{b'}\neq\dfrac{c}{c'}$
일치	$m=m',\ n=n'$	$\dfrac{a}{a'}=\dfrac{b}{b'}=\dfrac{c}{c'}$
수직	$mm'=-1$	$aa'+bb'=0$
한 점에서 만난다.	$m\neq m'$	$\dfrac{a}{a'}\neq\dfrac{b}{b'}$

설명 (1) 평행 (2) 일치 (3) 수직 (4) 한 점에서 만난다.

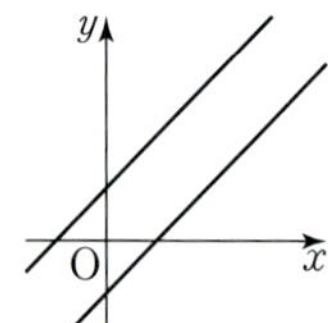
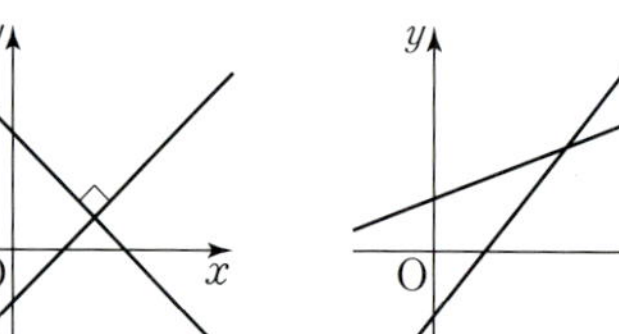

(1) 두 직선의 평행 조건 ➡ 두 직선의 기울기가 같고, y절편이 다르다.
(2) 두 직선의 일치 조건 ➡ 두 직선의 기울기가 같고, y절편이 같다.
(3) 두 직선의 수직 조건 ➡ (두 직선의 기울기의 곱)$=-1$
(4) 두 직선이 한 점에서 만날 조건 ➡ 두 직선의 기울기가 서로 다르다.

(1) 두 직선 $y=2x-1$, $y=2x+3$에서 두 직선의 기울기가 2로 같고, y절편이 다르므로 두 직선은 서로 평행하다.

(2) 두 직선 $x-2y+3=0$, $2x-4y+6=0$에서
$$\frac{1}{2}=\frac{-2}{-4}=\frac{3}{6}$$
이므로 두 직선은 일치한다.

(3) 두 직선 $y=3x+2$, $y=-\dfrac{1}{3}x+2$에서 두 직선의 기울기가 각각 3, $-\dfrac{1}{3}$로 다르므로 두 직선은 한 점에서 만난다.
이때 두 직선의 기울기의 곱이
$$3\times\left(-\frac{1}{3}\right)=-1$$
이므로 두 직선은 서로 수직이다.

개념 6 점과 직선 사이의 거리

좌표평면 위의 점 $P(x_1,\ y_1)$과 직선 $ax+by+c=0$ 사이의 거리 d는
$$d=\frac{|ax_1+by_1+c|}{\sqrt{a^2+b^2}}$$

특히, 원점 O와 직선 $ax+by+c=0$ 사이의 거리 d는
$$d=\frac{|c|}{\sqrt{a^2+b^2}}$$

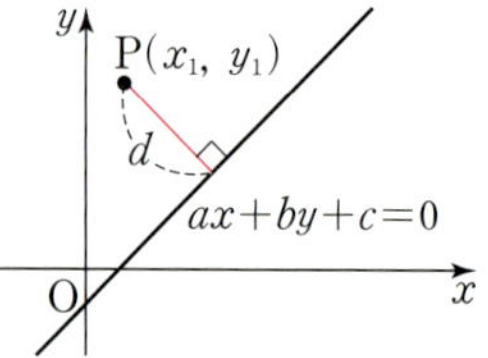

참고 평행한 두 직선 $ax+by+c=0$, $ax+by+c'=0$ 사이의 거리 d는 직선 $ax+by+c=0$ 위의 한 점 $(x_1,\ y_1)$과 직선 $ax+by+c'=0$ 사이의 거리이다.

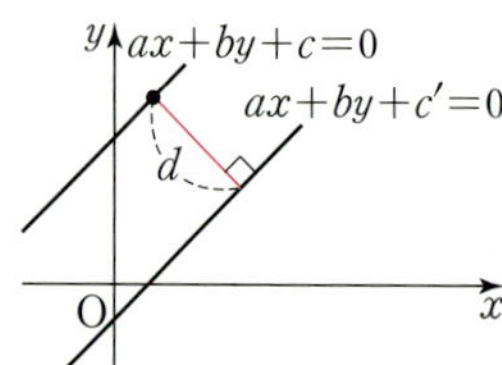

점 $P(2,\ 1)$과 직선 $3x-4y+3=0$ 사이의 거리 d는
$$d=\frac{|3\times2+(-4)\times1+3|}{\sqrt{3^2+(-4)^2}}$$
$$=\frac{5}{5}=1$$

01 평면좌표와 직선의 방정식 · 기본 유형 익히기

유형 1 두 점 사이의 거리

두 점 $A(2, a)$, $B(-4, 1)$ 사이의 거리가 10이 되도록 하는 모든 a의 값의 합을 구하시오.

풀이

$\overline{AB}^2 = (-4-2)^2 + (1-a)^2$
$\qquad = a^2 - 2a + 37$

$\overline{AB} = 10$에서 $\overline{AB}^2 = 100$이므로

$a^2 - 2a + 37 = 100$, $a^2 - 2a - 63 = 0$, $(a+7)(a-9) = 0$

$a = -7$ 또는 $a = 9$

따라서 모든 a의 값의 합은 $-7 + 9 = 2$

POINT

■ 좌표평면 위의 두 점
$A(x_1, y_1)$, $B(x_2, y_2)$ 사이의 거리는
$\overline{AB} = \sqrt{(x_2-x_1)^2 + (y_2-y_1)^2}$
이므로
$\overline{AB}^2 = (x_2-x_1)^2 + (y_2-y_1)^2$

답 2

유제 1 ▶ 25446-0001

두 점 $A(-2, -2)$, $B(1, 3)$과 y축 위의 점 P에 대하여 두 점 A, P 사이의 거리와 두 점 B, P 사이의 거리가 같을 때, 점 P의 y좌표는?

① $\dfrac{1}{5}$ ② $\dfrac{2}{5}$ ③ $\dfrac{3}{5}$ ④ $\dfrac{4}{5}$ ⑤ 1

유형 2 선분의 내분점

두 점 $A(-3, a)$, $B(b, -9)$에 대하여 선분 AB를 $2 : 3$으로 내분하는 점의 좌표가 $(-1, -3)$일 때, 선분 AB의 길이를 구하시오.

풀이

선분 AB를 $2 : 3$으로 내분하는 점의 좌표는

$\left(\dfrac{2 \times b + 3 \times (-3)}{2+3}, \dfrac{2 \times (-9) + 3 \times a}{2+3} \right)$, 즉 $\left(\dfrac{2b-9}{5}, \dfrac{3a-18}{5} \right)$이므로

$\dfrac{2b-9}{5} = -1$, $\dfrac{3a-18}{5} = -3$에서

$b = 2$, $a = 1$

따라서 $A(-3, 1)$, $B(2, -9)$이므로 선분 AB의 길이는

$\overline{AB} = \sqrt{\{2-(-3)\}^2 + (-9-1)^2} = \sqrt{125} = 5\sqrt{5}$

POINT

■ 좌표평면 위의 두 점
$A(x_1, y_1)$, $B(x_2, y_2)$에 대하여 선분 AB를 $m : n(m>0, n>0)$으로 내분하는 점 P의 좌표는
$\left(\dfrac{mx_2+nx_1}{m+n}, \dfrac{my_2+ny_1}{m+n} \right)$

답 $5\sqrt{5}$

유제 2 ▶ 25446-0002

세 점 $A(1, 2)$, $B(-1, -1)$, $C(3, 0)$과 제1사분면 위의 점 $D(a, b)$를 꼭짓점으로 하는 사각형 ABCD가 평행사변형일 때, ab의 값은?

① 11 ② 12 ③ 13 ④ 14 ⑤ 15

유형 3 삼각형의 무게중심

세 점 $O(0, 0)$, $A(a, b)$, $B(2a, a+2b)$를 꼭짓점으로 하는 삼각형의 무게중심의 좌표가 $(3, 2)$일 때, $a+b$의 값을 구하시오.

풀이 세 점 $O(0, 0)$, $A(a, b)$, $B(2a, a+2b)$를 꼭짓점으로 하는 삼각형의 무게중심의

좌표는 $\left(\dfrac{0+a+2a}{3}, \dfrac{0+b+(a+2b)}{3} \right)$, 즉 $\left(a, \dfrac{a}{3}+b \right)$이므로

$a=3$이고, $\dfrac{a}{3}+b=2$에서

$b=2-\dfrac{a}{3}=2-\dfrac{3}{3}=1$

따라서 $a+b=3+1=4$

POINT

- 좌표평면 위의 세 점 $A(x_1, y_1)$, $B(x_2, y_2)$, $C(x_3, y_3)$을 꼭짓점으로 하는 삼각형 ABC의 무게중심 G의 좌표는 $\left(\dfrac{x_1+x_2+x_3}{3}, \dfrac{y_1+y_2+y_3}{3} \right)$

답 4

유제 3 ▶ 25446-0003

한 직선 위에 있지 않은 서로 다른 세 점 $A(1, 2)$, B, C에 대하여 선분 BC의 중점의 좌표가 $(-2, 5)$일 때, 삼각형 ABC의 무게중심의 좌표는?

① $(-1, 3)$ ② $(-1, 4)$ ③ $(0, 3)$ ④ $(0, 4)$ ⑤ $(1, 3)$

유형 4 직선의 방정식

점 $(1, -4)$를 지나고 기울기가 2인 직선이 x축, y축과 만나는 점을 각각 A, B라 할 때, 삼각형 AOB의 넓이를 구하시오. (단, O는 원점이다.)

풀이 점 $(1, -4)$를 지나고 기울기가 2인 직선의 방정식은

$y-(-4)=2(x-1)$, 즉 $y=2x-6$

직선 $y=2x-6$이 x축, y축과 만나는 점은 각각

$A(3, 0)$, $B(0, -6)$

이므로 $\overline{OA}=3$, $\overline{OB}=6$

따라서 삼각형 AOB의 넓이는

$\dfrac{1}{2} \times \overline{OA} \times \overline{OB} = \dfrac{1}{2} \times 3 \times 6 = 9$

POINT

- 좌표평면 위의 점 $A(x_1, y_1)$을 지나고 기울기가 m인 직선의 방정식은 $y-y_1=m(x-x_1)$

답 9

유제 4 ▶ 25446-0004

두 점 $A(2, -1)$, $B(1, 3)$을 지나는 직선 AB가 점 (a, a^2+11)을 지날 때, a의 값은?

① -2 ② -1 ③ 0 ④ 1 ⑤ 2

유형 **5** 두 직선의 위치 관계

두 점 $A(2, 0)$, $B(5, 2)$를 지나는 직선과 평행한 직선 l이 점 $(5, 3)$을 지날 때, 직선 l의 y절편은?

① $-\dfrac{2}{3}$ ② $-\dfrac{1}{3}$ ③ 0 ④ $\dfrac{1}{3}$ ⑤ $\dfrac{2}{3}$

풀이 두 점 $A(2, 0)$, $B(5, 2)$를 지나는 직선의 기울기는 $\dfrac{2-0}{5-2}=\dfrac{2}{3}$

직선 l이 두 점 A, B를 지나는 직선과 평행하므로 직선 l과 두 점 A, B를 지나는 직선의 기울기가 서로 같다.

그러므로 기울기가 $\dfrac{2}{3}$이고 점 $(5, 3)$을 지나는 직선 l의 방정식은

$$y-3=\dfrac{2}{3}(x-5), \ \text{즉} \ y=\dfrac{2}{3}x-\dfrac{1}{3}$$

따라서 직선 l의 y절편은 $-\dfrac{1}{3}$이다.

POINT
- 두 직선이 서로 평행하려면 기울기는 서로 같고, y절편은 서로 달라야 한다.
- 직선 $y=mx+n$의 y절편은 n이다.

답 ②

유제 5 ▶ 25446-0005

두 점 $A(-1, 3)$, $B(5, 1)$에 대하여 선분 AB의 수직이등분선의 방정식이 $ax+by-4=0$일 때, $a+b$의 값을 구하시오. (단, a, b는 상수이다.)

유형 **6** 점과 직선 사이의 거리

점 $(a, 0)$과 직선 $4x+3y+5=0$ 사이의 거리가 2가 되도록 하는 모든 a의 값의 합을 구하시오.

풀이 점 $(a, 0)$과 직선 $4x+3y+5=0$ 사이의 거리가 2이므로

$$\dfrac{|4\times a+3\times 0+5|}{\sqrt{4^2+3^2}}=\dfrac{|4a+5|}{5}=2$$

이므로 $|4a+5|=10$

$4a+5=-10$ 또는 $4a+5=10$

$a=-\dfrac{15}{4}$ 또는 $a=\dfrac{5}{4}$

따라서 모든 a의 값의 합은 $-\dfrac{15}{4}+\dfrac{5}{4}=-\dfrac{5}{2}$

POINT
- 좌표평면 위의 점 $P(x_1, y_1)$과 직선 $ax+by+c=0$ 사이의 거리 d는

$$d=\dfrac{|ax_1+by_1+c|}{\sqrt{a^2+b^2}}$$

- 양수 t에 대하여 $|x|=t$이면 $x=-t$ 또는 $x=t$

답 $-\dfrac{5}{2}$

유제 6 ▶ 25446-0006

두 직선 $\sqrt{5}x+y-1=0$, $\sqrt{5}x+y+5=0$ 사이의 거리는?

① $\sqrt{3}$ ② 2 ③ $\sqrt{5}$ ④ $\sqrt{6}$ ⑤ $\sqrt{7}$

유형 1 두 점 사이의 거리

01
▶ 25446-0007

두 점 $A(1, -2)$, $B(3, 4)$에서 같은 거리에 있는 점 P가 직선 $x+y=3$ 위의 점일 때, 선분 OP의 길이는?

(단, O는 원점이다.)

① 1　　　　② $\sqrt{2}$　　　　③ $\sqrt{3}$

④ 2　　　　⑤ $\sqrt{5}$

02
▶ 25446-0008

두 점 $A(-1, 4)$, $B(2, -2)$와 직선 $y=2x$ 위의 점 P에 대하여 $\overline{PA}^2+\overline{PB}^2$의 최솟값은?

① 21　　　　② $\dfrac{43}{2}$　　　　③ 22

④ $\dfrac{45}{2}$　　　　⑤ 23

03
▶ 25446-0009

점 $P(a, b)$가 세 점 $A(-2, 1)$, $B(1, 2)$, $C(1, 4)$를 꼭짓점으로 하는 삼각형 ABC의 외심일 때, $a+b$의 값을 구하시오.

유형 2 선분의 내분점

04
▶ 25446-0010

두 점 $A(-3, 8)$, $B(2, -2)$에 대하여 선분 AB가 x축과 만나는 점을 P라 하면 점 P는 선분 AB를 $m:n$으로 내분하는 점이다. 서로소인 두 자연수 m, n에 대하여 $m+n$의 값을 구하시오.

05
▶ 25446-0011

세 점 $A(-1, -1)$, $B(-1, -2)$, $C(2, 3)$을 꼭짓점으로 하는 삼각형 ABC가 있다. $\angle A$의 이등분선이 변 BC와 만나는 점을 $D(a, b)$라 할 때, $a-b$의 값은?

① $\dfrac{1}{6}$　　　　② $\dfrac{1}{3}$　　　　③ $\dfrac{1}{2}$

④ $\dfrac{2}{3}$　　　　⑤ $\dfrac{5}{6}$

유형 3 삼각형의 무게중심

06
▶ 25446-0012

직선 $y=x+1$ 위의 서로 다른 두 점 A, B와 점 $C(2, 6)$을 꼭짓점으로 하는 삼각형 ABC의 무게중심을 G라 하자. 점 G의 x좌표가 1일 때, 점 G의 y좌표를 구하시오.

07
▶ 25446-0013

세 점 $A(-1, 0)$, $B(3, -2)$, $C(1, 5)$에 대하여 삼각형 ABC의 세 변 AB, BC, CA를 $2:1$로 내분하는 점을 각각 P, Q, R이라 하자. 삼각형 PQR의 무게중심을 G라 할 때, $\overline{OG}^2$의 값을 구하시오. (단, O는 원점이다.)

유형 **4** **직선의 방정식**

08

▶ 25446-0014

직선 $ax+(a^2-2)y+a^3=0$이 x축과 이루는 예각의 크기가 $45°$이고 기울기가 양수가 되도록 하는 모든 실수 a의 값의 합은?

① -2 ② -1 ③ 0
④ 1 ⑤ 2

09

▶ 25446-0015

세 점 $\mathrm{A}(1, -1)$, $\mathrm{B}(k, -4)$, $\mathrm{C}(-1, k+3)$이 기울기가 양수 m인 한 직선 위에 있을 때, $k+m$의 값은?

① -5 ② $-\dfrac{9}{2}$ ③ -4
④ $-\dfrac{7}{2}$ ⑤ -3

유형 **5** **두 직선의 위치 관계**

10

▶ 25446-0016

직선 $y=ax+2$가 직선 $y=(2-b)x+3$과는 평행하고 직선 $bx-3y+1=0$과는 수직일 때, a^3+b^3의 값은?

(단, a, b는 상수이다.)

① 20 ② 22 ③ 24
④ 26 ⑤ 28

11

▶ 25446-0017

두 직선 $x+2y-4=0$, $2x-y-3=0$의 교점을 지나고 직선 $x-3y+5=0$과 평행한 직선 l이 있다. 직선 l과 x축 및 y축으로 둘러싸인 부분의 넓이는?

① $\dfrac{1}{2}$ ② $\dfrac{1}{3}$ ③ $\dfrac{1}{4}$
④ $\dfrac{1}{5}$ ⑤ $\dfrac{1}{6}$

유형 **6** **점과 직선 사이의 거리**

12

▶ 25446-0018

점 $(0, k)$와 직선 $x+2y-1=0$ 사이의 거리가 점 $(0, k)$와 직선 $2x-y+5=0$ 사이의 거리와 같도록 하는 모든 k의 값의 곱은?

① -8 ② -4 ③ 0
④ 4 ⑤ 8

13

▶ 25446-0019

실수 t에 대하여 원점 O와 직선 $(t+3)x+(t-1)y+8=0$ 사이의 거리는 $t=a$일 때 최댓값 M을 갖는다. aM의 값은?

① $-2\sqrt{2}$ ② $-\sqrt{2}$ ③ 0
④ $\sqrt{2}$ ⑤ $2\sqrt{2}$

서로 다른 세 직선

$$mx-y+1=0,\ 3x-y-1=0,\ 7x-y-5=0$$

으로 둘러싸인 삼각형이 존재하도록 하는 모든 한 자리의 자연수 m의 값의 합을 구하시오.

풀이

서로 다른 세 직선이 한 점에서 만나거나 세 직선 중 두 직선이 평행하면 세 직선으로 둘러싸인 삼각형이 존재하지 않는다.

(i) 세 직선이 한 점에서 만나는 경우

  $3x-y-1=0$, $7x-y-5=0$을 연립하여 풀면 $x=1$, $y=2$

  이므로 두 직선 $3x-y-1=0$, $7x-y-5=0$이 점 $(1, 2)$

  에서 만난다.

  직선 $mx-y+1=0$이 점 $(1, 2)$를 지나려면

  $m-2+1=0$, $m=1$　　　　　◀ ❶

(ii) 두 직선 $mx-y+1=0$, $3x-y-1=0$이 평행한 경우

  $\dfrac{m}{3}=\dfrac{-1}{-1}\neq\dfrac{1}{-1}$에서 $m=3$　　　　◀ ❷

(iii) 두 직선 $mx-y+1=0$,

  $7x-y-5=0$이 평행한 경우

  $\dfrac{m}{7}=\dfrac{-1}{-1}\neq\dfrac{1}{-5}$에서 $m=7$　　　◀ ❸

> 두 직선 $ax+by+c=0\ (abc\neq0)$,
> $a'x+b'x+c'=0\ (a'b'c'\neq0)$이
> 평행하려면 $\dfrac{a}{a'}=\dfrac{b}{b'}\neq\dfrac{c}{c'}$

(i), (ii), (iii)에서 세 직선으로 둘러싸인 삼각형이 존재하려면 $m\neq1$, $m\neq3$, $m\neq7$이어야 한다.

따라서 구하는 한 자리의 자연수 m의 값은

$2, 4, 5, 6, 8, 9$이고 그 합은

$2+4+5+6+8+9=34$　　　　　◀ ❹

　　　　　　　　　　　　　답 34

단계	채점 기준	비율
❶	세 직선이 한 점에서 만날 조건을 구한 경우	30 %
❷	두 직선 $mx-y+1=0$, $3x-y-1=0$이 평행할 조건을 구한 경우	30 %
❸	두 직선 $mx-y+1=0$, $7x-y-5=0$이 평행할 조건을 구한 경우	30 %
❹	한 자리의 자연수 m의 값의 합을 구한 경우	10 %

01　▶ 25446-0020

세 점 $A(-1, 0)$, $B(5, -2)$, $C(3, 2)$를 꼭짓점으로 하는 삼각형 ABC의 넓이를 S_1, 삼각형 ABC의 외접원의 넓이를 S_2라 할 때, $S_1\times S_2$의 값을 구하시오.

02　▶ 25446-0021

임의의 점 P가 직사각형 ABCD와 같은 평면 위에 있을 때, 등식

$$\overline{PA}^2+\overline{PC}^2=\overline{PB}^2+\overline{PD}^2$$

이 성립함을 설명하시오.

03　▶ 25446-0022

두 직선 $3x+4y-4=0$, $4x-3y+3=0$이 이루는 각을 이등분하는 두 직선의 방정식을 구하시오.

내신 수능 고난도 문항

01 ▶ 25446-0023

자연수 n에 대하여 두 점 $A(-4, -4)$, $B(2, 14)$를 이은 선분 AB를 $(n+6) : (n^2+n)$으로 내분하는 점을 P라 할 때, 점 P가 제2사분면 위의 점이 되도록 하는 모든 n의 값의 합을 구하시오.

02 ▶ 25446-0024

두 점 $A(-2, -3)$, $B(6, 1)$에 대하여 서로 다른 두 점 C_1, C_2가 다음 조건을 만족시킬 때, 삼각형 OC_1C_2의 넓이는? (단, O는 원점이고, 점 C_1의 x좌표는 점 C_2의 x좌표보다 작다.)

> (가) 두 점 C_1, C_2는 모두 직선 AB 위의 점이다.
> (나) $\overline{AB}=3\overline{BC_1}$, $\overline{AB}=3\overline{BC_2}$

① 4 ② $\dfrac{13}{3}$ ③ $\dfrac{14}{3}$ ④ 5 ⑤ $\dfrac{16}{3}$

03 ▶ 25446-0025

두 직선 $l : y=2x+4$, $m : y=-x+4$가 x축과 만나는 점을 각각 A, B라 하고, 두 직선 l, m이 만나는 점을 C라 할 때, **보기**에서 옳은 것만을 있는 대로 고른 것은?

> **보기**
> ㄱ. 삼각형 ABC의 넓이는 12이다.
> ㄴ. 점 A와 직선 m 사이의 거리는 $3\sqrt{2}$이다.
> ㄷ. 삼각형 ABC의 넓이가 기울기가 1인 직선 n에 의하여 이등분될 때, 원점과 직선 n 사이의 거리는 $2(\sqrt{3}-\sqrt{2})$이다.

① ㄱ ② ㄷ ③ ㄱ, ㄴ ④ ㄴ, ㄷ ⑤ ㄱ, ㄴ, ㄷ

02 원의 방정식

개념 1 원의 방정식

(1) 중심의 좌표와 반지름의 길이가 주어진 원의 방정식
① 중심이 원점이고 반지름의 길이가 r인 원의 방정식은
$$x^2+y^2=r^2$$
② 중심이 점 (a, b)이고 반지름의 길이가 r인 원의 방정식은
$$(x-a)^2+(y-b)^2=r^2$$

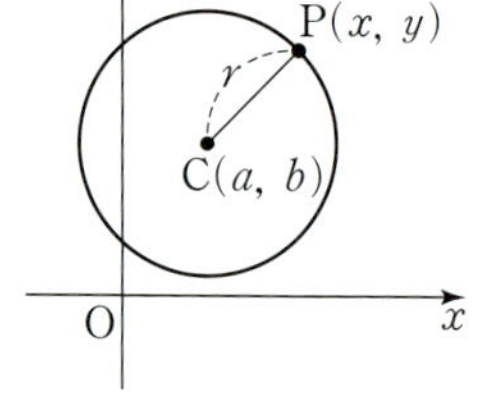

설명 좌표평면에서 점 $C(a, b)$로부터의 거리가 r로 일정한 점을
$P(x, y)$라 하면 점 P가 나타내는 도형은 중심이 C이고 반지름의 길이가 r인 원이다.
이때 $\overline{CP}=r$이므로 $\sqrt{(x-a)^2+(y-b)^2}=r \Rightarrow (x-a)^2+(y-b)^2=r^2$

(2) 좌표축에 접하는 원의 방정식
① 중심이 점 (a, b)이고 x축에 접하는 원의 방정식은
$$(x-a)^2+(y-b)^2=b^2$$
② 중심이 점 (a, b)이고 y축에 접하는 원의 방정식은
$$(x-a)^2+(y-b)^2=a^2$$
③ x축과 y축에 동시에 접하는 원의 방정식은
$$(x-a)^2+(y-a)^2=a^2 \text{ 또는 } (x-a)^2+(y+a)^2=a^2 \text{ 또는 }$$
$$(x+a)^2+(y-a)^2=a^2 \text{ 또는 } (x+a)^2+(y+a)^2=a^2$$

개념 2 이차방정식 $x^2+y^2+Ax+By+C=0$이 나타내는 도형

x, y에 대한 이차방정식 $x^2+y^2+Ax+By+C=0$은 중심이 점 $\left(-\dfrac{A}{2}, -\dfrac{B}{2}\right)$이고 반지름의 길이가 $\dfrac{\sqrt{A^2+B^2-4C}}{2}$ (단, $A^2+B^2-4C>0$)인 원을 나타낸다.

설명 원의 방정식은 항상 x, y에 대한 이차방정식 $x^2+y^2+Ax+By+C=0$의 꼴로 나타낼 수 있다.
거꾸로 방정식 $x^2+y^2+Ax+By+C=0$에서 $\left(x+\dfrac{A}{2}\right)^2+\left(y+\dfrac{B}{2}\right)^2=\dfrac{A^2+B^2-4C}{4}$이므로
$A^2+B^2-4C>0$이면 이 방정식은 중심이 점 $\left(-\dfrac{A}{2}, -\dfrac{B}{2}\right)$이고 반지름의 길이가
$\dfrac{\sqrt{A^2+B^2-4C}}{2}$인 원을 나타낸다. 이때 $A^2+B^2-4C=0$이면 이 방정식은 점 $\left(-\dfrac{A}{2}, -\dfrac{B}{2}\right)$
를 나타내고, $A^2+B^2-4C<0$이면 이 방정식을 만족시키는 점 (x, y)는 존재하지 않는다.

개념 **3** 원과 직선의 위치 관계

(1) 판별식을 이용한 원 $x^2+y^2=r^2$과 직선 $y=mx+n$의 위치 관계

$y=mx+n$을 $x^2+y^2=r^2$에 대입하여 얻은 x에 대한 이차
방정식 $x^2+(mx+n)^2=r^2$, 즉

$$(m^2+1)x^2+2mnx+n^2-r^2=0 \quad \cdots\cdots \text{㉠}$$

의 서로 다른 실근의 개수는 원과 직선이 만나는 점의 개수
와 같다.

따라서 이차방정식 ㉠의 판별식을 D라 할 때, D의 부호에
따라 원과 직선의 위치 관계는 다음과 같다.

① $D>0$이면 서로 다른 두 점에서 만난다.

② $D=0$이면 한 점에서만 만난다.(접한다.)

③ $D<0$이면 만나지 않는다.

(2) 원의 중심과 직선 사이의 거리를 이용한 원과 직선의 위치 관계

반지름의 길이가 r인 원의 중심과 직선 사이의 거리를 d라 하면 d와 r 사이의 대소
관계에 따라 원과 직선의 위치 관계는 다음과 같다.

① $d<r$이면 서로 다른 두 점에서 만난다.

② $d=r$이면 한 점에서만 만난다.(접한다.)

③ $d>r$이면 만나지 않는다.

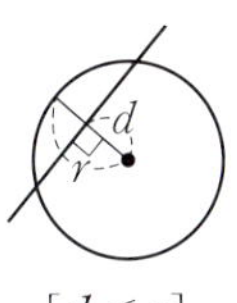 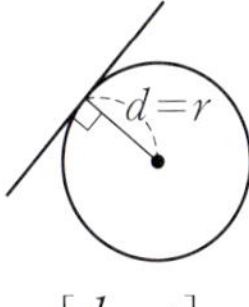 

$$[d<r] \qquad [d=r] \qquad [d>r]$$

개념 **4** 원의 접선의 방정식

(1) 기울기가 주어진 원의 접선의 방정식

원 $x^2+y^2=r^2$에 접하고 기울기가 m인 직선의 방정식은
$$y=mx\pm r\sqrt{m^2+1}$$

(2) 접점이 주어진 원의 접선의 방정식

원 $x^2+y^2=r^2$ 위의 점 $\text{P}(x_1,\ y_1)$에서의 접선의 방정식은
$$x_1x+y_1y=r^2$$

설명 $x_1y_1\ne0$일 때, 원 $x^2+y^2=r^2$ 위의 점 $\text{P}(x_1,\ y_1)$에서의 접선

은 기울기가 $\dfrac{y_1}{x_1}$인 직선 OP와 수직이므로 접선의 기울기는

$-\dfrac{x_1}{y_1}$이다.

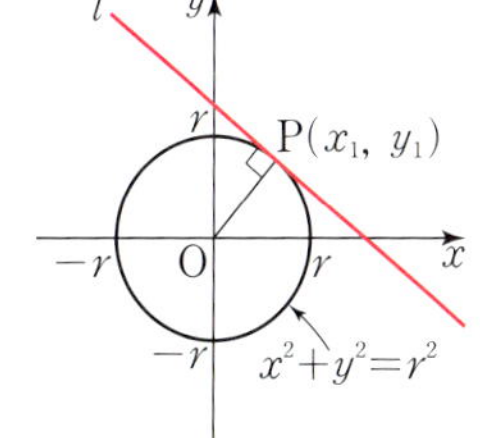

이때 점 P가 원 위의 점이므로 $x_1^2+y_1^2=r^2$임을 이용하여 접선의 방정식을 구할 수 있다.

$x_1=0$, $y_1\ne0$일 때와 $x_1\ne0$, $y_1=0$일 때도 접선의 방정식이 $x_1x+y_1y=r^2$임을 확인할 수

있다.

원 $x^2+y^2=2$와 직선 $y=x+1$의
위치 관계는 다음과 같다.

(1) 판별식 이용

이차방정식 $x^2+(x+1)^2=2$

즉, $2x^2+2x-1=0$의 판별식
을 D라 하면

$$\frac{D}{4}=1^2-2\times(-1)=3>0$$

이므로 원과 직선은 서로 다른
두 점에서 만난다.

(2) 점과 직선 사이의 거리 공식 이용

반지름의 길이가 $\sqrt{2}$인 원
$x^2+y^2=2$의 중심 $(0,\ 0)$과 직
선 $y=x+1$, 즉 $x-y+1=0$
사이의 거리 d는

$$d=\frac{|1|}{\sqrt{1+1}}=\frac{\sqrt{2}}{2}$$

이때 $d<\sqrt{2}$이므로 원과 직선
은 서로 다른 두 점에서 만난다.

(1) 원 $x^2+y^2=1$에 접하고 기울기
가 2인 직선의 방정식은
$$y=2x\pm1\times\sqrt{2^2+1}$$
즉, $y=2x\pm\sqrt{5}$

(2) 원 $x^2+y^2=8$ 위의 점
$(2,\ -2)$에서의 접선의 방정식
은 $2x-2y=8$
즉, $x-y=4$

유형 1 원의 방정식

두 점 $A(3, 2)$, $B(-1, 4)$를 지름의 양 끝점으로 하는 원의 방정식을 구하시오.

풀이 원의 중심을 $C(a, b)$, 원의 반지름의 길이를 r이라 하자.
원의 중심 C는 선분 AB의 중점이므로
$$a=\frac{3+(-1)}{2}=1,\ b=\frac{2+4}{2}=3$$
즉, $C(1, 3)$이다.
원의 반지름의 길이는 선분 AC의 길이이므로
$$r=\overline{AC}=\sqrt{(1-3)^2+(3-2)^2}=\sqrt{5}$$
따라서 구하는 원의 방정식은
$$(x-1)^2+(y-3)^2=5$$

POINT
- 원의 중심은 지름의 중점이다.
- 중심이 점 (a, b)이고 반지름의 길이가 r인 원의 방정식은 $(x-a)^2+(y-b)^2=r^2$

답 $(x-1)^2+(y-3)^2=5$

유제 1 ▶ 25446-0026

점 $A(a, 2)$가 중심이 점 $(3, 5)$이고 x축에 접하는 원 위에 있을 때, 양수 a의 값을 구하시오.

유형 2 이차방정식 $x^2+y^2+Ax+By+C=0$이 나타내는 도형

방정식 $x^2+y^2-2x+6y+a=0$이 나타내는 도형 위의 서로 다른 두 점 A, B에 대하여 선분 AB의 길이의 최댓값이 4일 때, 상수 a의 값은? (단, $a<10$)

① 3 　　② 4 　　③ 5 　　④ 6 　　⑤ 7

풀이 $x^2+y^2-2x+6y+a=0$에서
$$(x^2-2x+1)+(y^2+6y+9)=10-a$$
$$(x-1)^2+(y+3)^2=10-a$$
이므로 이 방정식이 나타내는 도형은 중심이 점 $(1, -3)$이고 반지름의 길이가 $\sqrt{10-a}$인 원이다.
이 원 위의 두 점 A, B에 대하여 선분 AB의 길이의 최댓값은 지름의 길이이므로
$$2\sqrt{10-a}=4,\ \sqrt{10-a}=2,\ 10-a=4$$
따라서 $a=6$

POINT
- 이차방정식 $x^2+y^2+Ax+By+C=0$은 중심이 점 $\left(-\dfrac{A}{2}, -\dfrac{B}{2}\right)$이고 반지름의 길이가 $\dfrac{\sqrt{A^2+B^2-4C}}{2}$인 원을 나타낸다. (단, $A^2+B^2-4C>0$)

답 ④

유제 2 ▶ 25446-0027

방정식 $x^2+y^2+4x-2y+k^2-4k=0$이 나타내는 도형이 원이 되도록 하는 정수 k의 개수를 구하시오.

유형 **3** 원과 직선의 위치 관계

> 원 $x^2+y^2=8$과 직선 $y=x+k$가 서로 다른 두 점에서 만나도록 하는 정수 k의 개수를 구하시오.

풀이 $y=x+k$를 $x^2+y^2=8$에 대입하면
$x^2+(x+k)^2=8,\ 2x^2+2kx+k^2-8=0$
이 이차방정식의 판별식을 D라 할 때, $D>0$이어야 하므로
$$\frac{D}{4}=k^2-2(k^2-8)=16-k^2>0$$
$k^2-16<0,\ (k+4)(k-4)<0$
$-4<k<4$
따라서 정수 k의 값은 $-3,\ -2,\ -1,\ \cdots,\ 3$이고 그 개수는 7이다.

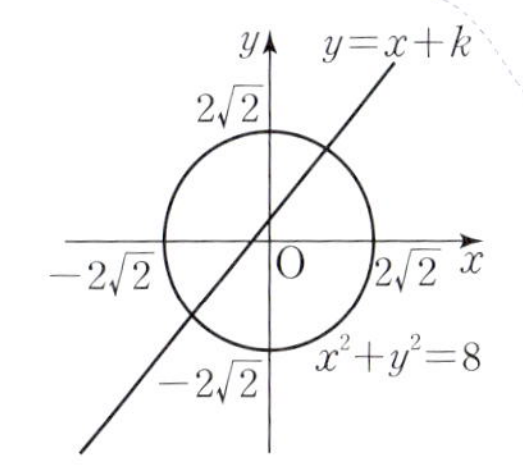

POINT
- 원의 방정식과 직선의 방정식을 연립하여 세운 이차방정식을 이용하여 원과 직선의 위치 관계를 알 수 있다.
- 원과 직선이 서로 다른 두 점에서 만나려면 판별식 D가 0보다 커야 한다.

답 7

유제 **3** ▶ 25446-0028

원 $(x+1)^2+y^2=5$와 직선 $y=2x+k$가 접하도록 하는 모든 실수 k의 값의 합을 구하시오.

유형 **4** 원의 접선의 방정식

> 원 $x^2+y^2=16$에 접하고 직선 $y=3x+1$에 평행한 서로 다른 두 직선이 y축과 각각 두 점 A, B에서 만날 때, 선분 AB의 길이는? (단, 점 A의 y좌표는 양수이다.)
>
> ① $2\sqrt{10}$　　② $4\sqrt{10}$　　③ $6\sqrt{10}$　　④ $8\sqrt{10}$　　⑤ $10\sqrt{10}$

풀이 직선 $y=3x+1$과 평행한 직선의 기울기는 3이다.
원 $x^2+y^2=16$의 반지름의 길이가 4이므로 이 원에 접하고 기울기가 3인 직선의 방정식은
$$y=3x\pm4\sqrt{3^2+1}$$
$$y=3x\pm4\sqrt{10}$$
따라서 두 직선이 y축과 만나는 점은 각각 $\mathrm{A}(0,\ 4\sqrt{10})$, $\mathrm{B}(0,\ -4\sqrt{10})$이므로
$$\overline{\mathrm{AB}}=|4\sqrt{10}-(-4\sqrt{10})|=8\sqrt{10}$$

POINT
- 두 직선이 평행하면 두 직선의 기울기가 서로 같다.
- 원 $x^2+y^2=r^2$에 접하고 기울기가 m인 직선의 방정식은
$$y=mx\pm r\sqrt{m^2+1}$$

답 ④

유제 **4** ▶ 25446-0029

원 $x^2+y^2=20$ 위의 제1사분면에 있는 점 $\mathrm{A}(a,\ b)$에서의 접선의 기울기가 -2일 때, $a+b$의 값을 구하시오.

유형 1 원의 방정식

01
▶ 25446-0030

중심이 x축 위에 있고, 두 점 A$(1, 2)$, B$(4, 1)$을 지나는 원의 넓이는?

① π ② 2π ③ 3π
④ 4π ⑤ 5π

02
▶ 25446-0031

원점 O와 원 $(x-3)^2+(y+2)^2=16$ 위의 임의의 점 P에 대하여 선분 OP의 길이의 최댓값과 최솟값을 각각 M, m이라 할 때, $M \times m$의 값은?

① 1 ② 2 ③ 3
④ 4 ⑤ 5

03
▶ 25446-0032

중심이 원 $(x-2)^2+(y-3)^2=1$ 위에 있고 x축과 y축에 동시에 접하는 서로 다른 두 원의 둘레의 길이의 합은?

① 6π ② 7π ③ 8π
④ 9π ⑤ 10π

유형 2 이차방정식 $x^2+y^2+Ax+By+C=0$이 나타내는 도형

04
▶ 25446-0033

상수 a에 대하여 방정식
$$x^2+y^2+10x-2ay+2a+1=0$$
이 나타내는 도형의 넓이의 최솟값은?

① 21π ② 23π ③ 25π
④ 27π ⑤ 29π

05
▶ 25446-0034

세 점 O$(0, 0)$, A$(3, 0)$, B$(4, 2)$를 지나는 원의 중심의 좌표가 (p, q)이고 반지름의 길이가 r일 때, $p+q+r$의 값은? (단, r은 상수이다.)

① 2 ② 4 ③ 6
④ 8 ⑤ 10

06
▶ 25446-0035

두 점 A$(-1, 0)$, B$(2, 0)$에 대하여
$\overline{PA}:\overline{PB}=2:1$을 만족시키는 점 P가 나타내는 도형의 둘레의 길이는?

① π ② 2π ③ 3π
④ 4π ⑤ 5π

유형 **3** 원과 직선의 위치 관계

07
▶ 25446-0036

원 $(x+1)^2+y^2=8$과 직선 $y=x+k$가 만나도록 하는 정수 k의 개수는?

① 1 　　　② 3 　　　③ 5
④ 7 　　　⑤ 9

08
▶ 25446-0037

양수 k에 대하여 원 $x^2+y^2=k$와 직선 $3x+4y+10=0$이 만나는 서로 다른 점의 개수를 $f(k)$라 할 때, $f(1)+f(2)+f(3)+f(4)+f(5)$의 값을 구하시오.

09
▶ 25446-0038

원 $x^2+y^2=3$과 직선 $y=x+2$가 만나는 서로 다른 두 점 사이의 거리는?

① 1 　　　② $\sqrt{2}$ 　　　③ $\sqrt{3}$
④ 2 　　　⑤ $\sqrt{5}$

유형 **4** 원의 접선의 방정식

10
▶ 25446-0039

원 $x^2+y^2=10$ 위의 제1사분면에 있는 점 (a, b)에서의 접선이 직선 $x-2y+1=0$과 수직일 때, $a+b$의 값은?

① $\sqrt{2}$ 　　　② $\dfrac{3\sqrt{2}}{2}$ 　　　③ $2\sqrt{2}$
④ $\dfrac{5\sqrt{2}}{2}$ 　　　⑤ $3\sqrt{2}$

11
▶ 25446-0040

두 점 $A(-4, 0)$, $B(0, 4)$와 원 $x^2+y^2=2$ 위의 점 P에 대하여 삼각형 APB의 넓이의 최댓값은?

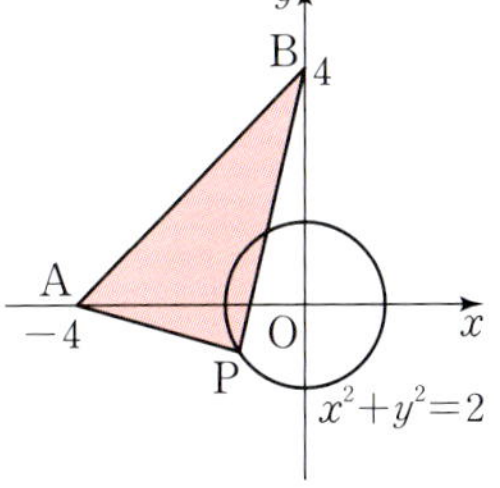

① 10 　　　② 12
③ 14 　　　④ 16
⑤ 18

12
▶ 25446-0041

점 $(1, 3)$에서 원 $x^2+y^2=5$에 그은 서로 다른 두 접선의 x절편의 합은?

① $-\dfrac{5}{2}$ 　　　② -2 　　　③ $-\dfrac{3}{2}$
④ -1 　　　⑤ $-\dfrac{1}{2}$

원 $x^2+y^2=5$ 위의 점 $(-1, 2)$에서의 접선이 원 $x^2+y^2-8x-4y+k=0$과 만나도록 하는 실수 k의 최댓값을 구하시오.

풀이

원 $x^2+y^2=5$ 위의 점 $(-1, 2)$에서의 접선의 방정식은

$-x+2y=5$

$x=2y-5$ ...... ㉠

> 원 $x^2+y^2=r^2$ 위의 점 $P(x_1, y_1)$에서의 접선의 방정식은 $x_1x+y_1y=r^2$ ◀ ❶

㉠을 $x^2+y^2-8x-4y+k=0$에 대입하면

$(2y-5)^2+y^2-8(2y-5)-4y+k=0$

$5y^2-40y+65+k=0$

이 이차방정식의 판별식을 D라 할 때, 직선 ㉠과 원 $x^2+y^2-8x-4y+k=0$이 만나려면 $D\geq0$이어야 한다. ◀ ❷

$\dfrac{D}{4}=(-20)^2-5(65+k)$

$\qquad =75-5k\geq0$

$k\leq15$

따라서 실수 k의 최댓값은 15이다. ◀ ❸

目 15

단계	채점 기준	비율
❶	원 위의 점에서 그은 접선의 방정식을 구한 경우	30 %
❷	원과 직선이 만날 조건을 구한 경우	40 %
❸	실수 k의 최댓값을 구한 경우	30 %

01
▶ 25446-0042

두 원

$$x^2+y^2+2ay-4=0,$$

$$x^2+y^2-2ax+2by-8=0$$

의 넓이가 직선 $2x-y+4=0$에 의하여 모두 이등분될 때, 두 원의 반지름의 길이의 곱을 구하시오.

(단, a, b는 상수이다.)

02
▶ 25446-0043

다음 조건을 만족시키는 원 C의 방정식을 구하시오.

> (가) 원 C의 중심은 직선 $x+y+1=0$ 위에 있다.
> (나) 원 C는 두 직선 $3x-y-1=0$, $3x-y+7=0$에 동시에 접한다.

03
▶ 25446-0044

점 $(0, a)$에서 원 $x^2+y^2=2$에 그은 두 접선이 서로 수직일 때, 두 접선과 x축으로 둘러싸인 부분의 넓이를 구하시오. (단, $a>\sqrt{2}$)

내신 수능 고난도 문항

▶ 25446-0045

01

두 원 C_1, C_2가 다음 조건을 모두 만족시킨다.

> (가) x축과 y축에 동시에 접한다.
> (나) 점 $(1, 2)$를 지난다.

원 C_1 위의 임의의 점 A와 원 C_2 위의 임의의 점 B에 대하여 선분 AB의 길이의 최댓값은?

(단, 원 C_1의 반지름의 길이는 원 C_2의 반지름의 길이보다 작다.)

① $6+\sqrt{2}$ ② $6+2\sqrt{2}$ ③ $6+3\sqrt{2}$ ④ $6+4\sqrt{2}$ ⑤ $6+5\sqrt{2}$

▶ 25446-0046

02

그림과 같이 원 $x^2+y^2=16$ 위의 서로 다른 두 점 P, Q에 대하여 선분 PQ를 접는 선으로 하여 원 $x^2+y^2=16$의 호 PQ가 x축과 점 $(-2, 0)$에서 접하도록 접는다. 선분 PQ의 길이는?

① 6 ② $\sqrt{38}$ ③ $2\sqrt{10}$

④ $\sqrt{42}$ ⑤ $2\sqrt{11}$

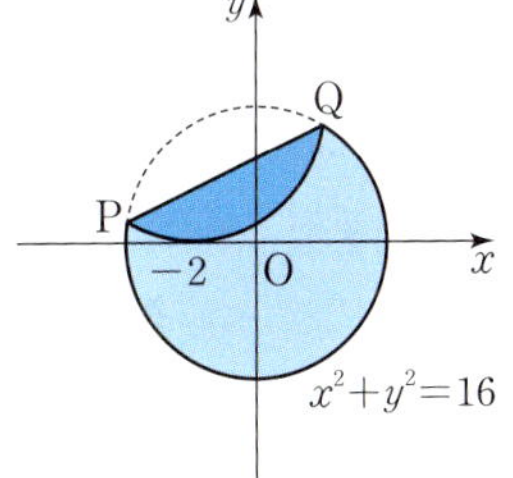

▶ 25446-0047

03

원 $x^2+y^2=9$ 밖의 점 P에서 이 원에 그은 두 접선의 접점을 각각 A, B라 하자. 직선 AB의 방정식이 $y=2x+3$일 때, 삼각형 PAB의 넓이는? (단, 점 A의 x좌표는 점 B의 x좌표보다 작다.)

① 14 ② $\dfrac{72}{5}$ ③ $\dfrac{74}{5}$ ④ $\dfrac{76}{5}$ ⑤ $\dfrac{78}{5}$

03 도형의 이동

개념 **1** 점의 평행이동

좌표평면 위의 점 $P(x, y)$를 x축의 방향으로 a만큼, y축의 방향으로 b만큼 평행이동한 점을 $P'(x', y')$이라 하면

$$x'=x+a,\ y'=y+b$$

가 성립한다. 즉,

$$P'(x+a, y+b)$$

이다.

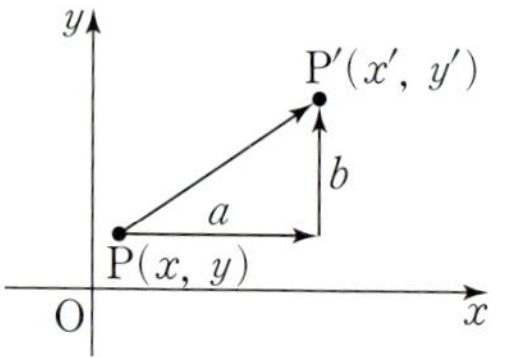

참고 도형을 일정한 방향으로 일정한 거리만큼 옮기는 것을 평행이동이라고 한다.

두 점 $(0, 0)$, $(2, -1)$을 x축의 방향으로 1만큼, y축의 방향으로 -3만큼 평행이동한 점의 좌표는 각각 $(1, -3)$, $(3, -4)$이다.

개념 **2** 도형의 평행이동

방정식 $f(x, y)=0$이 나타내는 도형을 x축의 방향으로 a만큼, y축의 방향으로 b만큼 평행이동한 도형의 방정식은

$$f(x-a, y-b)=0$$

참고 직선의 방정식은 $ax+by+c=0$, 원의 방정식은 $x^2+y^2+Ax+By+C=0$으로 나타낼 수 있는 것처럼 방정식 $f(x, y)=0$은 좌표평면 위의 도형을 나타낸다.

설명 방정식 $f(x, y)=0$이 나타내는 도형 위의 임의의 점 $P(x, y)$를 x축의 방향으로 a만큼, y축의 방향으로 b만큼 평행이동한 점을 $P'(x', y')$이라 하면

$x'=x+a,\ y'=y+b$이므로 $x=x'-a,\ y=y'-b$이다.

이것을 $f(x, y)=0$에 대입하면 $f(x'-a, y'-b)=0$이 성립한다.

따라서 점 $P'(x', y')$은 방정식 $f(x-a, y-b)=0$이 나타내는 도형 위의 점이므로 방정식 $f(x, y)=0$이 나타내는 도형을 x축의 방향으로 a만큼, y축의 방향으로 b만큼 평행이동한 도형의 방정식은 $f(x-a, y-b)=0$이다.

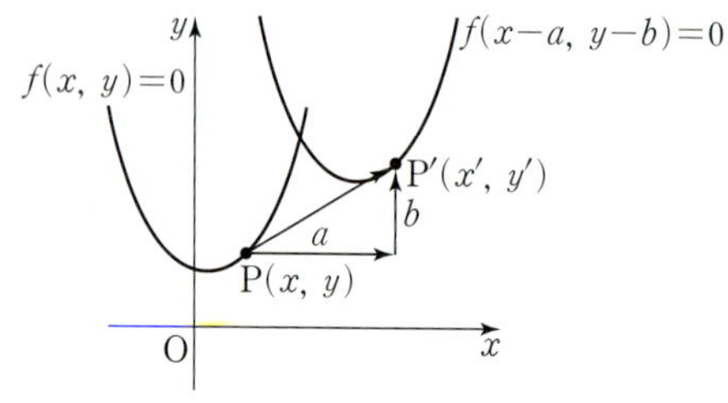

직선 $y=x$와 원 $x^2+y^2=1$을 x축의 방향으로 -2만큼, y축의 방향으로 1만큼 평행이동한 도형의 방정식은 각각

$y-1=x+2$,
$(x+2)^2+(y-1)^2=1$

이다.

이때 평행이동한 직선의 기울기와 원의 반지름의 길이는 변하지 않는다.

개념 3 점의 대칭이동

도형을 한 점 또는 한 직선에 대하여 대칭인 도형으로 이동하는 것을 대칭이동이라고 한다.

좌표평면 위의 점 $P(x, y)$를

(1) x축에 대하여 대칭이동한 점의 좌표는

$$(x, -y)$$

(2) y축에 대하여 대칭이동한 점의 좌표는

$$(-x, y)$$

(3) 원점에 대하여 대칭이동한 점의 좌표는

$$(-x, -y)$$

(4) 직선 $y=x$에 대하여 대칭이동한 점의 좌표는

$$(y, x)$$

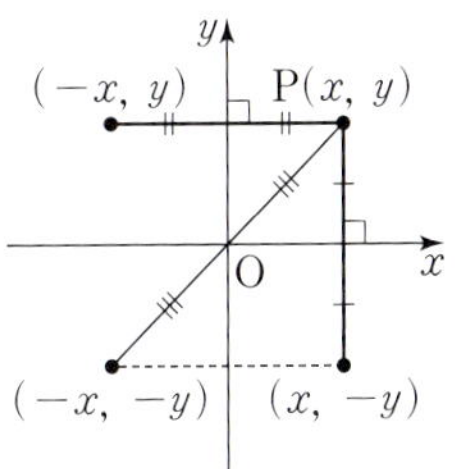

예시 보기

점 $(1, 2)$를 x축, y축, 원점, 직선 $y=x$에 대하여 대칭이동한 점의 좌표는 각각
$(1, -2)$,
$(-1, 2)$,
$(-1, -2)$,
$(2, 1)$
이다.

설명 좌표평면 위의 점 $P(x, y)$를 직선 $y=x$에 대하여 대칭이동한 점을 $P'(x', y')$이라 하면 직선 $y=x$는 선분 PP'의 수직이등분선이다.

선분 PP'의 중점 $M\left(\dfrac{x+x'}{2}, \dfrac{y+y'}{2}\right)$은 직선 $y=x$ 위에 있으므로

$$\dfrac{y+y'}{2} = \dfrac{x+x'}{2}, \text{ 즉 } x+x'=y+y' \quad \cdots\cdots \text{㉠}$$

또한 직선 PP'은 직선 $y=x$와 수직이므로

$$\dfrac{y'-y}{x'-x} \times 1 = -1, \text{ 즉 } y'-y=x-x' \quad \cdots\cdots \text{㉡}$$

㉠, ㉡을 연립하여 풀면 $x'=y$, $y'=x$

따라서 점 $P(x, y)$를 직선 $y=x$에 대하여 대칭이동한 점은 $P'(y, x)$이다.

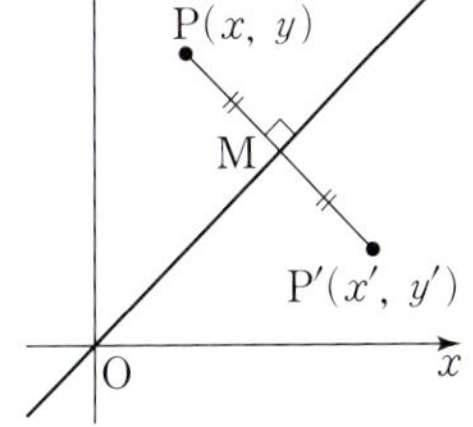

개념 4 도형의 대칭이동

방정식 $f(x, y)=0$이 나타내는 도형을

(1) x축에 대하여 대칭이동한 도형의 방정식은

$$f(x, -y)=0$$

(2) y축에 대하여 대칭이동한 도형의 방정식은

$$f(-x, y)=0$$

(3) 원점에 대하여 대칭이동한 도형의 방정식은

$$f(-x, -y)=0$$

(4) 직선 $y=x$에 대하여 대칭이동한 도형의 방정식은

$$f(y, x)=0$$

예시 보기

직선 $x+2y+3=0$을 x축, y축, 원점, 직선 $y=x$에 대하여 대칭이동한 도형의 방정식은 각각
$x-2y+3=0$,
$-x+2y+3=0$,
$-x-2y+3=0$,
$y+2x+3=0$
이다.

기본 유형 익히기

유형 **1** 점의 평행이동

점 (x, y)가 점 $(x+1, y+a)$로 옮겨지는 평행이동에 의하여 점 $(b, 2)$가 점 $(4, 1)$로 옮겨질 때, 이 평행이동에 의하여 점 (a, b)가 점 (c, d)로 옮겨진다. $a+b+c+d$의 값을 구하시오.

풀이 점 (x, y)가 점 $(x+1, y+a)$로 옮겨지는 평행이동에 의하여 점 $(b, 2)$가 점 $(4, 1)$로 옮겨지므로

$b+1=4$, $2+a=1$에서

$a=-1$, $b=3$

또한 이 평행이동에 의하여 점 (a, b), 즉 점 $(-1, 3)$이 점 (c, d)로 옮겨지므로

$c=-1+1=0$, $d=3+a=3+(-1)=2$

따라서 $a+b+c+d=-1+3+0+2=4$

POINT

■ 점 (x, y)를 x축의 방향으로 a만큼, y축의 방향으로 b만큼 평행이동한 점은 $(x+a, y+b)$이다.

답 4

유제 1 ▶ 25446-0048

점 $(2, -1)$을 x축의 방향으로 a만큼, y축의 방향으로 $a+5$만큼 평행이동한 점이 곡선 $y=x^2+2x$ 위에 있을 때, 모든 실수 a의 값의 곱을 구하시오.

유형 **2** 도형의 평행이동

직선 $3x+2y-6=0$을 x축의 방향으로 $4a$만큼, y축의 방향으로 $-3a$만큼 평행이동한 도형이 원점을 지날 때, 상수 a의 값을 구하시오.

풀이 직선 $3x+2y-6=0$을 x축의 방향으로 $4a$만큼, y축의 방향으로 $-3a$만큼 평행이동한 직선의 방정식은

$3(x-4a)+2(y+3a)-6=0$

$3x+2y-6a-6=0$

이 직선이 원점을 지나므로

$-6a-6=0$

따라서 $a=-1$

POINT

■ 방정식 $f(x, y)=0$이 나타내는 도형을 x축의 방향으로 a만큼, y축의 방향으로 b만큼 평행이동한 도형의 방정식을 구할 때에는 x 대신 $x-a$를, y 대신 $y-b$를 대입한다.

답 -1

유제 2 ▶ 25446-0049

원 $x^2+y^2-6x-10y+10=0$을 x축의 방향으로 a만큼, y축의 방향으로 b만큼 평행이동한 도형의 넓이가 직선 $y=x$에 의하여 이등분될 때, $a-b$의 값을 구하시오. (단, a, b는 상수이다.)

유형 3 점의 대칭이동

점 $A(a, b)$를 x축, y축에 대하여 대칭이동한 점을 각각 B, C라 하자. 선분 BC의 길이가 4일 때, 선분 OA의 길이를 구하시오. (단, O는 원점이다.)

풀이 점 $A(a, b)$를
x축에 대하여 대칭이동한 점 B의 좌표는 $(a, -b)$
y축에 대하여 대칭이동한 점 C의 좌표는 $(-a, b)$
$\overline{BC}=4$에서 $\overline{BC}^2=16$이므로
$\overline{BC}^2=(-a-a)^2+\{b-(-b)\}^2=4(a^2+b^2)=16$
$a^2+b^2=4$
따라서 $\overline{OA}=\sqrt{a^2+b^2}=2$

POINT
- 점 (x, y)를 x축에 대하여 대칭이동한 점의 좌표는 $(x, -y)$, 즉 y좌표의 부호가 바뀐다.
- 점 (x, y)를 y축에 대하여 대칭이동한 점의 좌표는 $(-x, y)$, 즉 x좌표의 부호가 바뀐다.

답 2

유제 3 ▶ 25446-0050

제1사분면 위의 점 $(a, 2a)$를 원점에 대하여 대칭이동한 후, 직선 $y=x$에 대하여 대칭이동한 점을 P라 하자. 점 P가 원 $(x-1)^2+y^2=2$ 위의 점일 때, a의 값을 구하시오.

유형 4 도형의 대칭이동

직선 $3x+4y+a=0$을 x축에 대하여 대칭이동한 도형이 원 $(x-1)^2+(y+1)^2=4$와 접할 때, 양수 a의 값을 구하시오.

풀이 직선 $3x+4y+a=0$을 x축에 대하여 대칭이동한 도형의 방정식은
$3x-4y+a=0$
이 직선이 원 $(x-1)^2+(y+1)^2=4$와 접하려면 원의 중심인 점 $(1, -1)$과 이 직선 사이의 거리가 원의 반지름의 길이인 $\sqrt{4}=2$이어야 하므로
$$\frac{|3\times1-4\times(-1)+a|}{\sqrt{3^2+(-4)^2}}=2$$
$|a+7|=10$
$a+7=-10$ 또는 $a+7=10$
$a=-17$ 또는 $a=3$
따라서 양수 a의 값은 3이다.

POINT
- 도형 $f(x, y)=0$을 x축에 대하여 대칭이동한 도형의 방정식은
$f(x, -y)=0$
즉, 방정식 $f(x, y)=0$에서 y 대신 $-y$를 대입한다.
- 점 (x_1, y_1)과 직선 $ax+by+c=0$ 사이의 거리 d는
$$d=\frac{|ax_1+by_1+c|}{\sqrt{a^2+b^2}}$$

답 3

유제 4 ▶ 25446-0051

직선 $y=mx+n$을 직선 $y=x$에 대하여 대칭이동한 도형이 두 점 $A(-1, -1)$, $B(3, 1)$을 지날 때, m^2+n^2의 값을 구하시오. (단, m, n은 상수이다.)

유형 1   점의 평행이동

01

▶ 25446-0052

세 점 $A(-1, 0)$, $B(6, -1)$, $C(4, 7)$을 꼭짓점으로 하는 삼각형 ABC의 무게중심을 G라 하자. 점 A가 점 G로 옮겨지는 평행이동에 의하여 점 G가 점 G′으로 옮겨질 때, 선분 GG′의 길이는?

① 4   ② $\sqrt{18}$ ③ $2\sqrt{5}$

④ $\sqrt{22}$ ⑤ $2\sqrt{6}$

02

▶ 25446-0053

점 $P(-3, 4)$를 x축의 방향으로 a만큼, y축의 방향으로 b만큼 평행이동한 점을 Q라 하자. 선분 PQ의 중점의 좌표가 $(1, 6)$일 때, $a+b$의 값은? (단, a, b는 상수이다.)

① 10   ② 12   ③ 14

④ 16   ⑤ 18

03

▶ 25446-0054

양수 a에 대하여 $A(2, 0)$을 x축의 방향으로 1만큼, y축의 방향으로 a만큼 평행이동한 점을 B라 하자. 삼각형 OAB의 넓이가 4일 때, 점 A와 직선 OB 사이의 거리는? (단, O는 원점이다.)

① 1   ② $\dfrac{6}{5}$ ③ $\dfrac{7}{5}$

④ $\dfrac{8}{5}$ ⑤ $\dfrac{9}{5}$

유형 2   도형의 평행이동

04

▶ 25446-0055

점 $(3, -1)$이 점 $(2, 4)$로 옮겨지는 평행이동에 의하여 직선 $ax+6y+2=0$이 직선 $2x+3y+b=0$으로 옮겨질 때, $a-b$의 값을 구하시오. (단, a, b는 상수이다.)

05

▶ 25446-0056

원 $x^2+y^2=1$을 x축의 방향으로 1만큼, y축의 방향으로 -2만큼 평행이동한 원이 직선 $ax-y-5=0$과 접할 때, 상수 a의 값은?

① 1   ② $\dfrac{4}{3}$ ③ $\dfrac{5}{3}$

④ 2   ⑤ $\dfrac{7}{3}$

06

▶ 25446-0057

곡선 $y=x^2+4x+3$을 x축의 방향으로 1만큼, y축의 방향으로 -1만큼 평행이동한 곡선의 꼭짓점이 원 $x^2+y^2+ax+by=0$의 중심과 일치할 때, $a+b$의 값은? (단, a, b는 상수이다.)

① 6   ② 7   ③ 8

④ 9   ⑤ 10

07

▶ 25446-0058

점 $P(a, a-5)$를 x축의 방향으로 -1만큼, y축의 방향으로 2만큼 평행이동한 후, y축에 대하여 대칭이동한 점을 P'이라 하자. 점 P'이 원 $x^2+y^2=4$ 위의 점이 되도록 하는 모든 a의 값의 합은?

① 2   ② 4   ③ 6
④ 8   ⑤ 10

08

▶ 25446-0059

점 $A(3, 1)$을 x축에 대하여 대칭이동한 점을 B, 점 B를 직선 $y=x$에 대하여 대칭이동한 점을 C라 할 때, 삼각형 ABC의 넓이는?

① 1   ② 2   ③ 3
④ 4   ⑤ 5

09

▶ 25446-0060

점 $A_1(2, 1)$과 자연수 n에 대하여 두 점 A_{n+1}, B_n을 다음 규칙에 따라 정할 때, $\overline{A_6B_9}^2$의 값을 구하시오.

> (가) 점 B_n은 점 A_n을 x축에 대하여 대칭이동한 점이다.
> (나) 점 A_{n+1}은 점 B_n을 원점에 대하여 대칭이동한 점이다.

10

▶ 25446-0061

x절편이 a, y절편이 b인 직선을 x축의 방향으로 1만큼, y축의 방향으로 1만큼 평행이동한 후, 직선 $y=x$에 대하여 대칭이동한 직선의 방정식이 $x-2y-2=0$일 때, $a+b$의 값은? (단, a, b는 $ab \neq 0$인 상수이다.)

① $\dfrac{1}{2}$ ② 1   ③ $\dfrac{3}{2}$
④ 2   ⑤ $\dfrac{5}{2}$

11

▶ 25446-0062

함수 $f(x)=x^2+2x+a$에 대하여 곡선 $y=f(x)$를 x축에 대하여 대칭이동한 후, y축의 방향으로 2만큼 평행이동한 곡선의 방정식을 $y=g(x)$라 하자. 두 곡선 $y=f(x)$, $y=g(x)$가 한 점에서만 만나도록 하는 상수 a의 값을 구하시오.

12

▶ 25446-0063

그림과 같이 직선 $l: x+2y-12=0$을 직선 $y=x$에 대하여 대칭이동한 직선을 l'이라 할 때, 두 직선 l, l'과 x축 및 y축으로 둘러싸인 부분의 넓이는?

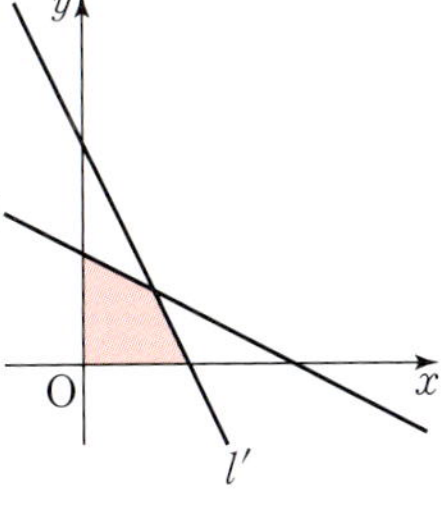

① 20   ② 21   ③ 22
④ 23   ⑤ 24

원 $x^2+y^2-2x+4y-4=0$을 x축의 방향으로 a만큼, y축의 방향으로 b만큼 평행이동한 원이 x축과 y축에 동시에 접할 때, $a+b$의 최댓값을 구하시오.

(단, a, b는 상수이다.)

풀이

원 $x^2+y^2-2x+4y-4=0$에서
$(x-1)^2+(y+2)^2=9$ $\cdots\cdots$ ㉠
이므로 중심이 점 $(1, -2)$, 반지름의 길이가 3인 원이다. ◀ ❶
원 ㉠을 x축의 방향으로 a만큼, y축의 방향으로 b만큼 평행이동한 원은 중심이 점 $(a+1, b-2)$이고 반지름의 길이가 3인 원이므로

> 평행이동한 원의 반지름의 길이는 변하지 않는다.

평행이동한 원이 x축과 y축에 동시에 접하려면
$|a+1|=3$, $|b-2|=3$
이어야 한다. ◀ ❷
$|a+1|=3$에서
$a+1=-3$ 또는 $a+1=3$
즉, $a=-4$ 또는 $a=2$
$|b-2|=3$에서
$b-2=-3$ 또는 $b-2=3$
즉, $b=-1$ 또는 $b=5$ ◀ ❸
따라서 $a+b$의 값은 $a=2$, $b=5$일 때 최댓값 7을 갖는다. ◀ ❹

답 7

단계	채점 기준	비율
❶	주어진 원의 중심과 반지름의 길이를 구한 경우	10 %
❷	평행이동한 원이 x축과 y축에 동시에 접할 조건을 구한 경우	40 %
❸	가능한 a, b의 값을 모두 구한 경우	40 %
❹	$a+b$의 최댓값을 구한 경우	10 %

01
▶ 25446-0064

두 양수 a, b에 대하여 원점 O를 x축의 방향으로 a만큼, y축의 방향으로 b만큼 평행이동한 점을 P라 하자. 세 점 P, A$(1, 0)$, B$(3, 0)$을 꼭짓점으로 하는 삼각형이 직각이등변삼각형일 때, $\dfrac{b}{a}$의 최댓값과 최솟값을 각각 구하시오.

02
▶ 25446-0065

두 점 A$(-1, 3)$, B$(4, 2)$와 x축 위의 점 P에 대하여 $\overline{AP}+\overline{PB}$의 최솟값을 구하시오.

03
▶ 25446-0066

직선 $l: 2x-y+6=0$을 직선 $y=x$에 대하여 대칭이동한 직선을 l'이라 하자. 원 $x^2+(y-1)^2=n$이 직선 l과는 만나고, 직선 l'과는 만나지 않도록 하는 자연수 n의 개수를 구하시오.

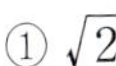

내신 · 수능 고난도 문항

▶ 25446-0067

01

점 $A_1(1, 0)$과 자연수 n에 대하여 점 A_{n+1}을 다음 규칙에 따라 정한다.

> 점 $A_n(a, b)$에 대하여
> (가) $a > b$이면 점 A_{n+1}은 점 A_n을 직선 $y = x$에 대하여 대칭이동한 점이다.
> (나) $a \leq b$이면 점 A_{n+1}은 점 A_n을 x축의 방향으로 1만큼 평행이동한 점이다.

$A_{20}(c, d)$일 때, $c + d$의 값은?

① 10　　　② 11　　　③ 12　　　④ 13　　　⑤ 14

▶ 25446-0068

02

원 $(x-1)^2 + (y-2)^2 = 10$ 위의 서로 다른 네 점 P, Q, R, S가 다음 조건을 만족시킨다.

> (가) 두 점 P, Q는 원점에 대하여 서로 대칭이다.
> (나) 두 점 R, S는 모두 직선 $y = 2x$ 위에 있다.

네 점 P, Q, R, S를 꼭짓점으로 하는 사각형의 넓이는? (단, 두 점 P, R의 x좌표는 모두 음수이다.)

① 10　　　② $10\sqrt{2}$　　　③ $10\sqrt{3}$　　　④ 20　　　⑤ $10\sqrt{5}$

▶ 25446-0069

03

그림과 같이 중심이 O, 반지름의 길이가 $\sqrt{2}$이고 중심각의 크기가 $45°$인 부채꼴 AOB에 대하여 호 AB를 삼등분하는 점 중 점 A에 가까운 점을 P라 하자. 선분 OA 위의 점 Q와 선분 OB 위의 점 R에 대하여 삼각형 PQR의 둘레의 길이의 최솟값은?

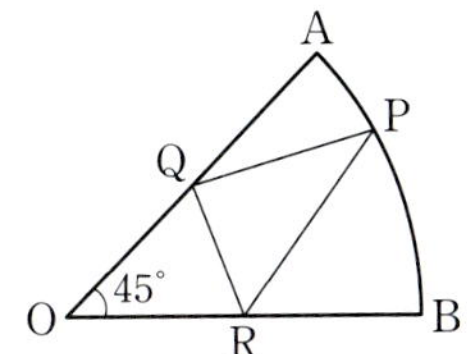

① $\sqrt{2}$　　　② $\sqrt{3}$　　　③ 2

④ $\sqrt{5}$　　　⑤ $\sqrt{6}$

대단원 종합문제

LEVEL 1

01
▶ 25446-0070

두 점 $A(1, 2)$, $B(2, 3)$에 대하여 선분 AB를 한 변으로 하는 정삼각형의 넓이는?

① $\dfrac{\sqrt{3}}{4}$ ② $\dfrac{\sqrt{3}}{2}$ ③ $\dfrac{3\sqrt{3}}{4}$

④ $\sqrt{3}$ ⑤ $\dfrac{5\sqrt{3}}{4}$

02
▶ 25446-0071

두 점 $A(-2, 1)$, $B(2, 9)$에 대하여 선분 AB를 $1:3$으로 내분하는 점을 P라 하고 선분 AB의 중점을 Q라 할 때, 선분 PQ의 길이는?

① 2 ② $\sqrt{5}$ ③ $\sqrt{6}$

④ $\sqrt{7}$ ⑤ $2\sqrt{2}$

03
▶ 25446-0072

점 $(-1, 4)$를 지나고 직선 $x+2y-3=0$과 평행한 직선의 x절편과 y절편의 합은?

① 10 ② $\dfrac{21}{2}$ ③ 11

④ $\dfrac{23}{2}$ ⑤ 12

04
▶ 25446-0073

점 $A(2, 1)$에서 직선 $y=x+1$에 내린 수선의 발의 좌표가 (a, b)일 때, ab의 값을 구하시오.

05
▶ 25446-0074

직선 $y=3x+10$이 원 $x^2+y^2=r^2$과 접할 때, 이 원의 넓이는? (단, $r>0$)

① 5π ② 10π ③ 15π

④ 20π ⑤ 25π

06
▶ 25446-0075

직선 $y=2x-3$을 x축의 방향으로 a만큼, y축의 방향으로 $3a$만큼 평행이동한 직선이 원 $x^2+y^2-2x-6y=0$의 넓이를 이등분할 때, 상수 a의 값은?

① 1 ② 2 ③ 3

④ 4 ⑤ 5

07
▶ 25446-0076

두 점 $A(2, 0)$, $B(0, 1)$을 직선 $y=x$에 대하여 대칭이동한 점을 각각 A', B'이라 할 때, 네 점 A, A', B, B'을 꼭짓점으로 하는 사각형의 넓이는?

① $\dfrac{3}{4}$ ② 1 ③ $\dfrac{5}{4}$

④ $\dfrac{3}{2}$ ⑤ $\dfrac{7}{4}$

LEVEL 2

08
▶ 25446-0077

두 점 $O(0, 0)$, $A(0, 2)$와 직선 $y=x-1$ 위의 점 P에 대하여 $\overline{OP}^2+\overline{AP}^2$의 최솟값을 구하시오.

09
▶ 25446-0078

그림과 같이 네 점 $O(0, 0)$, A, $B(3, 1)$, C를 꼭짓점으로 하는 사각형 OABC가 정사각형일 때, 삼각형 ABC의 무게중심의 좌표는 (a, b)이다. $a+b$의 값은?

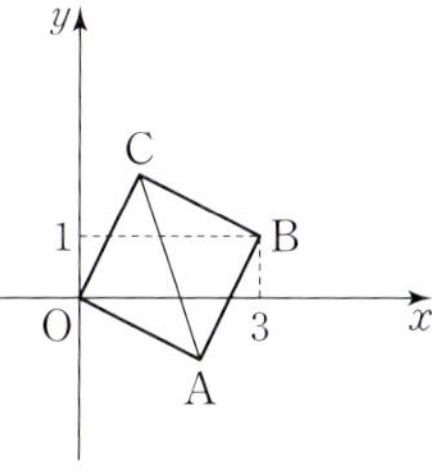

① 2 ② $\dfrac{7}{3}$ ③ $\dfrac{8}{3}$

④ 3 ⑤ $\dfrac{10}{3}$

10
▶ 25446-0079

좌표평면 위의 서로 다른 두 점 A, B에 대하여 선분 AB를 $1:2$로 내분하는 점을 P, $3:1$로 내분하는 점을 Q라 할 때, $\dfrac{\overline{PQ}}{\overline{AB}}$의 값은?

① $\dfrac{1}{12}$ ② $\dfrac{1}{6}$ ③ $\dfrac{1}{4}$

④ $\dfrac{1}{3}$ ⑤ $\dfrac{5}{12}$

11
▶ 25446-0080

직선 $kx+(k+2)y-k+2=0$이 제1사분면과 제2사분면을 모두 지나도록 하는 자연수 k의 최솟값을 구하시오.

12
▶ 25446-0081

세 상수 a, b, c에 대하여 직선 $ax+by+c=0$이 그림과 같을 때, 직선 $bx+cy+a=0$이 지나지 <u>않는</u> 사분면을 구하시오.

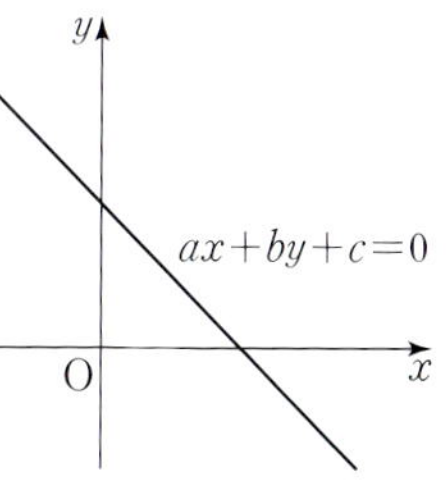

13
▶ 25446-0082

원 $(x-1)^2+(y+4)^2=5$ 위의 점 $(2, -2)$에서의 접선의 x절편과 y절편의 곱은?

① $\dfrac{1}{2}$ ② 1 ③ $\dfrac{3}{2}$

④ 2 ⑤ $\dfrac{5}{2}$

14
▶ 25446-0083

중심이 $C(a, b)$이고 반지름의 길이가 $\sqrt{13}$인 원이 x축과 두 점 $A(-1, 0)$, $B(3, 0)$에서 만날 때, a^2+b^2의 값은?

① 10 ② 11 ③ 12

④ 13 ⑤ 14

15
▶ 25446-0084

원 $x^2+y^2-4x+6y+12=0$을 x축의 방향으로 a만큼, y축의 방향으로 b만큼 평행이동한 원이 x축과 직선 $y=x$에 동시에 접하도록 하는 두 실수 a, b에 대하여 $a+b$의 최댓값을 구하시오.

16
▶ 25446-0085

곡선 $y=x^2+ax+a+1$을 x축의 방향으로 1만큼, y축의 방향으로 -1만큼 평행이동한 후, x축에 대하여 대칭이동한 곡선이 직선 $y=-x-\dfrac{3}{4}$과 접하도록 하는 모든 상수 a의 값의 합은?

① 2 　　　② 4 　　　③ 6
④ 8 　　　⑤ 10

17
▶ 25446-0086

두 점 $A(3, 2)$, $B(0, -1)$과 직선 $y=x$ 위의 점 P에 대하여 $\overline{AP}+\overline{PB}$의 최솟값은?

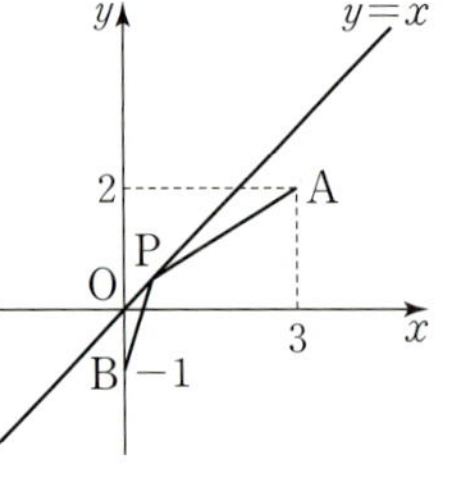

① 4 　　　② $3\sqrt{2}$
③ $2\sqrt{5}$ 　　　④ $\sqrt{22}$
⑤ $2\sqrt{6}$

18
▶ 25446-0087

삼각형 ABC의 무게중심을 $G(a, b)$라 하고, 세 삼각형 GAB, GBC, GCA의 무게중심을 각각 P, Q, R이라 하자. 삼각형 PQR의 무게중심의 x좌표와 y좌표의 합이 6일 때, $a+b$의 값을 구하시오.

19
▶ 25446-0088

$0<m<2$인 상수 m에 대하여 직선 $y=m(x+2)$가 두 직선 $y=2x$, $y=-x$와 만나는 두 점을 각각 A, B라 하자. 삼각형 OAB가 $\overline{OA}=\overline{AB}$인 이등변삼각형일 때, 선분 OA의 길이는? (단, O는 원점이다.)

① $\dfrac{\sqrt{5}}{3}$ 　　　② $\dfrac{2\sqrt{5}}{3}$ 　　　③ $\sqrt{5}$
④ $\dfrac{4\sqrt{5}}{3}$ 　　　⑤ $\dfrac{5\sqrt{5}}{3}$

20
▶ 25446-0089

중심이 원점 O이고 반지름의 길이가 r인 원 위의 점 P와 두 점 $A(5, 0)$, $B(7, 4)$에 대하여 삼각형 PAB의 넓이를 S라 하자. S의 최솟값이 5일 때, S의 최댓값은?

(단, $r<2\sqrt{5}$)

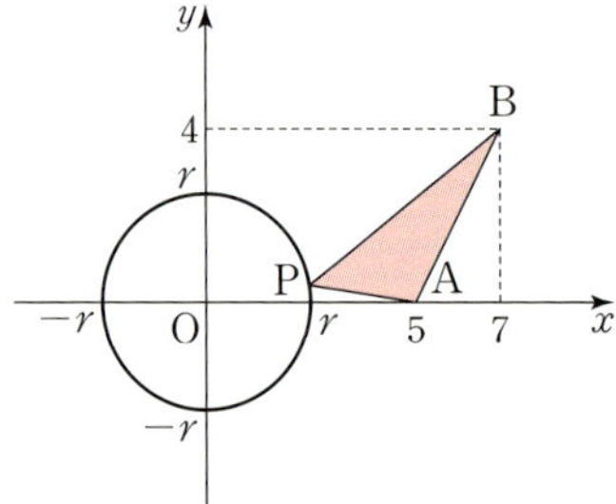

① 11 　　　② 13 　　　③ 15
④ 17 　　　⑤ 19

21

▶ 25446-0090

원 $(x-2)^2+(y-2)^2=1$ 위의 점 $A(a, b)$에 대하여 $\dfrac{b}{a}$ 의 최댓값과 최솟값을 각각 M, m이라 하자. M^2+m^2의 값은?

① 5

② $\dfrac{46}{9}$

③ $\dfrac{47}{9}$

④ $\dfrac{16}{3}$

⑤ $\dfrac{49}{9}$

22

▶ 25446-0091

함수 $f(x)=\begin{cases} -\dfrac{x}{2} & (x<0) \\ \dfrac{x}{3} & (x\geq0) \end{cases}$ 에 대하여 중심이 점 $(-5, 0)$

이고 반지름의 길이가 1인 원을 x축의 방향으로 n만큼 평행이동한 원을 C라 할 때, 원 C와 함수 $y=f(x)$의 그래프가 만나도록 하는 자연수 n의 개수를 구하시오.

23

▶ 25446-0092

직선 $y=-2x+2$가 x축, 직선 $y=x$와 만나는 점을 각각 A, B라 하자. 서로 다른 세 점 P, Q, R이 각각 세 선분 AB, OA, OB 위의 점일 때, 삼각형 PRQ의 둘레의 길이의 최솟값은? (단, O는 원점이다.)

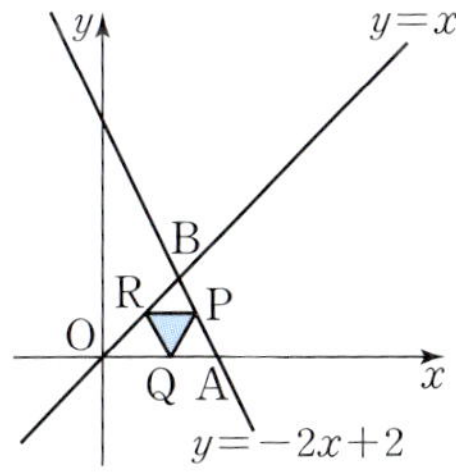

① $\dfrac{3\sqrt{10}}{10}$

② $\dfrac{2\sqrt{10}}{5}$

③ $\dfrac{\sqrt{10}}{2}$

④ $\dfrac{3\sqrt{10}}{5}$

⑤ $\dfrac{7\sqrt{10}}{10}$

서술형 문제

24

▶ 25446-0093

세 점 $A(-1, 1)$, $B(2, -1)$, $C(1, 1)$에 대하여 직선 AB와 평행하고 점 C를 지나는 직선을 l, 직선 AB와 수직이고 점 C를 지나는 직선을 m이라 하자. 두 직선 l, m과 y축으로 둘러싸인 부분의 넓이를 구하시오.

25

▶ 25446-0094

x, y에 대한 이차방정식 $x^2+y^2+2x-4y+1=0$이 나타내는 도형 C_1을 x축의 방향으로 3만큼 평행이동한 후, x축에 대하여 대칭이동한 도형을 C_2라 하자. 도형 C_1 위의 임의의 점 P와 도형 C_2 위의 임의의 점 Q에 대하여 선분 PQ의 길이의 최댓값과 최솟값을 각각 구하시오.

04 집합

개념 1 집합의 뜻과 표현

(1) **집합과 원소**: 어떤 조건에 의하여 그 대상을 명확하게 구분할 수 있는 것들의 모임을 집합이라 하고, 집합을 이루고 있는 대상 하나하나를 그 집합의 원소라고 한다.

(2) **집합과 원소의 관계**
  ① a가 집합 A의 원소일 때 a는 집합 A에 속한다고 한다. ➡ $a \in A$
  ② b가 집합 A의 원소가 아닐 때, b는 집합 A에 속하지 않는다고 한다. ➡ $b \notin A$

(3) **집합을 나타내는 방법**
  ① 원소나열법: 집합에 속하는 모든 원소를 $\{\ \ \}$ 안에 나열하여 집합을 나타내는 방법
  ② 조건제시법: 집합의 원소들이 나타내는 공통적인 성질을 제시하여 집합을 나타내는 방법
  ③ 벤 다이어그램: 도형을 이용한 그림으로 집합을 나타내는 방법

⑴ 자연수 전체의 집합 N에 대하여 1은 자연수이므로 $1 \in N$이고, -1은 자연수가 아니므로 $-1 \notin N$이다.

⑵ '8의 양의 약수의 모임'은 그 대상이 분명하므로 집합이다.
이 집합을 A라 하면
$A = \{1, 2, 4, 8\}$
$= \{x \mid x$는 8의 양의 약수$\}$
로 나타낼 수 있고, 벤 다이어그램으로 나타내면 다음과 같다.

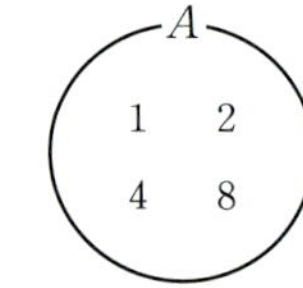

개념 2 집합의 원소의 개수

(1) 원소가 유한개인 집합을 유한집합이라 하고, 유한집합 A의 원소의 개수를 기호로 $n(A)$와 같이 나타낸다.

(2) 원소가 하나도 없는 집합을 공집합이라 하고, 이것을 기호로 $\varnothing$과 같이 나타낸다.

집합
$A = \{x \mid x$는 3 이하의 자연수$\}$에서 $A = \{1, 2, 3\}$이므로
$n(A) = 3$이다.

개념 3 집합 사이의 포함 관계

(1) **부분집합**
  ① 집합 A의 모든 원소가 집합 B에 속할 때, 집합 A를 집합 B의 부분집합이라 하고, 이것을 기호로 $A \subset B$와 같이 나타낸다.
  ② 집합 A가 집합 B의 부분집합이 아닐 때, 이것을 기호로 $A \not\subset B$와 같이 나타낸다.

(2) **부분집합의 성질**: 임의의 세 집합 A, B, C에 대하여
  ① $\varnothing \subset A$, $A \subset A$ ② $A \subset B$이고 $B \subset C$이면 $A \subset C$이다.

(3) **서로 같은 두 집합**: 두 집합 A, B에 대하여 $A \subset B$이고 $B \subset A$일 때, 두 집합 A, B는 서로 같다고 하고, 이것을 기호로 $A = B$와 같이 나타낸다.

(4) **진부분집합**: 두 집합 A, B에 대하여 $A \subset B$이고 $A \neq B$일 때, 집합 A를 집합 B의 진부분집합이라고 한다.

두 집합 $A = \{1, 2\}$, $B = \{1, 2, 3\}$에 대하여 $A \subset B$이다.

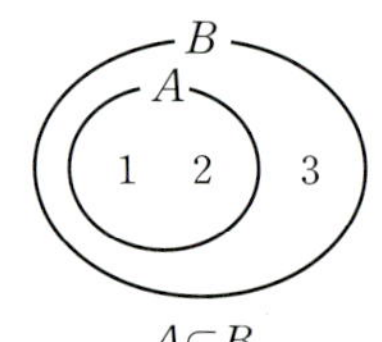

$A \subset B$
➡ A는 B의 부분집합

개념 **4** 부분집합의 개수

집합 A의 원소의 개수가 n일 때

① 집합 A의 부분집합의 개수는 2^n이다.

② 집합 A의 진부분집합의 개수는 2^n-1이다.

③ 집합 A의 부분집합 중 k개의 특정한 원소를 반드시 포함하는(포함하지 않는) 부분집합의 개수는 2^{n-k}이다. (단, $1\le k<n$)

집합 $A=\{1,\,2,\,3\}$에 대하여 $n(A)=3$이므로
(1) 부분집합의 개수는
$$2^3=8$$
(2) 진부분집합의 개수는
$$2^3-1=8-1=7$$
(3) 원소 1을 반드시 포함하는 부분집합의 개수는
$$2^{3-1}=2^2=4$$

개념 **5** 집합의 연산

(1) 교집합: $A\cap B=\{x\,|\,x\in A$ 그리고 $x\in B\}$

두 집합 A, B의 공통인 원소가 하나도 없을 때, 즉 $A\cap B=\varnothing$일 때, 두 집합 A와 B는 서로소라고 한다.

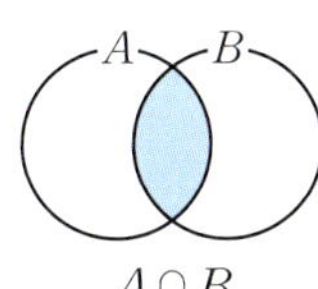

$A\cap B$

(2) 합집합: $A\cup B=\{x\,|\,x\in A$ 또는 $x\in B\}$

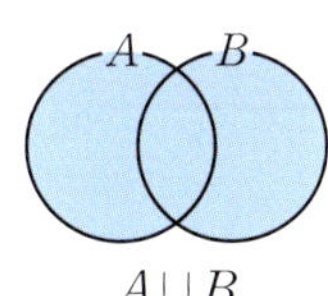

$A\cup B$

(3) 전체집합: 어떤 집합에 대하여 그 부분집합을 생각할 때, 처음의 집합을 전체집합이라 하고, 기호 U로 나타낸다.

(4) 여집합: $A^C=\{x\,|\,x\in U$ 그리고 $x\notin A\}$ (단, U는 전체집합)

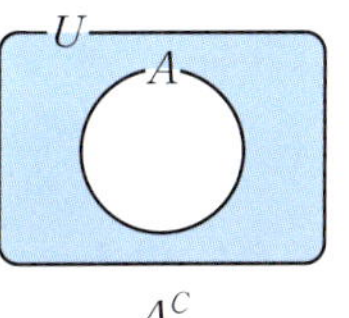

A^C

(5) 차집합: $A-B=\{x\,|\,x\in A$ 그리고 $x\notin B\}$

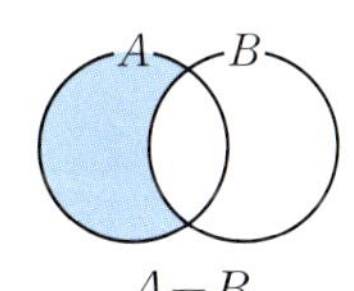

$A-B$

전체집합 $U=\{1,\,2,\,3,\,4,\,5\}$의 두 부분집합 $A=\{1,\,2,\,3\}$, $B=\{3,\,4\}$에 대하여
(1) $A\cap B=\{3\}$
(2) $A\cup B=\{1,\,2,\,3,\,4\}$
(3) $A^C=\{4,\,5\}$
(4) $A-B=\{1,\,2\}$

개념 **6** 집합의 연산에 대한 성질

전체집합 U의 두 부분집합 A, B에 대하여

① $A\cup A=A$, $A\cap A=A$

② $A\cup\varnothing=A$, $A\cap\varnothing=\varnothing$

③ $A\cup U=U$, $A\cap U=A$

④ $U^C=\varnothing$, $\varnothing^C=U$

⑤ $A\cup A^C=U$, $A\cap A^C=\varnothing$

⑥ $(A^C)^C=A$

⑦ $A-B=A\cap B^C=A-(A\cap B)=(A\cup B)-B$

전체집합 $U=\{1,\,2,\,3\}$의 부분집합 $A=\{1,\,2\}$에 대하여 $A^C=\{3\}$이고 $(A^C)^C=\{1,\,2\}$이므로 $(A^C)^C=A$이다.

개념 **7** 집합의 연산법칙

세 집합 A, B, C에 대하여

(1) 교환법칙: $A \cup B = B \cup A$, $A \cap B = B \cap A$

(2) 결합법칙: $(A \cup B) \cup C = A \cup (B \cup C)$, $(A \cap B) \cap C = A \cap (B \cap C)$

(3) 분배법칙: $A \cap (B \cup C) = (A \cap B) \cup (A \cap C)$, $A \cup (B \cap C) = (A \cup B) \cap (A \cup C)$

(4) 드모르간의 법칙: $(A \cup B)^C = A^C \cap B^C$, $(A \cap B)^C = A^C \cup B^C$

참고 벤 다이어그램을 이용하여 드모르간의 법칙 $(A \cup B)^C = A^C \cap B^C$이 성립함을 확인할 수 있다.

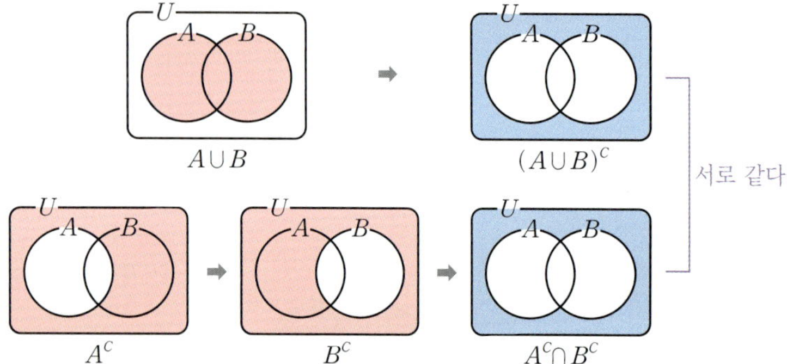

> **예시 보기**
>
> 전체집합 $U = \{1, 2, 3, 4, 5\}$의 두 부분집합 $A = \{1, 2, 3\}$, $B = \{3, 4\}$에 대하여 $A \cap B = \{3\}$이므로
> $(A \cap B)^C = \{1, 2, 4, 5\}$
> 또한 $A^C = \{4, 5\}$, $B^C = \{1, 2, 5\}$
> 이므로 $A^C \cup B^C = \{1, 2, 4, 5\}$
> 즉, $(A \cap B)^C = A^C \cup B^C$

개념 **8** 유한집합의 원소의 개수

두 유한집합 A, B에 대하여

① $n(A \cup B) = n(A) + n(B) - n(A \cap B)$

 특히, 두 집합 A, B가 서로소이면 $n(A \cap B) = 0$이므로

 $n(A \cup B) = n(A) + n(B)$

② $n(A^C) = n(U) - n(A)$

③ $n(A - B) = n(A) - n(A \cap B) = n(A \cup B) - n(B)$

> **참고** 세 유한집합 A, B, C에 대하여
> $n(A \cup B \cup C) = n(A) + n(B) + n(C) - n(A \cap B) - n(B \cap C) - n(C \cap A) + n(A \cap B \cap C)$

> **예시 보기**
>
> $n(A) = 6$, $n(B) = 4$, $n(A \cap B) = 2$일 때,
> $n(A \cup B)$
> $= n(A) + n(B) - n(A \cap B)$
> $= 6 + 4 - 2 = 8$

04 집합 　기본 유형 익히기

유형 1 집합의 뜻과 표현

두 집합 $A=\{1,\ 2\}$, $B=\{2,\ 4\}$에 대하여 집합 $C=\{ab\,|\,a\in A,\ b\in B\}$의 모든 원소의 합을 구하시오.

풀이 집합 $A=\{1,\ 2\}$의 원소는 1, 2이고, 집합 $B=\{2,\ 4\}$의 원소는 2, 4이므로

$a=1$, $b=2$일 때, $ab=1\times2=2$

$a=1$, $b=4$일 때, $ab=1\times4=4$

$a=2$, $b=2$일 때, $ab=2\times2=4$

$a=2$, $b=4$일 때, $ab=2\times4=8$

따라서 $C=\{2,\ 4,\ 8\}$이므로 집합 C의 모든 원소의 합은

$2+4+8=14$

POINT

■ 다음과 같이 표로 나타내어 집합 C의 원소를 구할 수도 있다.

×	2	4
1	2	4
2	4	8

답 14

유제 1 ▶ 25446-0095

집합 $A=\{x\,|\,x$는 n의 배수$\}$에 대하여 $9\in A$가 되도록 하는 모든 자연수 n의 값의 합을 구하시오.

유형 2 집합의 원소의 개수

두 집합 $A=\{x\,|\,|x|\leq4,\ x$는 정수$\}$, $B=\{x\,|\,x$는 20의 양의 약수$\}$에 대하여 $n(A)+n(B)$의 값을 구하시오.

풀이 $|x|\leq4$, $-4\leq x\leq4$에서 집합 A의 원소는

$-4,\ -3,\ -2,\ -1,\ 0,\ 1,\ 2,\ 3,\ 4$

로 그 개수는 9이므로 $n(A)=9$

집합 B의 원소는

$1,\ 2,\ 4,\ 5,\ 10,\ 20$

으로 그 개수는 6이므로 $n(B)=6$

따라서 $n(A)+n(B)=9+6=15$

POINT

■ $20=2^2\times5$이므로 20의 양의 약수는 2^2의 약수와 5의 약수의 곱으로 표현된다.

답 15

유제 2 ▶ 25446-0096

집합 $A=\{x\,|\,x$는 3^m의 일의 자리의 수, m은 자연수$\}$에 대하여 $n(A)$의 값을 구하시오.

유형 3 집합 사이의 포함 관계

두 집합 $A=\{4,\ a\}$, $B=\{1,\ 2a,\ a^2+3a\}$에 대하여 $A\subset B$가 성립할 때, 상수 a의 값을 구하시오.

풀이 $A\subset B$이므로 집합 A의 모든 원소가 집합 B의 원소이다.

따라서 $4\in A$이므로 $4\in B$

(ⅰ) $2a=4$일 때,

$a=2$이면 $A=\{2,\ 4\}$, $B=\{1,\ 4,\ 10\}$이므로 $A\not\subset B$

(ⅱ) $a^2+3a=4$일 때,

$a^2+3a-4=0$에서 $(a+4)(a-1)=0$이므로 $a=-4$ 또는 $a=1$

$a=-4$이면 $A=\{-4,\ 4\}$, $B=\{-8,\ 1,\ 4\}$이므로 $A\not\subset B$

$a=1$이면 $A=\{1,\ 4\}$, $B=\{1,\ 2,\ 4\}$이므로 $A\subset B$

(ⅰ), (ⅱ)에서 $a=1$

POINT
- $x\in A$인 모든 x에 대하여 $x\in B$이면 $A\subset B$이다.

답 1

유제 3 ▶ 25446-0097

두 집합 $A=\{3a,\ a-b\}$, $B=\{a+b,\ -6\}$에 대하여 $A=B$일 때, $a+b$의 값을 구하시오.

(단, a, b는 양의 상수이다.)

유형 4 부분집합의 개수

집합 $A=\{1,\ 2,\ 3,\ 4,\ 5\}$의 부분집합 중 두 원소 1, 2를 포함하지 않는 부분집합의 개수를 구하시오.

풀이 두 원소 1, 2를 포함하지 않는 집합 A의 부분집합은 두 원소 1, 2를 제외한 집합 $\{3,\ 4,\ 5\}$의 부분집합과 같으므로 그 개수는

$2^{5-2}=2^3=8$

POINT
- 집합 A의 부분집합 중 k개의 특정한 원소를 포함하지 않는 부분집합의 개수는 2^{n-k}이다.

(단, $1\leq k<n$)

답 8

유제 4 ▶ 25446-0098

집합 $A=\{x\,|\,x$는 12 이하의 소수$\}$의 부분집합 중 두 원소 2, 3을 반드시 포함하는 부분집합의 개수를 구하시오.

유형 5 집합의 연산

전체집합 $U=\{x\,|\,x$는 10 이하의 자연수$\}$의 두 부분집합
$$A=\{x\,|\,x$는 짝수$\},\ B=\{x\,|\,x$는 6의 양의 약수$\}$$
에 대하여 집합 $A\cap B^{C}$의 모든 원소의 합을 구하시오.

풀이 $U=\{1,\ 2,\ 3,\ 4,\ 5,\ 6,\ 7,\ 8,\ 9,\ 10\}$이므로
$A=\{2,\ 4,\ 6,\ 8,\ 10\},\ B=\{1,\ 2,\ 3,\ 6\}$
$B^{C}=\{4,\ 5,\ 7,\ 8,\ 9,\ 10\}$이므로 $A\cap B^{C}=\{4,\ 8,\ 10\}$
따라서 집합 $A\cap B^{C}$의 모든 원소의 합은
$4+8+10=22$

POINT
- $A\cap B^{C}$
  $=\{x\,|\,x\in A$ 그리고 $x\notin B\}$

답 22

유제 5 ▶ 25446-0099

전체집합 $U=\{x\,|\,x$는 10 이하의 자연수$\}$의 부분집합 $A=\{x\,|\,x$는 2 또는 3의 배수$\}$에 대하여 집합 A^{C}의 모든 원소의 합을 구하시오.

유형 6 집합의 연산에 대한 성질

두 집합 $A=\{1,\ 2,\ 3\},\ B=\{2,\ 3,\ 4,\ 5,\ 6,\ 7\}$에 대하여 $A\cap X=\{3\},\ B\cup X=B$를 만족시키는 집합 X의 개수를 구하시오.

풀이 $A\cap X=\{3\}$이므로 집합 X는 원소 3을 포함하고 두 원소 1, 2를 포함하지 않는다.
$B\cup X=B$이므로 $X\subset B$
따라서 집합 X는 원소 3을 포함하고 원소 2를 포함하지 않는 집합 B의 부분집합이므로 집합 X의 개수는
$2^{6-1-1}=2^{4}=16$

POINT
- $B\cup X=B$이면 집합 X는 집합 B의 부분집합이다. 즉, $X\subset B$

답 16

유제 6 ▶ 25446-0100

전체집합 $U=\{1,\ 2,\ 3,\ 4,\ 5,\ 6,\ 7,\ 8\}$의 부분집합 X에 대하여 $\{1,\ 2,\ 3\}\cup X=X$를 만족시키는 집합 X의 개수를 구하시오.

04 집합 기본 유형 익히기

유형 7 집합의 연산법칙

전체집합 $U=\{1,\ 2,\ 3,\ 4,\ 5,\ 6,\ 7\}$의 두 부분집합 A, B에 대하여
$$A\cap(A\cap B)^C=\{3\},\ A^C\cup B^C=\{1,\ 3,\ 5,\ 7\}$$
일 때, 집합 A의 모든 원소의 합을 구하시오.

풀이 $A\cap(A\cap B)^C=A-(A\cap B)=\{3\}$
$A^C\cup B^C=(A\cap B)^C=\{1,\ 3,\ 5,\ 7\}$이므로 $A\cap B=\{2,\ 4,\ 6\}$
따라서 $A=\{2,\ 3,\ 4,\ 6\}$이므로 집합 A의 모든 원소의 합은
$2+3+4+6=15$

POINT
■ 드모르간의 법칙
$(A\cup B)^C=A^C\cap B^C$,
$(A\cap B)^C=A^C\cup B^C$

답 15

유제 7 ▶ 25446-0101

전체집합 $U=\{x\,|\,x$는 8 이하의 자연수$\}$의 두 부분집합 A, B에 대하여
$$A\cap B=\{1,\ 7\},\ A^C\cap B^C=\{2,\ 4,\ 8\}$$
일 때, 집합 $(A\cup B)-(A\cap B)$의 모든 원소의 합을 구하시오.

유형 8 유한집합의 원소의 개수

전체집합 U의 두 부분집합 A, B에 대하여
$$n(U)=30,\ n(A)=12,\ n(B)=17,\ n(A\cup B)=24$$
일 때, $n((A\cap B)^C)$의 값을 구하시오.

풀이 $n(A\cup B)=n(A)+n(B)-n(A\cap B)$에서
$n(A\cap B)=n(A)+n(B)-n(A\cup B)$
$\qquad\ =12+17-24=5$
$n((A\cap B)^C)=n(U)-n(A\cap B)=30-5=25$

POINT
■ $n(A^C)=n(U)-n(A)$

답 25

유제 8 ▶ 25446-0102

전체집합 U의 두 부분집합 A, B에 대하여
$$n(U)=20,\ n(A)=10,\ n(B)=8,\ n(A\cap B)=3$$
일 때, $n(A^C\cap B^C)$의 값을 구하시오.

04 집합 — 유형 확인

01
▶ 25446-0103

|보기| 에서 집합인 것만을 있는 대로 고른 것은?

> **|보기|**
>
> ㄱ. 6 이하의 자연수의 모임
> ㄴ. 수학을 잘하는 학생들의 모임
> ㄷ. 큰 수들의 모임
> ㄹ. 짝수인 소수의 모임
> ㅁ. 예쁜 꽃들의 모임

① ㄱ, ㄴ ② ㄱ, ㄹ ③ ㄴ, ㄷ
④ ㄴ, ㅁ ⑤ ㄷ, ㅁ

02
▶ 25446-0104

집합 $A=\{x\,|\,x$는 20 이하의 소수$\}$에 대하여 다음 중 옳지 <u>않은</u> 것은?

① $1\notin A$ ② $3\in A$ ③ $10\notin A$
④ $15\in A$ ⑤ $23\notin A$

03
▶ 25446-0105

집합 $A=\{x\,|\,x$는 k 이하의 소수$\}$에 대하여 $n(A)=3$이 되도록 하는 모든 자연수 k의 값의 합을 구하시오.

04
▶ 25446-0106

두 집합

$$A=\{x\,|\,x$는 15의 양의 약수$\},$$
$$B=\{x\,|\,x$는 k 이하의 3의 양의 배수$\}$$

에 대하여 $n(A)=n(B)$가 되도록 하는 모든 자연수 k의 값의 합은?

① 31 ② 33 ③ 35
④ 37 ⑤ 39

05
▶ 25446-0107

다음 중 집합 $\{1,\,2,\,3\}$의 부분집합이 <u>아닌</u> 것은?

① $\varnothing$ ② $\{1\}$ ③ $\{1,\,3\}$
④ $\{2,\,4\}$ ⑤ $\{1,\,2,\,3\}$

06
▶ 25446-0108

두 집합

$$A=\{x\,|\,1\leq x<3\},\ B=\{x\,|\,a-3<x<2a+7\}$$

에 대하여 $A\subset B$가 성립하도록 하는 모든 정수 a의 값의 합은?

① 1 ② 2 ③ 3
④ 4 ⑤ 5

07
▶ 25446-0109

두 집합 $A=\{a,\,a+6,\,2\}$, $B=\{a^2+a,\,-2,\,4\}$에 대하여 $A=B$일 때, 상수 a의 값을 구하시오.

08
▶ 25446-0110

집합 $A=\{1,\,2,\,3,\,4,\,5,\,6\}$에 대하여

$$1\in X,\ 3\in X,\ 5\notin X$$

를 만족시키는 집합 A의 부분집합 X의 개수는?

① 2 ② 4 ③ 8
④ 16 ⑤ 32

09
▶ 25446-0111

두 집합 $A=\{1,\ 2\}$, $B=\{1,\ 2,\ 3,\ 4\}$에 대하여
$A \subset X \subset B$를 만족시키는 집합 X의 개수는?

① 2 　　② 4 　　③ 8
④ 16 　　⑤ 32

10
▶ 25446-0112

집합 $A=\{x\,|\,x$는 10 이하의 자연수$\}$의 공집합이 아닌
부분집합 중 모든 원소가 소수로만 이루어진 부분집합의
개수는?

① 4 　　② 7 　　③ 8
④ 15 　　⑤ 16

11
▶ 25446-0113

집합 $A=\{1,\ 2,\ 3,\ 4,\ 5,\ 6\}$의 부분집합 중 집합 $\{4,\ 5\}$
와 서로소인 집합의 개수를 구하시오.

유형 5　집합의 연산

12
▶ 25446-0114

두 집합 $A=\{1,\ 2,\ a^2+a\}$, $B=\{6,\ -a+2,\ a-1\}$에
대하여 $A \cap B=\{1,\ 6\}$이 되도록 하는 상수 a의 값을 구
하시오.

13
▶ 25446-0115

전체집합 $U=\{x\,|\,x$는 10 이하의 자연수$\}$의 두 부분집합
$$A=\{x\,|\,x\text{는 10 이하의 소수}\},$$
$$B=\{3x-1\,|\,x\text{는 3 이하의 자연수}\}$$
에 대하여 집합 $(A \cup B)-(A \cap B)$의 모든 원소의 합은?

① 12 　　② 14 　　③ 16
④ 18 　　⑤ 20

유형 6　집합의 연산에 대한 성질

14
▶ 25446-0116

전체집합 U의 두 부분집합 A, B에 대하여
$(A-B) \cup B=A$일 때, 다음 중 항상 옳은 것은?

① $A \subset B$ 　　② $B \subset A$ 　　③ $A \cap B=\varnothing$
④ $A \cup B=U$ 　　⑤ $A=B^{C}$

15
▶ 25446-0117

전체집합 U의 두 부분집합 A, B에 대하여 $A \subset B$일 때,
보기에서 항상 옳은 것만을 있는 대로 고른 것은?

> **보기**
> ㄱ. $A \cap B=A$　ㄴ. $A \cup B=B$　ㄷ. $B \subset A^{C}$

① ㄱ 　　② ㄴ 　　③ ㄱ, ㄴ
④ ㄴ, ㄷ 　　⑤ ㄱ, ㄴ, ㄷ

16
▶ 25446-0118

전체집합 $U=\{1,\ 2,\ 3,\ 4,\ 5,\ 6,\ 7\}$의 부분집합 X에 대
하여
$$\{1,\ 3,\ 5,\ 7\} \cap X=\{3,\ 7\}$$
을 만족시키는 집합 X의 개수를 구하시오.

유형 **7** 집합의 연산법칙

17
▶ 25446-0119

전체집합 U의 세 부분집합 A, B, C에 대하여
$$A^C \cap B = \varnothing, \ (A \cap C^C) \cup C = C$$
일 때, 세 집합 A, B, C의 포함 관계로 항상 옳은 것은?

① $A \subset B \subset C$ ② $A \subset C \subset B$ ③ $B \subset C \subset A$
④ $B \subset A \subset C$ ⑤ $C \subset A \subset B$

18
▶ 25446-0120

전체집합 U의 두 부분집합 A, B에 대하여 다음 중 벤 다이어그램의 색칠한 부분이 집합
$$\{(A^C \cap B) \cup (A^C \cap B^C)\}^C \cap B$$
와 항상 같은 것은?

① 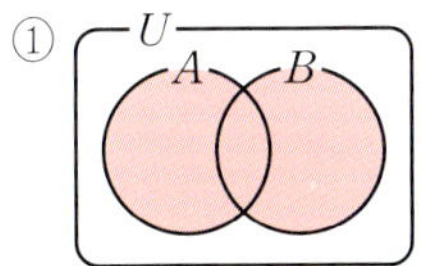 ② 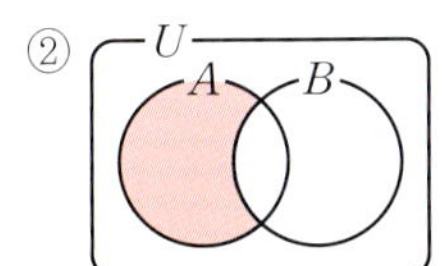

③ 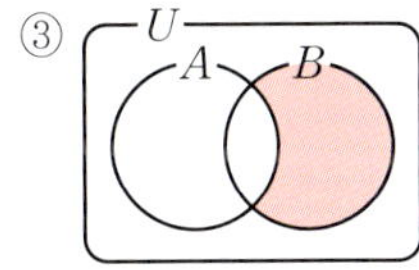 ④ 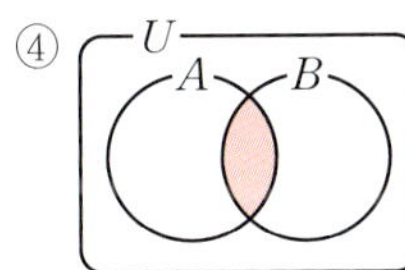

⑤ 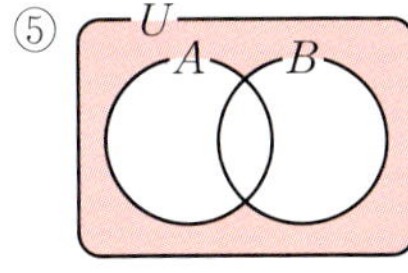

19
▶ 25446-0121

전체집합 $U = \{x \,|\, x$는 10 이하의 자연수$\}$의 두 부분집합 A, B에 대하여
$$A^C \cap B = \{1, \, 4, \, 7, \, 10\}, \ A^C \cap B^C = \{3, \, 6, \, 9\}$$
를 만족시키는 집합 A의 모든 원소의 합을 구하시오.

유형 **8** 유한집합의 원소의 개수

20
▶ 25446-0122

두 집합 A, B에 대하여
$$n(B) = 7, \ n(A - B) = 8$$
일 때, $n(A \cup B)$의 값은?

① 11   ② 13   ③ 15
④ 17   ⑤ 19

21
▶ 25446-0123

전체집합 U의 두 부분집합 A, B에 대하여
$$n(U) = 20, \ n(A) = 12, \ n(B) = 9$$
일 때, $n(A \cap B)$의 최댓값과 최솟값의 합을 구하시오.

22
▶ 25446-0124

학생 수가 25명인 어느 학급에서 축구와 농구를 좋아하는 학생 수를 조사하였다. 축구를 좋아하는 학생이 17명, 축구와 농구를 모두 좋아하지 않는 학생이 3명일 때, 농구만 좋아하는 학생의 수는?

① 5   ② 6   ③ 7
④ 8   ⑤ 9

두 집합

$$A=\{x\,|\,x\text{는 4의 양의 약수}\},$$
$$B=\{x\,|\,(x-1)(x^2+ax-2a)=0,\ x\text{는 실수}\}$$

에 대하여 $n(A)>n(B)$가 되도록 하는 정수 a의 개수를 구하시오.

풀이

$A=\{1,\ 2,\ 4\}$이므로 $n(A)=3$ ◀ ❶

$n(B)<n(A)=3$이므로

삼차방정식 $(x-1)(x^2+ax-2a)=0$의 서로 다른 실근의 개수는 2 이하이다.

이차방정식 $x^2+ax-2a=0$의 판별식을 D라 하자.

(ⅰ) 이차방정식 $x^2+ax-2a=0$의 실근의 개수가 1 이하일 때

$$D=a^2+8a\leq0$$
$$a(a+8)\leq0,\ -8\leq a\leq0$$ ◀ ❷

(ⅱ) 이차방정식 $x^2+ax-2a=0$의 실근의 개수가 2일 때

$$D=a^2+8a>0$$

$$a(a+8)>0$$

$a<-8$ 또는 $a>0$

이때 두 실근 중 하나가

1이어야 하므로

$$1+a-2a=0$$

$$a=1$$ ◀ ❸

> 이차방정식 $ax^2+bx+c=0$의 판별식 $D=b^2-4ac$에 대하여
> ⑴ $D>0$이면 서로 다른 두 실근을 갖는다.
> ⑵ $D=0$이면 중근을 갖는다.
> ⑶ $D<0$이면 서로 다른 두 허근을 갖는다.

(ⅰ), (ⅱ)에서 구하는 정수 a의 개수는

$$9+1=10$$ ◀ ❹

답 10

단계	채점 기준	비율
❶	$n(A)$의 값을 구한 경우	10 %
❷	이차방정식 $x^2+ax-2a=0$의 실근의 개수가 1 이하일 때, a의 값의 범위를 구한 경우	40 %
❸	이차방정식 $x^2+ax-2a=0$의 실근의 개수가 2일 때, a의 값을 구한 경우	40 %
❹	정수 a의 개수를 구한 경우	10 %

01　▶ 25446-0125

두 집합 $A=\{5,\ -a+4,\ 2a-1\}$, $B=\{3,\ a^2,\ a-2\}$에 대하여 $(A\cup B)-(A\cap B)=\{-1,\ 5\}$일 때, 집합 A의 모든 원소의 합을 구하시오. (단, a는 상수이다.)

02　▶ 25446-0126

전체집합 U의 두 부분집합 A, B에 대하여 $A=\{1,\ 2,\ 3,\ 4\}$, $(A\cap B^C)\cup(B\cap A^C)=\{1,\ 2,\ 5\}$일 때, 집합 B의 모든 원소의 합을 구하시오.

03　▶ 25446-0127

집합 $A=\{x\,|\,x\text{는 12의 양의 약수}\}$의 부분집합 중 원소 2 또는 3을 반드시 포함하는 부분집합의 개수를 구하시오.

내신 · 수능 고난도 문항

▶ 25446-0128

01 두 집합

$$A=\{x\,|\,x는\ 6\ 이하의\ 소수\},\ B=\{x\,|\,x는\ k의\ 양의\ 약수\}$$

가 다음 조건을 만족시키는 15 이하의 모든 자연수 k의 값의 합을 구하시오.

> (가) $n(A\cap B)=2$
> (나) 집합 $A\cup B$의 모든 원소의 합은 3의 배수이다.

▶ 25446-0129

02 전체집합 $U=\{x\,|\,x는\ 9\ 이하의\ 자연수\}$의 부분집합 X에 대하여 집합 X의 모든 원소의 합을 $S(X)$라 하자. 집합 U의 두 부분집합 A, B에 대하여 $n(A)\geq2$, $n(B)\geq2$일 때, **┃보기┃**에서 옳은 것만을 있는 대로 고른 것은? (단, $S(\varnothing)=0$)

> ┃ 보기 ┃
> ㄱ. $S(A)<S(B)$이면 $A\subset B$이다.
> ㄴ. $A=\{1,\ 2,\ 3,\ 4\}$이면 $S(A\cup B)=S(A)+S(B)$인 집합 B의 개수는 26이다.
> ㄷ. $A\cup B=U$, $A\cap B=\{1,\ 3,\ 5\}$이면 $S(A)\times S(B)$의 최댓값은 512이다.

① ㄱ ② ㄴ ③ ㄷ ④ ㄱ, ㄴ ⑤ ㄴ, ㄷ

▶ 25446-0130

03 어느 수학 난제 동호회에서 회원 60명을 대상으로 P−NP 문제, 리만 가설, 푸앵카레 추측을 연구해 본 적이 있는지 조사해 보았더니 다음과 같았다.

> (가) P−NP 문제를 연구해 본 회원은 21명이다.
> (나) 리만 가설을 연구해 본 회원은 37명이다.
> (다) 푸앵카레 추측을 연구해 본 회원은 28명이다.

P−NP 문제와 푸앵카레 추측을 모두 연구한 회원이 없을 때, P−NP 문제, 리만 가설, 푸앵카레 추측 중 한 가지만을 연구해 본 회원의 수를 구하시오. (단, 모든 회원은 세 가지 중 한 가지 이상 연구해 본 적이 있다.)

05 명제

개념 **1** 명제와 조건

(1) **명제**: 참인지 거짓인지를 분명하게 판별할 수 있는 문장이나 식을 명제라고 한다.

(2) **조건**: 변수의 값에 따라 참, 거짓이 정해질 때, 그 문장이나 식을 조건이라고 한다.

(3) **진리집합**: 전체집합 U에서 조건이 참이 되게 하는 모든 원소의 집합을 그 조건의 진리집합이라고 한다.

개념 **2** 명제와 조건의 부정

(1) 명제 또는 조건 p에 대하여 'p가 아니다.'를 명제 또는 조건 p의 부정이라 하고, 기호로 $\sim p$와 같이 나타낸다.

(2) 명제 p가 참이면 $\sim p$는 거짓이고, 명제 p가 거짓이면 $\sim p$는 참이다.

(3) 조건 p의 진리집합이 P이면 $\sim p$의 진리집합은 P^C이다.

(4) 두 명제 또는 조건 p, q에 대하여 두 조건 'p 또는 q', 'p 그리고 q'의 부정은 각각 '$\sim p$ 그리고 $\sim q$', '$\sim p$ 또는 $\sim q$'이다.

개념 **3** 명제 $p \longrightarrow q$의 참, 거짓

(1) 두 조건 p, q로 이루어진 명제 'p이면 q이다.'를 기호로 $p \longrightarrow q$와 같이 나타내고, p를 가정, q를 결론이라고 한다.

(2) 명제 $p \longrightarrow q$에서 두 조건 p, q의 진리집합을 각각 P, Q라 할 때
① 명제 $p \longrightarrow q$가 참이면 $P \subset Q$이고, $P \subset Q$이면 명제 $p \longrightarrow q$는 참이다.
② 명제 $p \longrightarrow q$가 거짓이면 $P \not\subset Q$이고, $P \not\subset Q$이면 명제 $p \longrightarrow q$는 거짓이다.

개념 **4** '모든' 또는 '어떤'이 들어 있는 명제

(1) 전체집합 U에 대하여 조건 p의 진리집합을 P라 할 때
① $P=U$이면 '모든 x에 대하여 p이다.'는 참이다.
② $P \neq U$이면 '모든 x에 대하여 p이다.'는 거짓이다.
③ $P \neq \varnothing$이면 '어떤 x에 대하여 p이다.'는 참이다.
④ $P = \varnothing$이면 '어떤 x에 대하여 p이다.'는 거짓이다.

(2) '모든' 또는 '어떤'이 들어 있는 명제의 부정

조건 p에 대하여

① '모든 x에 대하여 p이다.'의 부정은 '어떤 x에 대하여 $\sim p$이다.'

② '어떤 x에 대하여 p이다.'의 부정은 '모든 x에 대하여 $\sim p$이다.'

개념 5 명제의 역과 대우

명제 '소수는 홀수이다.'의
역은 '홀수는 소수이다.'이고,
대우는 '홀수가 아닌 수는 소수가
아니다.'이다.

(1) 명제 $p \longrightarrow q$에 대하여 가정과 결론의 위치를 서로 바꾸어 놓은 명제 $q \longrightarrow p$를 명제 $p \longrightarrow q$의 역이라고 한다.

(2) 명제 $p \longrightarrow q$에 대하여 가정과 결론을 각각 부정하고 위치를 서로 바꾸어 놓은 명제 $\sim q \longrightarrow \sim p$를 명제 $p \longrightarrow q$의 대우라고 한다.

(3) 명제와 그 대우의 참, 거짓

① 명제 $p \longrightarrow q$가 참이면 그 대우 $\sim q \longrightarrow \sim p$도 참이다.

② 명제 $p \longrightarrow q$가 거짓이면 그 대우 $\sim q \longrightarrow \sim p$도 거짓이다.

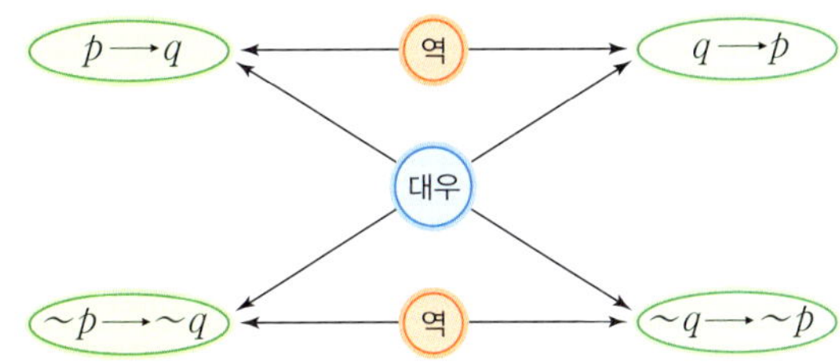

> 참고 ① 명제와 그 대우의 참, 거짓은 항상 일치한다.
> ② 명제 $p \longrightarrow q$가 참이라고 해서 그 역 $q \longrightarrow p$가 반드시 참인 것은 아니다.

개념 6 충분조건과 필요조건

(1) $x=1$은 $x^2=1$이기 위한 충분조건이고, $x^2=1$은 $x=1$이기 위한 필요조건이다.

(2) $x=0$은 $x^2=0$이기 위한 필요충분조건이다.

(1) 명제 $p \longrightarrow q$가 참인 것을 기호로 $p \Longrightarrow q$와 같이 나타내고, p는 q이기 위한 충분조건, q는 p이기 위한 필요조건이라고 한다.

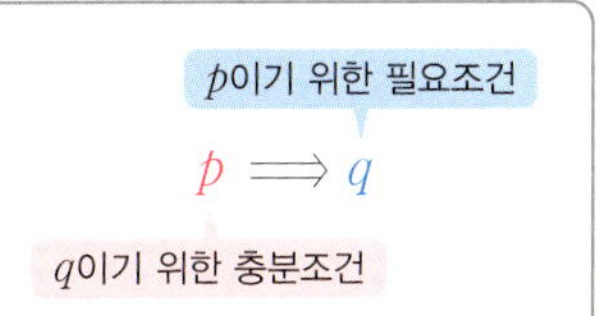

(2) 명제 $p \longrightarrow q$에 대하여 $p \Longrightarrow q$이고 $q \Longrightarrow p$일 때, 이것을 기호로 $p \Longleftrightarrow q$와 같이 나타내고, p는 q이기 위한 필요충분조건이라고 한다.

(3) 두 조건 p, q의 진리집합을 각각 P, Q라 할 때

① $P \subset Q$이면 p는 q이기 위한 충분조건, q는 p이기 위한 필요조건이다.

② $P = Q$이면 p는 q이기 위한 필요충분조건이다.

개념 7 명제의 증명

(1) 용어의 정의, 증명, 정리
  ① 정의: 용어의 뜻을 명확하게 정한 것을 그 용어의 정의라고 한다.
  ② 증명: 어떤 명제가 참임을 보이기 위해서는 그 명제의 가정과 이미 알려진 성질을 근거로 그것이 참임을 논리적으로 밝혀야 하는데, 이 과정을 증명이라고 한다.
  ③ 정리: 참임이 증명된 명제 중에서 기본이 되고, 또 다른 명제를 증명할 때 이용할 수 있는 것을 정리라고 한다.

(2) 대우를 이용한 증명법: 명제 $p \longrightarrow q$가 참이면 그 대우 $\sim q \longrightarrow \sim p$도 참이므로 명제 $p \longrightarrow q$가 참임을 증명할 때 그 대우 $\sim q \longrightarrow \sim p$가 참임을 증명하면 된다.

(3) 귀류법: 어떤 명제를 증명하는 과정에서 명제의 결론을 부정하여 가정 또는 이미 알려진 사실에 모순됨을 보여서 그 결론이 성립함을 보여 주는 증명 방법을 귀류법이라고 한다.

참고 삼단논법
  세 조건 p, q, r에 대하여 명제 $p \longrightarrow q$가 참이고 명제 $q \longrightarrow r$이 참이면 명제 $p \longrightarrow r$은 참이다.

예시 보기
자연수 n에 대하여 명제 'n^2이 짝수이면 n도 짝수이다.'를 증명할 때, 직접 증명하기 보다는 그 대우인 'n이 홀수이면 n^2도 홀수이다.'를 증명하는 것이 더 쉽다.

개념 8 절대부등식

(1) 절대부등식: 부등식의 문자에 어떤 실수를 대입하여도 항상 성립하는 부등식을 절대부등식이라고 한다.

(2) 부등식의 증명에 이용되는 실수의 성질
  a, b가 실수일 때
  ① $a>b \Longleftrightarrow a-b>0$
  ② $a^2 \geq 0$
  ③ $a^2+b^2=0 \Longleftrightarrow a=b=0$
  ④ $a>0$, $b>0$일 때, $a>b \Longleftrightarrow a^2>b^2$
  ⑤ $|a|^2=a^2$, $|a||b|=|ab|$, $|a| \geq a$

(3) 여러 가지 절대부등식
  a, b가 실수일 때
  ① $a^2 \pm ab+b^2 \geq 0$ (단, 등호는 $a=b=0$일 때 성립한다.)
  ② $|a|+|b| \geq |a+b|$ (단, 등호는 $ab \geq 0$일 때 성립한다.)

참고 산술평균과 기하평균의 관계
  $a>0$, $b>0$일 때, $\dfrac{a+b}{2} \geq \sqrt{ab}$ (단, 등호는 $a=b$일 때 성립한다.)

예시 보기
(1) 실수의 대소 관계
  두 실수 a, b에 대하여
  ① $a-b>0$이면 $a>b$
  ② $a-b=0$이면 $a=b$
  ③ $a-b<0$이면 $a<b$
(2) 부등식 $|x|+2 \geq 0$은 모든 실수 x에 대하여 항상 성립하므로 절대부등식이다.
(3) 양수 a에 대하여
  $a+\dfrac{1}{a} \geq 2\sqrt{a \times \dfrac{1}{a}}=2$
  $\left(\text{단, 등호는 } a=\dfrac{1}{a}, \text{ 즉 } a=1 \text{ 일 때 성립한다.}\right)$

05 명제 — 기본 유형 익히기

유형 1 명제와 조건

> 전체집합 $U=\{1,\ 2,\ 3,\ 4,\ 5,\ 6,\ 7,\ 8,\ 9\}$에 대하여 조건 p가
> $$p\colon x \text{는 홀수이고 18의 양의 약수이다.}$$
> 일 때, 조건 p의 진리집합의 모든 원소의 합을 구하시오.

풀이 9 이하의 자연수 중 홀수는

$1,\ 3,\ 5,\ 7,\ 9$

이고 이 중에서 18의 양의 약수는 1, 3, 9이므로 조건 p의 진리집합을 P라 하면

$P=\{1,\ 3,\ 9\}$

따라서 집합 P의 모든 원소의 합은

$1+3+9=13$

POINT
■ 전체집합의 원소 중 조건 p가 참이 되도록 하는 원소를 찾는다.

답 13

유제 1 ▶ 25446-0131

전체집합 $U=\{x\,|\,x \text{는 10 이하의 자연수}\}$에 대하여 조건 p가
$$p\colon x^2-9x+14=0$$
일 때, 조건 p의 진리집합의 모든 원소의 합을 구하시오.

유형 2 명제와 조건의 부정

> 전체집합 $U=\{x\,|\,x \text{는 18 이하의 자연수}\}$에 대하여 조건 p가
> $$p\colon x \text{는 18의 양의 약수이다.}$$
> 일 때, 조건 $\sim p$의 진리집합의 원소의 개수를 구하시오.

풀이 조건 p의 진리집합을 P라 하면 조건 $\sim p$의 진리집합은 P^C이다.

$P=\{1,\ 2,\ 3,\ 6,\ 9,\ 18\}$이므로 $n(P)=6$

$n(P^C)=n(U)-n(P)$

$\qquad\quad =18-6=12$

따라서 조건 $\sim p$의 진리집합의 원소의 개수는 12이다.

POINT
■ $18=2\times3^2$이므로 18의 양의 약수의 개수는 $(1+1)\times(2+1)=6$이다.

답 12

유제 2 ▶ 25446-0132

조건 '두 실수 $x,\ y$에 대하여 $xy=0$이다.'의 부정을 구하시오.

유형 **3** 명제 $p \longrightarrow q$의 참, 거짓

전체집합 U에 대하여 세 조건 p, q, r의 진리집합을 각각 P, Q, R이라 하자.

$$P \cap Q = P, \quad Q \cup R^C = R^C$$

일 때, 다음 중 항상 참인 명제는?

① $p \longrightarrow r$ ② $q \longrightarrow r$ ③ $\sim p \longrightarrow q$ ④ $\sim q \longrightarrow r$ ⑤ $p \longrightarrow \sim r$

풀이 $P \cap Q = P$이므로 $P \subset Q$이고, $Q \cup R^C = R^C$이므로 $Q \subset R^C$이다.

① $P \not\subset R$이므로 명제 $p \longrightarrow r$은 거짓이다.
② $Q \not\subset R$이므로 명제 $q \longrightarrow r$은 거짓이다.
③ $P^C \not\subset Q$이므로 명제 $\sim p \longrightarrow q$는 거짓이다.
④ $Q^C \not\subset R$일 수 있으므로 명제 $\sim q \longrightarrow r$은 거짓이다.
⑤ $P \subset R^C$이므로 명제 $p \longrightarrow \sim r$은 참이다.

POINT

■ 두 조건 p, q의 진리집합을 각각 P, Q라 할 때,
명제 $p \longrightarrow q$가 참이면 $P \subset Q$이고, $P \subset Q$이면 명제 $p \longrightarrow q$는 참이다.

답 ⑤

유제 3   ▶ 25446-0133

명제 '$-2 < x < 1$이면 $x > k$이다.'가 참이 되도록 하는 실수 k의 최댓값을 구하시오.

유형 **4** '모든' 또는 '어떤'이 들어 있는 명제

명제 '어떤 실수 x에 대하여 $x \leq -1$이고 $x \geq 1$이다.'의 부정을 구하고, 그 부정의 참, 거짓을 판별하시오.

풀이   주어진 명제의 부정은 '모든 실수 x에 대하여 $x > -1$ 또는 $x < 1$이다.'이다.

$$\{x \mid x > -1\} \cup \{x \mid x < 1\} = \{x \mid x는 \ 실수\}$$

이므로 참이다.

POINT

■ 조건 p에 대하여
'어떤 x에 대하여 p이다.'의 부정은
'모든 x에 대하여 $\sim p$이다.'이다.

답 풀이 참조

유제 4   ▶ 25446-0134

명제 '모든 실수 x에 대하여 $-1 < x < 1$이다.'의 부정을 말하고, 그 부정의 참, 거짓을 판별하시오.

유형 5 명제의 역과 대우

명제 '두 실수 a, b에 대하여 $a+b=0$이면 $a=0$이고 $b=0$이다.'의 역과 대우를 각각 구하시오.

풀이 두 조건을 각각

p: $a+b=0$, q: $a=0$이고 $b=0$

이라 하면 주어진 명제는 $p \longrightarrow q$이다.

역은 $q \longrightarrow p$, 대우는 $\sim q \longrightarrow \sim p$이므로

역은 '두 실수 a, b에 대하여 $a=0$이고 $b=0$이면 $a+b=0$이다.'이고,

대우는 '두 실수 a, b에 대하여 $a \neq 0$ 또는 $b \neq 0$이면 $a+b \neq 0$이다.'이다.

POINT
- 명제 $p \longrightarrow q$에 대하여 역은 $q \longrightarrow p$이고, 대우는 $\sim q \longrightarrow \sim p$이다.

📋 풀이 참조

유제 5 ▶ 25446-0135

명제 '$x^2+ax-24 \neq 0$이면 $x-4 \neq 0$이다.'가 참이 되도록 하는 상수 a의 값을 구하시오.

유형 6 충분조건과 필요조건

전체집합 U에 대하여 세 조건 p, q, r의 진리집합을 각각 P, Q, R이라 하자.

$$P=\{2a\}, \quad Q=\{2, 6-a\}, \quad R=\{3a-2, a^2-2\}$$

이고, p는 q이기 위한 충분조건, q는 r이기 위한 필요충분조건이 되도록 하는 상수 a의 값을 구하시오.

풀이 p는 q이기 위한 충분조건이므로 $P \subset Q$

$2a=2$ 또는 $2a=6-a$이므로 $a=1$ 또는 $a=2$

q는 r이기 위한 필요충분조건이므로 $Q=R$

(ⅰ) $a=1$일 때

$\quad Q=\{2, 5\}$, $R=\{-1, 1\}$이므로 $Q \neq R$

(ⅱ) $a=2$일 때

$\quad Q=\{2, 4\}$, $R=\{2, 4\}$이므로 $Q=R$

(ⅰ), (ⅱ)에서 구하는 상수 a의 값은 2이다.

POINT

두 조건 p, q의 진리집합을 각각 P, Q라 할 때
- $P \subset Q$이면 p는 q이기 위한 충분조건, q는 p이기 위한 필요조건이다.
- $P=Q$이면 p는 q이기 위한 필요충분조건이다.

📋 2

유제 6 ▶ 25446-0136

두 조건 p: $x>a$, q: $-3<x<4$에 대하여 p가 q이기 위한 필요조건이 되도록 하는 실수 a의 최댓값을 구하시오.

05 명제 — 기본 유형 익히기

유형 7 명제의 증명

명제 '두 자연수 a, b에 대하여 a^2+b^2이 홀수이면 ab는 짝수이다.'가 참임을 대우를 이용하여 증명하시오.

풀이 주어진 명제의 대우는

'두 자연수 a, b에 대하여 ab가 홀수이면 a^2+b^2은 짝수이다.'

이다. ab가 홀수이면 a, b는 모두 홀수이므로

$a=2m-1$, $b=2n-1$ (m, n은 자연수)

로 놓을 수 있다.

$$a^2+b^2=(2m-1)^2+(2n-1)^2$$
$$=2(2m^2+2n^2-2m-2n+1)$$

이때 $2m^2+2n^2-2m-2n+1$은 자연수이므로 a^2+b^2은 짝수이다.

따라서 주어진 명제의 대우가 참이므로 주어진 명제도 참이다.

POINT

■ 명제와 그 대우는 참, 거짓이 항상 일치하므로 명제 $p \longrightarrow q$가 참임을 증명할 때는 그 대우 $\sim q \longrightarrow \sim p$가 참임을 증명하면 된다.

답 풀이 참조

유제 7 ▶ 25446-0137

명제 '$\sqrt{5}$는 무리수이다.'가 참임을 귀류법을 이용하여 증명하시오.

유형 8 절대부등식

세 실수 a, b, c에 대하여 $a^2+b^2+c^2+k \geq 4(a+b+c)$가 항상 성립하도록 하는 실수 k의 최솟값을 구하시오.

풀이 $a^2+b^2+c^2+k \geq 4(a+b+c)$에서 $a^2+b^2+c^2-4(a+b+c) \geq -k$

$$a^2+b^2+c^2-4(a+b+c)=(a^2-4a+4)+(b^2-4b+4)+(c^2-4c+4)-12$$
$$=(a-2)^2+(b-2)^2+(c-2)^2-12$$
$$\geq -12 \ (\text{단, 등호는 } a=2,\ b=2,\ c=2\text{일 때 성립한다.})$$

에서 $-12 \geq -k$이므로 $k \geq 12$

따라서 실수 k의 최솟값은 12이다.

POINT

■ 실수 a에 대하여 $a^2 \geq 0$이다.

답 12

유제 8 ▶ 25446-0138

양수 a에 대하여 $a+\dfrac{4}{a}$의 최솟값을 구하시오.

05 명제 — 유형 확인

유형 1 · 명제와 조건

01 ▶ 25446-0139

다음 중 명제인 것은?

① $x > 1$　　　　② $x^2 - x = 0$
③ x는 12의 약수이다.　　④ 소수는 모두 홀수이다.
⑤ 스마트폰은 편리한 기기이다.

02 ▶ 25446-0140

전체집합 $U = \{1,\ 2,\ 3,\ 4,\ 5,\ 6,\ 7\}$에 대하여 두 조건 p, q가

　　$p: 3 \le x < 6,\ q: 1 \le x \le 4$

일 때, 조건 'p이고 q'의 진리집합의 모든 원소의 합을 구하시오.

유형 2 · 명제와 조건의 부정

03 ▶ 25446-0141

전체집합 $U = \{x \,|\, x$는 정수$\}$에 대하여 조건 p가

　　$p: x^2 + 4x - 12 = 0$

일 때, 다음 중 조건 $\sim p$의 진리집합의 원소가 <u>아닌</u> 것은?

① 1　　　　② 2　　　　③ 3
④ 4　　　　⑤ 5

04 ▶ 25446-0142

두 조건 $p: 1 < x \le 8$, $q: 3 \le x < 6$에 대하여 조건
'$\sim p$ 또는 q'의 부정은?

① $1 < x < 6$
② $3 \le x \le 8$
③ $1 < x < 3$ 또는 $6 < x \le 8$
④ $1 < x < 3$ 또는 $6 \le x \le 8$
⑤ $1 < x \le 3$ 또는 $6 \le x \le 8$

유형 3 · 명제 $p \longrightarrow q$의 참, 거짓

05 ▶ 25446-0143

다음 중 참인 명제는?

① x가 3의 배수이면 x는 6의 배수이다.
② $x + y = 0$이면 $x = 0$이고 $y = 0$이다.
③ $x \le 2$이고 $y \le 2$이면 $x + y \le 4$이다.
④ $x^2 = 9$이면 $x^3 = 27$이다.
⑤ $xy > 1$이면 $x > 1$이고 $y > 1$이다.

06 ▶ 25446-0144

전체집합 U에 대하여 두 조건 p, q의 진리집합을 각각 P, Q라 하자. 두 집합 P, Q가 그림과 같을 때, 명제 'p이면 $\sim q$이다.' 가 거짓임을 보여주는 원소를 구하시오.

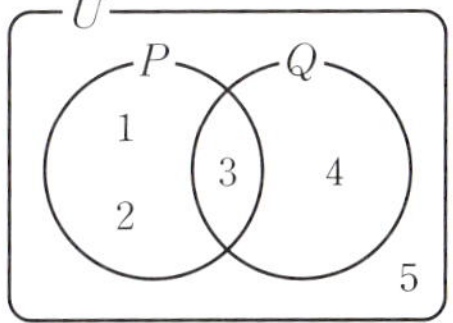

07 ▶ 25446-0145

x에 대한 두 조건 $p: |x - a| < 2$, $q: -3 \le x \le 7$에 대하여 명제 $p \longrightarrow q$가 참이 되도록 하는 정수 a의 개수를 구하시오.

08 ▶ 25446-0146

전체집합 U에 대하여 두 조건 p, q의 진리집합을 각각 P, Q라 하자. 명제 $p \longrightarrow q$가 참이고 명제 $q \longrightarrow p$가 거짓일 때, **보기**에서 항상 옳은 것만을 있는 대로 고른 것은?

> **보기**
>
> ㄱ. $P \cap Q = P$　　ㄴ. $P - Q = \varnothing$　　ㄷ. $P^C \cup Q^C = Q^C$

① ㄱ　　　　② ㄴ　　　　③ ㄷ
④ ㄱ, ㄴ　　　　⑤ ㄴ, ㄷ

유형 **4** '모든' 또는 '어떤'이 들어 있는 명제

09
▶ 25446-0147

명제 '모든 학생은 올림포스 공통수학으로 학습한다.'의 부정은?

① 모든 학생은 올림포스 공통수학으로 학습하지 않는다.
② 올림포스 공통수학으로 학습하는 학생은 없다.
③ 올림포스 공통수학으로 학습하지 않는 학생은 없다.
④ 어떤 학생은 올림포스 공통수학으로 학습한다.
⑤ 어떤 학생은 올림포스 공통수학으로 학습하지 않는다.

10
▶ 25446-0148

명제 '어떤 실수 x에 대하여 $x^2-8x+a<0$이다.'의 부정이 참이 되도록 하는 실수 a의 최솟값을 구하시오.

유형 **5** 명제의 역과 대우

11
▶ 25446-0149

명제 $\sim p \longrightarrow q$의 역이 참일 때, 다음 중 반드시 참인 명제는?

① $p \longrightarrow q$ ② $p \longrightarrow \sim q$ ③ $\sim p \longrightarrow q$
④ $q \longrightarrow p$ ⑤ $\sim q \longrightarrow p$

12
▶ 25446-0150

명제 '$a-2 \leq x \leq a+2$이면 $x \geq 3a-7$이다.'의 대우가 참이 되도록 하는 모든 자연수 a의 값의 합은?

① 3   ② 4   ③ 5
④ 6   ⑤ 7

유형 **6** 충분조건과 필요조건

13
▶ 25446-0151

두 조건 p, q에 대하여 p가 q이기 위한 필요조건이지만 충분조건이 아닌 것은?

(단, x, y는 실수이고, $i=\sqrt{-1}$이다.)

① p: $x=y$ q: $x^2=y^2$
② p: $x>y$ q: $x^3>y^3$
③ p: $x^2+y^2=0$ q: $xy=0$
④ p: $xy=|xy|$ q: $x \geq 0$, $y \geq 0$
⑤ p: $x+yi=0$ q: $x=0$, $y=0$

14
▶ 25446-0152

전체집합 U에 대하여 두 조건 p, q의 진리집합을 각각 P, Q라 하자. $\sim p$가 q이기 위한 충분조건일 때, 다음 중 항상 옳은 것은?

① $P \cap Q = \varnothing$ ② $P \cup Q = U$ ③ $P \subset Q$
④ $Q \subset P$ ⑤ $P = Q$

15
▶ 25446-0153

세 조건 p, q, r에 대하여 ☐ 안에 '충분', '필요' 중 알맞은 것을 써넣으시오.

⑴ 두 명제 $p \longrightarrow q$와 $\sim r \longrightarrow \sim q$가 모두 참이고 명제 $r \longrightarrow p$가 거짓일 때, p는 r이기 위한 ☐조건이다.
⑵ p는 q이기 위한 필요조건이고 p는 $\sim r$이기 위한 충분조건일 때, $\sim q$는 r이기 위한 ☐조건이다.

16

▶ 25446-0154

두 자연수 a, b에 대하여 명제 'ab가 짝수이면 a 또는 b가 짝수이다.'가 참임을 증명할 수 있는 명제는?

① ab가 홀수이면 a 또는 b가 홀수이다.
② ab가 홀수이면 a, b가 모두 홀수이다.
③ a 또는 b가 홀수이면 ab가 홀수이다.
④ a 또는 b가 짝수이면 ab가 짝수이다.
⑤ a, b가 모두 홀수이면 ab가 홀수이다.

17

▶ 25446-0155

다음은 명제 '자연수 n에 대하여 $\sqrt{n^2+1}$이 무리수이다.'가 참임을 증명하는 과정이다.

$\sqrt{n^2+1}$이 유리수라 가정하면

$\sqrt{n^2+1}=\dfrac{q}{p}$ (p와 q는 서로소인 자연수)로 놓을 수 있다.

$n^2+1=\left(\dfrac{q}{p}\right)^2$이므로 $p^2(n^2+1)=q^2$

p는 q^2의 약수이고, p와 q는 서로소인 자연수이므로

$n^2=\boxed{\text{(가)}}$

자연수 k에 대하여

(i) $q=2k$일 때

  $(\boxed{\text{(나)}}-1)^2<n^2<(\boxed{\text{(나)}})^2$인 자연수 n이 존재하지 않는다.

(ii) $q=2k+1$일 때

  $(\boxed{\text{(나)}})^2<n^2<(\boxed{\text{(나)}}+1)^2$인 자연수 n이 존재하지 않는다.

(i), (ii)에서 $\sqrt{n^2+1}=\dfrac{q}{p}$ (p와 q는 서로소인 자연수)인 자연수 n은 존재하지 않는다.

따라서 $\sqrt{n^2+1}$은 무리수이다.

위의 (가), (나)에 알맞은 식을 각각 $f(q)$, $g(k)$라 할 때, $f(3)+g(4)$의 값을 구하시오.

  (단, 모든 자연수 k에 대하여 $g(k)$는 자연수이다.)

18

▶ 25446-0156

두 실수 a, b에 대하여 **보기**에서 옳은 것만을 있는 대로 고른 것은?

보기

ㄱ. $a^2+b^2 \geq ab$

ㄴ. $\sqrt{\dfrac{a^2-ab+b^2}{3}} \geq \dfrac{a-b}{2}$

ㄷ. $|a-b| \geq ||a|-|b||$

---

① ㄱ   ② ㄷ   ③ ㄱ, ㄴ
④ ㄴ, ㄷ   ⑤ ㄱ, ㄴ, ㄷ

19

▶ 25446-0157

양수 a에 대하여 $\left(a+\dfrac{1}{a}\right)\left(a+\dfrac{16}{a}\right)$의 최솟값을 m, 그때의 a의 값을 k라 하자. $m+k$의 값은?

① 21   ② 23   ③ 25
④ 27   ⑤ 29

20

▶ 25446-0158

두 양수 a, b에 대하여 $a+b=4$일 때, $\dfrac{1}{a}+\dfrac{1}{b}$의 최솟값은?

① $\dfrac{1}{4}$ ② $\dfrac{1}{2}$ ③ 1
④ 2   ⑤ 4

$|x-2|\leq6$은 $x\leq a$이기 위한 충분조건이고 $|x-b|\leq3$이기 위한 필요조건일 때, 실수 a의 최솟값과 실수 b의 최댓값의 합을 구하시오.

풀이

양수 k에 대하여 $|x-a|<k$이면 $a-k<x<a+k$이다.

$|x-2|\leq6$에서 $-6\leq x-2\leq6$이므로
$-4\leq x\leq8$ ······ ㉠ ◀ ❶

㉠이 $x\leq a$이기 위한 충분조건이려면
$a\geq8$ ◀ ❷

$|x-b|\leq3$에서 $-3\leq x-b\leq3$이므로
$b-3\leq x\leq b+3$ ······ ㉡

㉠이 ㉡이기 위한 필요조건이려면
$-4\leq b-3,\ b+3\leq8$
이므로
$-1\leq b\leq5$ ◀ ❸

따라서 실수 a의 최솟값은 8이고 실수 b의 최댓값은 5이므로 그 합은
$8+5=13$ ◀ ❹

🈁 13

단계	채점 기준	비율
❶	$|x-2|\leq6$의 해를 구한 경우	20 %
❷	실수 a의 값의 범위를 구한 경우	30 %
❸	실수 b의 값의 범위를 구한 경우	30 %
❹	실수 a의 최솟값과 실수 b의 최댓값의 합을 구한 경우	20 %

01
▶ 25446-0159

전체집합 $U=\{x\,|\,x$는 10 이하의 자연수$\}$에 대하여 두 조건 p, q가
$$p:\ x^2-4x+3=0,\quad q:\ x^2-8x+15=0$$
일 때, 두 조건 p, q의 진리집합과 조건 'p 또는 q'의 진리집합을 차례로 구하시오.

02
▶ 25446-0160

명제 '$x^2-ax>0$이면 $x<-3$ 또는 $x>5$이다.'의 역이 참이 되도록 하는 정수 a의 개수를 구하시오.

03
▶ 25446-0161

명제 '$3m^2-n^2=1$을 만족시키는 두 정수 m, n은 존재하지 않는다.'가 참임을 귀류법을 이용하여 증명하시오.

01
▶ 25446-0162

전체집합 U에 대하여 세 조건 p, q, r의 진리집합을 각각 P, Q, R이라 할 때, 공집합이 아닌 세 집합 P, Q, R이 다음 조건을 만족시킨다.

> (가) $x \in P$인 모든 원소 x에 대하여 $x \in Q$이다.
> (나) $x \in Q$인 모든 원소 x에 대하여 $x \not\in R$이다.

명제 '$\sim r$이면 $\sim p$이고 $\sim q$이다.'가 거짓임을 보이는 원소가 반드시 속하는 집합은?

① P　　　② Q　　　③ R　　　④ $P \cap Q$　　　⑤ $Q \cap R$

02
▶ 25446-0163

전체집합 $U = \{1,\ 2,\ 3,\ 4,\ 5,\ 6\}$의 공집합이 아닌 두 부분집합 A, B에 대하여 다음 두 명제의 부정이 모두 참이 되도록 하는 두 집합 A, B의 모든 순서쌍 $(A,\ B)$의 개수를 구하시오.

> (가) 집합 A의 어떤 원소 x에 대하여 $x^2 - 6x + 8 > 0$이다.
> (나) 집합 B의 모든 원소 x에 대하여 $x \not\in A$이다.

03
▶ 25446-0164

네 조건 p, q, r, s에 대하여 p는 q이기 위한 충분조건, q는 r이기 위한 필요조건, s는 q이기 위한 필요조건, s는 r이기 위한 충분조건이라 할 때, **보기**에서 옳은 것만을 있는 대로 고른 것은?

> **┃ 보기 ┃**
> ㄱ. p는 s이기 위한 충분조건이다.
> ㄴ. $\sim q$는 $\sim r$이기 위한 필요조건이다.
> ㄷ. q는 s이기 위한 필요충분조건이다.

① ㄱ　　　② ㄷ　　　③ ㄱ, ㄴ　　　④ ㄴ, ㄷ　　　⑤ ㄱ, ㄴ, ㄷ

대단원 종합문제

LEVEL 1

01
▶ 25446-0165

집합 A를 벤 다이어그램으로 나타내면 그림과 같다. 집합 A의 모든 원소의 합이 12일 때, 상수 a의 값은?

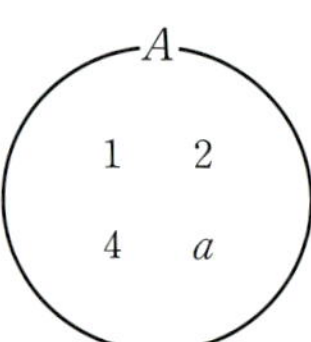

① 5　　　② 6　　　③ 7
④ 8　　　⑤ 9

02
▶ 25446-0166

두 집합 $A=\{1,\ 3-a\}$, $B=\{3,\ a-5,\ 2a-7\}$에 대하여 $A{\subset}B$가 성립할 때, 상수 a의 값을 구하시오.

03
▶ 25446-0167

세 집합 A, B, C에 대하여 다음 중 오른쪽 벤 다이어그램의 색칠한 부분이 나타내는 집합과 항상 같은 것은?

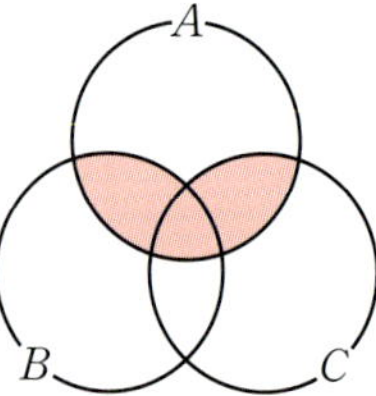

① $(A{\cap}B){\cup}C$
② $(A{\cup}B){\cap}C$
③ $A{\cup}(B{\cap}C)$
④ $A{\cap}(B{\cup}C)$
⑤ $B{\cap}(A{\cup}C)$

04
▶ 25446-0168

전체집합 U의 두 부분집합 A, B에 대하여 $n(U)=20$, $n(A)=11$, $n(B)=8$, $n(A^C{\cap}B^C)=3$일 때, $n(A{\cap}B)$의 값은?

① 2　　　② 4　　　③ 6
④ 8　　　⑤ 10

05
▶ 25446-0169

명제 'n이 12의 양의 약수이면 n은 8의 양의 약수이다.'는 거짓이다. 다음 중 반례로 알맞은 n의 값은?

① 1　　　② 2　　　③ 3
④ 4　　　⑤ 5

06
▶ 25446-0170

다음 중 참인 명제는?

① $x^2=1$이면 $x=1$이다.
② $x>1$이면 $x>2$이다.
③ $(x-1)(x-2)=0$이면 $(x-1)^2=0$이다.
④ x가 4의 양의 약수이면 x는 8의 양의 약수이다.
⑤ x가 무리수이면 x^2은 유리수이다.

07
▶ 25446-0171

x에 대한 두 조건

$$p:\ x^2-ax+12{\neq}0,\ q:\ x-3{\neq}0$$

에 대하여 p가 q이기 위한 충분조건일 때, 상수 a의 값을 구하시오.

08
▶ 25446-0172

두 양수 a, b에 대하여 $ab=9$일 때, $a+4b$의 최솟값은?

① 3　　　② 6　　　③ 9
④ 12　　　⑤ 15

LEVEL 2

09
▶ 25446-0173

집합 $X=\{2^n \mid n$은 자연수$\}$에 대하여 다음 중 집합 $Y=\{a+b \mid a\in X,\ b\in X\}$의 원소가 <u>아닌</u> 것은?

① 64 ② 80 ③ 96

④ 112 ⑤ 128

10
▶ 25446-0174

전체집합 U의 두 부분집합 X, Y에 대하여 연산 ◇을
$$X◇Y=(X\cup Y)\cap(X\cap Y)^C$$
으로 정의할 때, 다음 중 벤 다이어그램의 색칠한 부분이 집합 $A◇(B◇C)$와 항상 같은 것은?

① 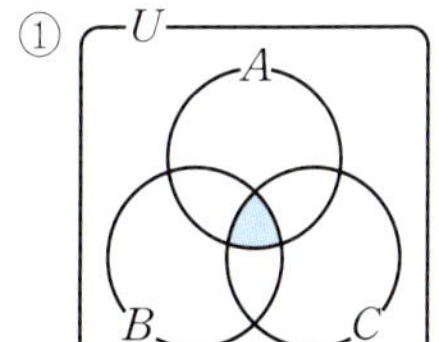

② 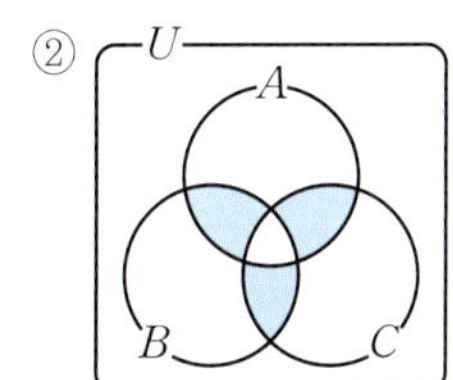

③ 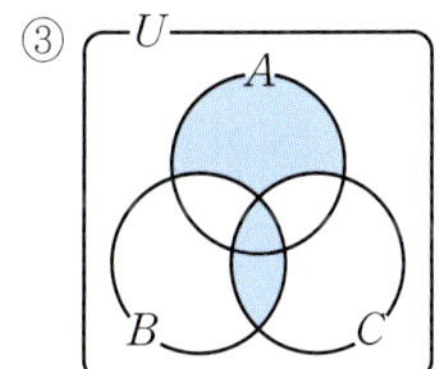

④ 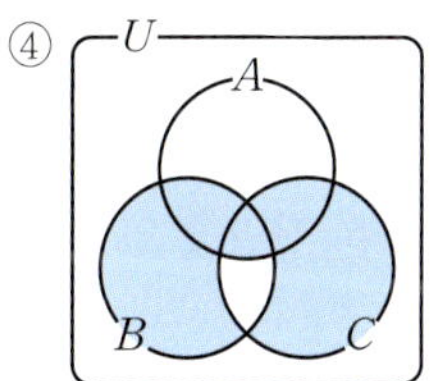

⑤ 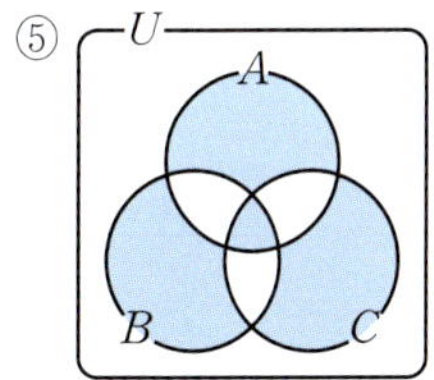

11
▶ 25446-0175

집합 $A=\{1, 2, 3, 4, 5\}$의 부분집합 X에 대하여
$$\{1, 2\}\subset X,\ \{3\}\not\subset X$$
를 만족시키는 집합 X의 개수는?

① 1 ② 2 ③ 4

④ 8 ⑤ 16

12
▶ 25446-0176

어느 학급의 학생 30명 중에서 태블릿 PC를 갖고 있는 학생이 23명, 노트북을 갖고 있는 학생이 18명, 태블릿 PC와 노트북을 모두 갖고 있지 않은 학생이 2명일 때, 태블릿 PC와 노트북을 모두 갖고 있는 학생의 수를 구하시오.

13
▶ 25446-0177

명제 '모든 정수는 유리수이다.'의 부정은?

① 모든 유리수는 정수이다.
② 정수가 아닌 수는 유리수이다.
③ 유리수가 아닌 수는 정수이다.
④ 유리수가 아닌 수는 정수도 아니다.
⑤ 유리수가 아닌 정수가 있다.

14
▶ 25446-0178

x에 대한 두 조건

$$p: |x-1| \geq 3, \ q: |x-a| \geq 5$$

에 대하여 명제 $q \longrightarrow p$가 참이 되도록 하는 모든 정수 a의 값의 합을 구하시오.

15
▶ 25446-0179

$a \leq x \leq 8$은 $1 \leq x \leq 6$이기 위한 필요조건이고, $b \leq x \leq 5$는 $1 \leq x \leq 6$이기 위한 충분조건일 때, 실수 a의 최댓값과 실수 b의 최솟값의 합은?

① 1 　　　 ② 2 　　　 ③ 3
④ 4 　　　 ⑤ 5

16
▶ 25446-0180

두 양수 a, b에 대하여 $(8a+2b)\left(\dfrac{4}{a}+\dfrac{1}{b}\right)$의 최솟값은?

① 42 　　　 ② 44 　　　 ③ 46
④ 48 　　　 ⑤ 50

LEVEL 3

17
▶ 25446-0181

집합 $A = \{x \mid x$는 n보다 작은 자연수$\}$의 공집합이 아닌 부분집합 중에서 모든 원소가 홀수인 부분집합의 개수가 127이 되도록 하는 모든 자연수 n의 값의 합을 구하시오.

18
▶ 25446-0182

전체집합 $U = \{1, 2, 3, 4, 5, 6, 7\}$의 부분집합 X에 대하여

$$\{1, 2, 3\} \cup X = \{3, 4\} \cup X$$

를 만족시키는 집합 X의 개수는?

① 2 　　　 ② 4 　　　 ③ 8
④ 16 　　　 ⑤ 32

19
▶ 25446-0183

전체집합 U의 세 부분집합 A, B, C에 대하여 **보기**에서 항상 옳은 것만을 있는 대로 고른 것은?

> **보기**
> ㄱ. $(A-B^c)-C = A \cup (B-C)$
> ㄴ. $A-(B \cap C) = (A-B) \cup (A-C)$
> ㄷ. $(A \cap B) \cap (A \cap C)^c = (A \cap B)-C$

① ㄱ 　　　 ② ㄴ 　　　 ③ ㄷ
④ ㄱ, ㄷ 　　　 ⑤ ㄴ, ㄷ

20

▶ 25446-0184

두 조건 p, q에 대하여 p는 q이기 위한 필요조건이고 r은 q이기 위한 충분조건일 때, **보기**에서 항상 참인 명제인 것만을 있는 대로 고른 것은?

보기

ㄱ. $p \longrightarrow q$ 　　　ㄴ. $\sim q \longrightarrow \sim r$

ㄷ. $r \longrightarrow p$ 　　　ㄹ. $r \longrightarrow \sim q$

---

① ㄱ, ㄴ 　　② ㄱ, ㄷ 　　③ ㄴ, ㄷ
④ ㄴ, ㄹ 　　⑤ ㄷ, ㄹ

21

▶ 25446-0185

명제 '$x^2 - 3x - 28 > 0$이면 $x^2 - 3ax + 2a^2 > 0$이다.'의 대우가 참이 되도록 하는 정수 a의 개수는?

① 3 　　② 4 　　③ 5
④ 6 　　⑤ 7

22

▶ 25446-0186

장학생이 한 명 포함된 네 명의 학생 A, B, C, D가 다음과 같이 발언하였다. 이 발언 중 옳은 것이 하나뿐일 때, 다음 중 옳은 발언을 한 학생과 장학생을 차례로 나열한 것은?

A: C가 장학생이다.
B: 나는 장학생이 아니다.
C: D가 장학생이다.
D: C의 발언은 거짓이다.

---

① A, B 　　② B, D 　　③ C, B
④ C, D 　　⑤ D, B

✏️ 서술형 문제

23

▶ 25446-0187

자연수 n에 대하여 집합 A_n을
$A_n = \{x \mid x$는 100 이하의 n의 양의 배수, n은 자연수$\}$
라 할 때, 집합 $A_2 \cap (A_4 \cup A_8)$의 원소의 개수를 구하시오.

24

▶ 25446-0188

3보다 큰 실수 x에 대하여 $x + \dfrac{4}{x-3}$의 최솟값을 a, 그때의 x의 값을 b라 하자. $a+b$의 값을 구하시오.

06 함수

개념 1 함수

(1) 두 집합 X, Y에 대하여 집합 X의 원소에 집합 Y의 원소를 짝지어 주는 것을 집합 X에서 집합 Y로의 대응이라 하고, 이것을 기호로 $x \longrightarrow y$와 같이 나타낸다.

(2) 두 집합 X, Y에 대하여 집합 X의 각 원소에 집합 Y의 원소가 오직 하나씩 대응할 때, 이 대응을 집합 X에서 집합 Y로의 함수라 하고, 기호로
$$f: X \longrightarrow Y$$
와 같이 나타낸다.

(3) 함수 $f: X \longrightarrow Y$에서 집합 X를 함수 f의 정의역, 집합 Y를 함수 f의 공역이라고 한다. 또 함수 f에서 정의역 X의 원소 x에 공역 Y의 원소 y가 대응할 때 기호로 $y=f(x)$와 같이 나타내고, $f(x)$를 함수 f의 x에서의 함숫값이라고 한다.

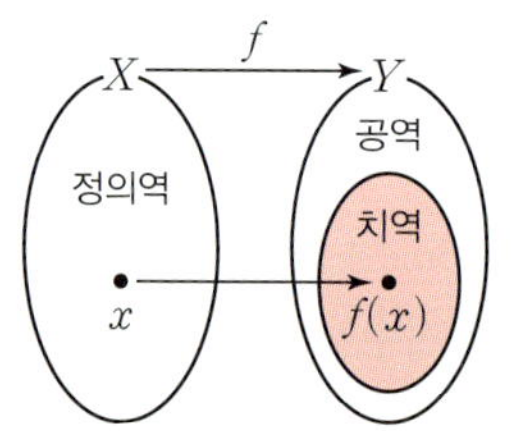

(4) 함수 f의 함숫값 전체의 집합 $\{f(x)\,|\,x\in X\}$를 함수 f의 치역이라고 한다. 이때 함수 f의 치역은 공역 Y의 부분집합이다.

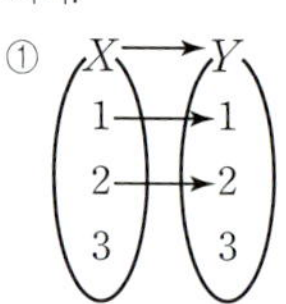

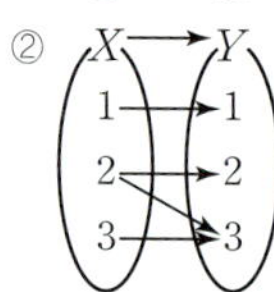

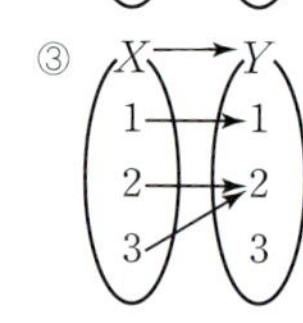

개념 2 서로 같은 함수

두 함수 f, g에 대하여 다음 두 조건
① 두 함수의 정의역과 공역이 각각 같다.
② 정의역의 모든 원소 x에 대하여 $f(x)=g(x)$이다.
를 모두 만족시킬 때, 두 함수 f, g는 서로 같다고 하며 기호로 $f=g$와 같이 나타낸다.

개념 3 함수의 그래프

함수 $f: X \longrightarrow Y$에서 정의역 X의 원소 x와 그에 대응하는 함숫값 $f(x)$의 순서쌍 $(x, f(x))$ 전체의 집합, 즉 $\{(x, f(x))\,|\,x\in X\}$를 함수 f의 그래프라고 한다.

참고 함수 $y=f(x)$의 정의역과 공역이 모두 실수 전체의 집합이면 이 함수의 그래프는 y축에 평행한 모든 직선과 오직 한 점에서 만난다.

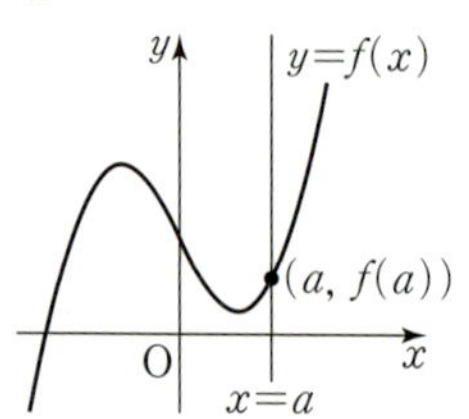

개념 4 여러 가지 함수

(1) **일대일함수**: 정의역의 서로 다른 두 원소에 대한 함숫값이 서로 다를 때, 즉
함수 $f: X \longrightarrow Y$가 정의역 X의 임의의 원소 x_1, x_2에 대하여
$$x_1 \neq x_2 이면 f(x_1) \neq f(x_2)$$
일 때, 함수 f를 일대일함수라고 한다.

(2) **일대일대응**: 함수 $f: X \longrightarrow Y$가 다음 두 조건
① 일대일함수이다.
② 치역과 공역이 같다.
를 모두 만족시킬 때, 함수 f를 일대일대응이라고 한다.

(3) **항등함수**: 함수 $f: X \longrightarrow X$와 같이 정의역과 공역이 같고, 정의역의 각 원소에 자기 자신이 대응할 때, 즉
$$f(x)=x$$
일 때, 함수 f를 X에서의 항등함수라고 한다.

(4) **상수함수**: 함수 $f: X \longrightarrow Y$에서 정의역 X의 모든 원소에 공역 Y의 단 하나의 원소가 대응할 때, 즉
$$f(x)=c \ (c \in Y)$$
일 때, 함수 f를 상수함수라고 한다.

(1) 일대일함수

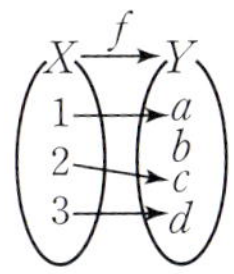

(2) 일대일대응

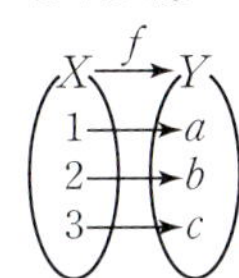

일대일대응이면 일대일함수이다.

(3) 항등함수

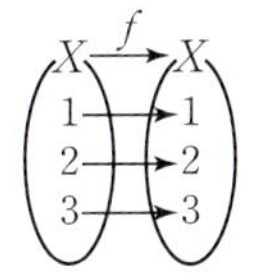

(4) 상수함수

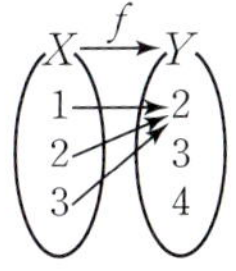

개념 5 합성함수

두 함수 $f: X \longrightarrow Y$, $g: Y \longrightarrow Z$의 합성함수는
$$g \circ f: X \longrightarrow Z, \ (g \circ f)(x)=g(f(x))$$

설명 두 함수 $f: X \longrightarrow Y$, $g: Y \longrightarrow Z$가 주어질 때, 집합 X의 각 원소 x에 $f(x)$를 대응시키고, 다시 이 $f(x)$에 $g(f(x))$를 대응시키면 집합 X를 정의역, 집합 Z를 공역으로 하는 새로운 함수를 정의할 수 있다. 이 함수를 f와 g의 합성함수라 하고, 기호로 $g \circ f$와 같이 나타낸다.

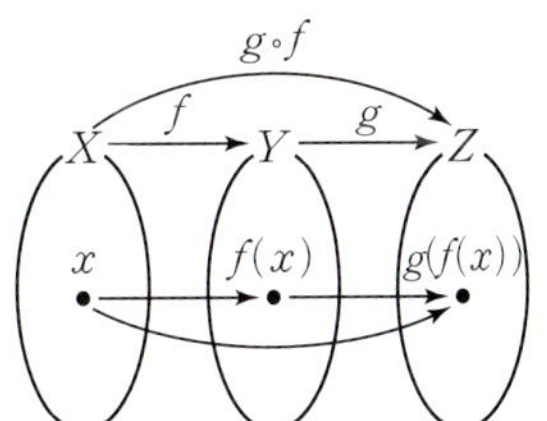

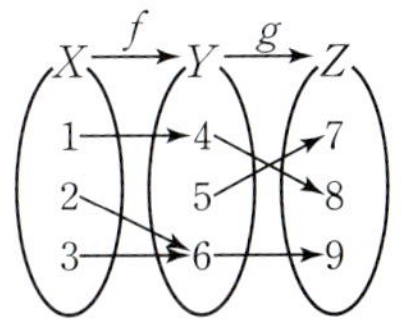

$$(g \circ f)(1)=g(f(1))$$
$$=g(4)=8$$
$$(g \circ f)(2)=g(f(2))$$
$$=g(6)=9$$
$$(g \circ f)(3)=g(f(3))$$
$$=g(6)=9$$

개념 6 합성함수의 성질

일반적으로 세 함수 f, g, h에 대하여 다음이 성립한다.
① $g \circ f \neq f \circ g$
② $h \circ (g \circ f)=(h \circ g) \circ f$
③ $f \circ I=f$, $I \circ f=f$ (단, I는 항등함수)

$f(x)=x^2$, $g(x)=x+1$이라 하면
$$(g \circ f)(x)=g(f(x))$$
$$=g(x^2)=x^2+1$$
$$(f \circ g)(x)=f(g(x))$$
$$=f(x+1)=(x+1)^2$$
이므로
$$g \circ f \neq f \circ g$$

개념 **7** 역함수

함수 $f: X \longrightarrow Y$가 일대일대응일 때, Y의 각 원소 y에 $f(x)=y$를 만족시키는 X의 원소 x를 대응시키면 Y를 정의역으로 하고 X를 공역으로 하는 새로운 함수를 얻을 수 있다. 이 함수를 함수 f의 역함수라 하고, 기호로

$$f^{-1}$$

와 같이 나타낸다. 즉, 함수 $f: X \longrightarrow Y$가 일대일대응일 때, 역함수 $f^{-1}: Y \longrightarrow X$가 존재하고, 다음이 성립한다.

$$y=f(x) \Longleftrightarrow x=f^{-1}(y)$$

개념 **8** 역함수의 성질

(1) 함수 $f: X \longrightarrow Y$가 일대일대응일 때
　① 역함수 $f^{-1}: Y \longrightarrow X$가 존재한다.
　② $y=f(x) \Longleftrightarrow x=f^{-1}(y)$
　③ $(f^{-1} \circ f)(x)=x \ (x \in X)$
　　$(f \circ f^{-1})(y)=y \ (y \in Y)$
　④ $(f^{-1})^{-1}=f$

(2) 두 함수 f, g의 역함수가 존재할 때
　　$(g \circ f)^{-1}=f^{-1} \circ g^{-1}$

　설명 두 함수 $f: X \longrightarrow Y$, $g: Y \longrightarrow Z$에 대하여 두 함수 $(g \circ f)^{-1}$, $f^{-1} \circ g^{-1}$는 모두 정의역이 Z, 공역이 X인 함수이고, $f^{-1}(y)=x$, $g^{-1}(z)=y$라 하면 $f(x)=y$, $g(y)=z$이므로
　　$(g \circ f)(x)=g(f(x))=g(y)=z$
　즉, $(g \circ f)^{-1}(z)=x$
　또한 $(f^{-1} \circ g^{-1})(z)=f^{-1}(g^{-1}(z))=f^{-1}(y)=x$이므로
　　$(g \circ f)^{-1}=f^{-1} \circ g^{-1}$

(3) **함수와 그 역함수의 그래프**: 함수 $y=f(x)$의 그래프와 그 역함수 $y=f^{-1}(x)$의 그래프는 직선 $y=x$에 대하여 서로 대칭이다.

　설명 함수 $f(x)$의 역함수 $f^{-1}(x)$가 존재할 때, 함수 $y=f(x)$의 그래프 위의 임의의 점을 (a, b)라 하면
　　$b=f(a) \Longleftrightarrow a=f^{-1}(b)$
　이다. 따라서 점 (b, a)는 $y=f^{-1}(x)$의 그래프 위의 점이다. 이때 점 (a, b)와 점 (b, a)는 직선 $y=x$에 대하여 대칭이므로 함수 $y=f^{-1}(x)$의 그래프는 함수 $y=f(x)$의 그래프와 직선 $y=x$에 대하여 대칭이다.

06 함수 기본 유형 익히기

유형 **1** 함수

정의역이 $X=\{-2,\ 3,\ 5,\ 7\}$인 함수 $f(x)=|x-1|+2$의 치역의 모든 원소의 합을 구하시오.

풀이
$f(-2)=|-2-1|+2=5$
$f(3)=|3-1|+2=4$
$f(5)=|5-1|+2=6$
$f(7)=|7-1|+2=8$
따라서 함수 f의 치역이 $\{4,\ 5,\ 6,\ 8\}$이므로 치역의 모든 원소의 합은
$4+5+6+8=23$

POINT
■ 치역은 함숫값 전체의 집합이다.

탑 23

유제 1 ▶ 25446-0189

정의역이 $X=\{1,\ 2,\ 3,\ 4,\ 5\}$인 함수 f를
$$f(x)=(x^2 \text{을 5로 나눈 나머지})$$
로 정의할 때, 함수 f의 치역의 모든 원소의 합을 구하시오.

유형 **2** 서로 같은 함수

집합 $X=\{1,\ 2\}$를 정의역으로 하는 두 함수 $f(x)=x^3+1$, $g(x)=ax^2+bx-1$에 대하여 $f=g$일 때, $a-b$의 값을 구하시오. (단, a, b는 상수이다.)

풀이
$f(1)=g(1)$, $f(2)=g(2)$이므로
$f(1)=g(1)$에서
$1+1=a+b-1$, $a+b=3$ $\cdots\cdots$ ㉠
$f(2)=g(2)$에서
$8+1=4a+2b-1$, $2a+b=5$ $\cdots\cdots$ ㉡
㉠, ㉡을 연립하여 풀면
$a=2$, $b=1$
따라서 $a-b=2-1=1$

POINT
■ 두 함수 f, g가 서로 같으려면 정의역의 모든 원소 x에 대하여 $f(x)=g(x)$이어야 한다.

탑 1

유제 2 ▶ 25446-0190

집합 $X=\{-1,\ 1\}$을 정의역으로 하는 두 함수
$$f(x)=2x^2-4x+a,\ g(x)=b|x-2|+1$$
에 대하여 $f=g$일 때, $a+b$의 값을 구하시오. (단, a, b는 상수이다.)

유형 **3** 함수의 그래프

> 정의역이 $X=\{1, 2, 3, 4\}$인 함수 $f(x)=|2x-5|$의 그래프를 좌표평면 위에 나타내시오.

풀이　$f(1)=|2\times 1-5|=3$, $f(2)=|2\times 2-5|=1$
$f(3)=|2\times 3-5|=1$, $f(4)=|2\times 4-5|=3$
따라서 함수 $f(x)=|2x-5|$의 그래프를 좌표평면
위에 나타내면 그림과 같다.

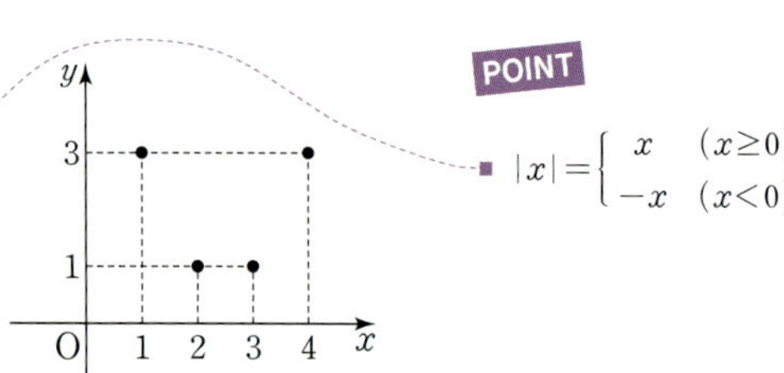

POINT

■ $|x|=\begin{cases} x & (x\geq 0) \\ -x & (x<0) \end{cases}$

📖 풀이 참조

유제 3　▶ 25446-0191

정의역이 $X=\{0, 1, 2, 3\}$인 함수 $f(x)=(x-1)^2$의 그래프를 오른쪽 좌표
평면 위에 나타내시오.

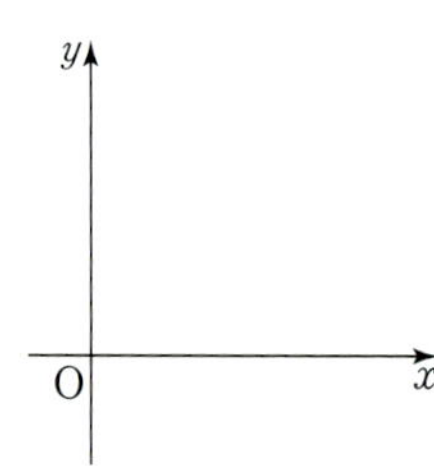

유형 **4** 여러 가지 함수

> 두 집합 $X=\{x\,|\,1\leq x\leq a\}$, $Y=\{y\,|\,-3\leq y\leq 4\}$에 대하여 함수 $f\colon X\longrightarrow Y$, $f(x)=-2x+b$가 일대일대응일
> 때, $a+b$의 값을 구하시오. (단, $a>1$이고 a, b는 상수이다.)

풀이　함수 $f(x)=-2x+b$의 그래프는 기울기가 음수인 직선
의 일부이므로 함수 $f(x)$가 일대일대응이 되려면 두 점
$(1, 4)$, $(a, -3)$을 지나야 한다.
$f(1)=4$에서 $-2+b=4$, $b=6$
$f(a)=-3$에서 $-2a+b=-3$
즉, $-2a+6=-3$, $a=\dfrac{9}{2}$
따라서 $a+b=\dfrac{9}{2}+6=\dfrac{21}{2}$

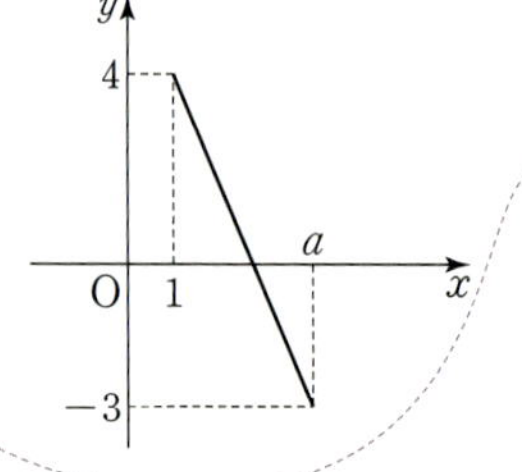

POINT

■ 기울기가 음수이면 감소하는
함수이므로 일대일대응이 되려면
$f(1)=4$, $f(a)=-3$
이어야 한다.

📖 $\dfrac{21}{2}$

유제 4　▶ 25446-0192

두 집합 $X=\{x\,|\,-1\leq x\leq 3\}$, $Y=\{y\,|\,2\leq y\leq 5\}$에 대하여 함수 $f\colon X\longrightarrow Y$, $f(x)=ax+b\ (a>0)$
가 일대일대응일 때, ab의 값을 구하시오. (단, a, b는 상수이다.)

유형 5 합성함수

두 함수 $f(x)=2x+1$, $g(x)=x^2-3$에 대하여 $(g \circ f)(a)=6$을 만족시키는 모든 실수 a의 값의 합을 구하시오.

풀이

$(g \circ f)(a)=6$에서

$(g \circ f)(a)=g(f(a))$

$\qquad = g(2a+1)=(2a+1)^2-3$

$(2a+1)^2-3=6$에서

$(2a+1)^2=9$

$2a+1=-3$ 또는 $2a+1=3$

$2a=-4$ 또는 $2a=2$

$a=-2$ 또는 $a=1$

따라서 모든 실수 a의 값의 합은 $-2+1=-1$

POINT

■ $(g \circ f)(x)=g(f(x))$

답 -1

유제 5 ▶ 25446-0193

두 함수 $f(x)=2x-3$, $g(x)=x-5$에 대하여 $(f \circ f)(1)+(g \circ f)(3)$의 값을 구하시오.

유형 6 합성함수의 성질

두 함수 $f(x)=4x+a$, $g(x)=-2x+3$에 대하여 $f \circ g = g \circ f$가 성립하도록 하는 상수 a의 값을 구하시오.

풀이

$(f \circ g)(x)=f(g(x))=f(-2x+3)$

$\qquad = 4(-2x+3)+a$

$\qquad = -8x+12+a$

$(g \circ f)(x)=g(f(x))=g(4x+a)$

$\qquad = -2(4x+a)+3$

$\qquad = -8x-2a+3$

$f \circ g = g \circ f$가 성립하려면

$12+a=-2a+3$

에서 $3a=-9$, $a=-3$

POINT

■ 일반적으로 합성함수는 교환법칙이 성립하지 않지만 특별한 경우 교환법칙이 성립하는 경우가 있다.

답 -3

유제 6 ▶ 25446-0194

$(f \circ g)(x)=2x-5$, $h(x)=4x^2+2x-3$일 때, $((h \circ f) \circ g)(3)$의 값을 구하시오.

06 함수 기본 유형 익히기

유형 7 역함수

함수 $f(x)=3x+1$의 역함수가 $f^{-1}(x)=ax+b$일 때, 두 상수 a, b에 대하여 ab의 값을 구하시오.

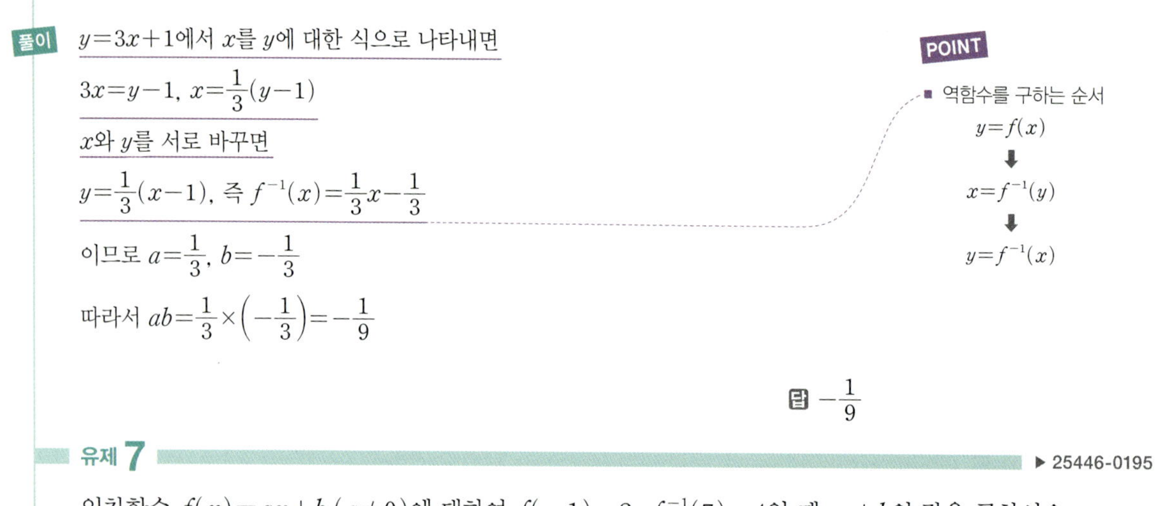

풀이 $y=3x+1$에서 x를 y에 대한 식으로 나타내면

$3x=y-1$, $x=\dfrac{1}{3}(y-1)$

x와 y를 서로 바꾸면

$y=\dfrac{1}{3}(x-1)$, 즉 $f^{-1}(x)=\dfrac{1}{3}x-\dfrac{1}{3}$

이므로 $a=\dfrac{1}{3}$, $b=-\dfrac{1}{3}$

따라서 $ab=\dfrac{1}{3}\times\left(-\dfrac{1}{3}\right)=-\dfrac{1}{9}$

POINT
- 역함수를 구하는 순서
$$y=f(x)$$
$$\downarrow$$
$$x=f^{-1}(y)$$
$$\downarrow$$
$$y=f^{-1}(x)$$

답 $-\dfrac{1}{9}$

유제 7 ▶ 25446-0195

일차함수 $f(x)=ax+b\ (a\neq0)$에 대하여 $f(-1)=2$, $f^{-1}(7)=4$일 때, $a+b$의 값을 구하시오.
(단, a, b는 상수이다.)

유형 8 역함수의 성질

두 함수 $f(x)=x-1$, $g(x)=-x+2$에 대하여 $(f^{-1}\circ g^{-1})(2)$의 값을 구하시오.

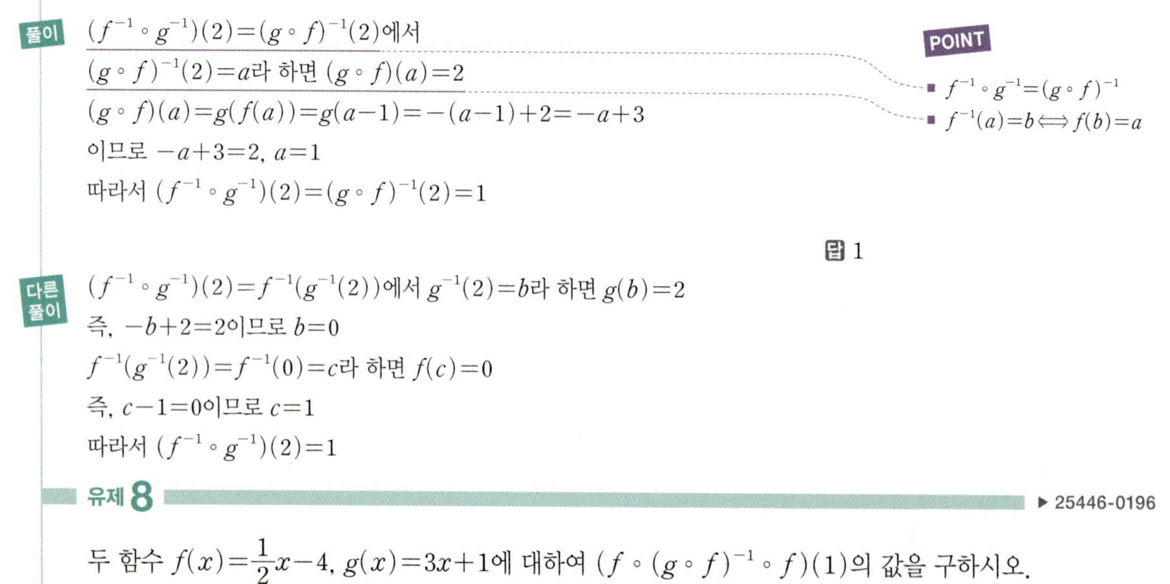

풀이 $(f^{-1}\circ g^{-1})(2)=(g\circ f)^{-1}(2)$에서

$(g\circ f)^{-1}(2)=a$라 하면 $(g\circ f)(a)=2$

$(g\circ f)(a)=g(f(a))=g(a-1)=-(a-1)+2=-a+3$

이므로 $-a+3=2$, $a=1$

따라서 $(f^{-1}\circ g^{-1})(2)=(g\circ f)^{-1}(2)=1$

POINT
- $f^{-1}\circ g^{-1}=(g\circ f)^{-1}$
- $f^{-1}(a)=b\Longleftrightarrow f(b)=a$

답 1

다른 풀이 $(f^{-1}\circ g^{-1})(2)=f^{-1}(g^{-1}(2))$에서 $g^{-1}(2)=b$라 하면 $g(b)=2$

즉, $-b+2=2$이므로 $b=0$

$f^{-1}(g^{-1}(2))=f^{-1}(0)=c$라 하면 $f(c)=0$

즉, $c-1=0$이므로 $c=1$

따라서 $(f^{-1}\circ g^{-1})(2)=1$

유제 8 ▶ 25446-0196

두 함수 $f(x)=\dfrac{1}{2}x-4$, $g(x)=3x+1$에 대하여 $(f\circ(g\circ f)^{-1}\circ f)(1)$의 값을 구하시오.

06 함수　유형 확인

유형 **1** 함수

01
▶ 25446-0197

다음 중 집합 $X=\{-1, 1, 2\}$에서 집합 $Y=\{1, 2, 3, 4\}$로의 함수가 <u>아닌</u> 것은?

① $f(x)=x+2$ 　② $f(x)=|x|+2$
③ $f(x)=|2x|$ 　④ $f(x)=x^2$
⑤ $f(x)=(x-1)^2$

02
▶ 25446-0198

정의역이 $X=\{x\,|\,x$는 6의 양의 약수$\}$인 함수 $f(x)=3x-2$의 치역의 모든 원소의 합은?

① 22 　② 24 　③ 26
④ 28 　⑤ 30

03
▶ 25446-0199

두 집합 $X=\{x\,|\,0\le x\le 2\}$, $Y=\{y\,|\,-5\le y\le 5\}$에 대하여 X에서 Y로의 함수 $f(x)=a(x+2)-3$이 정의되도록 하는 정수 a의 개수는?

① 1 　② 2 　③ 3
④ 4 　⑤ 5

유형 **2** 서로 같은 함수

04
▶ 25446-0200

두 집합 $X=\{a, 1\}$, $Y=\{y\,|\,y$는 실수$\}$에 대하여 X에서 Y로의 두 함수 f, g를
$$f(x)=x^2+x+b, \quad g(x)=-x+5$$
로 정의한다. $f=g$일 때, 두 상수 a, b에 대하여 $a+b$의 값은? (단, $a\ne 1$)

① -2 　② -1 　③ 0
④ 1 　⑤ 2

05
▶ 25446-0201

공집합이 아닌 집합 X를 정의역으로 하는 두 함수 $f(x)=x^3$, $g(x)=4x$에 대하여 $f=g$가 되도록 하는 집합 X의 개수를 구하시오.

유형 **3** 함수의 그래프

06
▶ 25446-0202

|보기|에서 함수의 그래프인 것만을 있는 대로 고르시오.

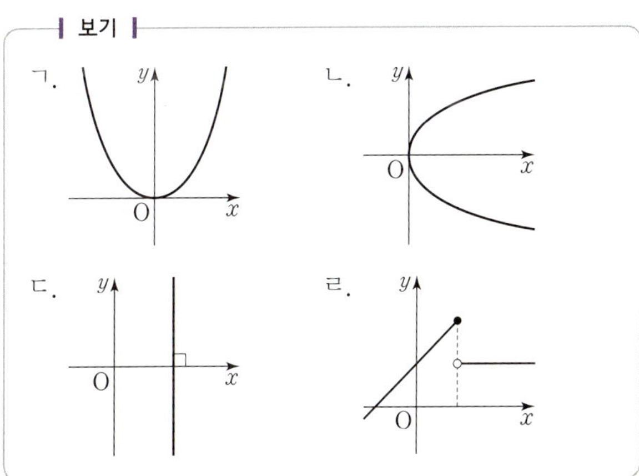

유형 4   여러 가지 함수

07 ▶ 25446-0203

정의역과 공역이 모두 실수 전체의 집합인 함수

$$f(x)=\begin{cases}(2-a)x+a & (x\geq2)\\(1+a)x-3a+2 & (x<2)\end{cases}$$

가 일대일대응이 되도록 하는 정수 a의 개수는?

① 1   ② 2   ③ 3
④ 4   ⑤ 5

08 ▶ 25446-0204

실수 전체의 집합에서 정의된 두 함수 f, g에 대하여 f는 항등함수이고 g는 상수함수이다. $f(1)+g(2)=5$일 때, $f(3)+g(3)$의 값은?

① 1   ② 3   ③ 5
④ 7   ⑤ 9

09 ▶ 25446-0205

두 집합 $X=\{1,\ 2,\ 3\}$, $Y=\{-2,\ -1,\ 1,\ 2\}$에 대하여 X에서 Y로의 일대일함수의 개수를 a, 상수함수의 개수를 b라 할 때, $a+b$의 값을 구하시오.

유형 5   합성함수

10 ▶ 25446-0206

그림과 같이 정의된 두 함수 $f:X\longrightarrow X$, $g:X\longrightarrow X$에 대하여 $(f\circ g)(2)+(g\circ f)(2)$의 값을 구하시오.

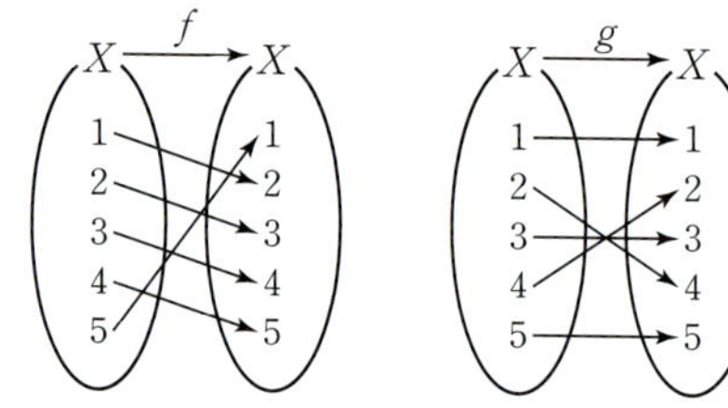

11 ▶ 25446-0207

세 함수

$$f(x)=2x-1,\ g(x)=-\frac{1}{2}x+a,\ h(x)=bx+4$$

가 $h\circ f=g$를 만족시킬 때, 두 상수 a, b에 대하여 ab의 값은?

① $-\dfrac{9}{16}$ ② $-\dfrac{11}{16}$ ③ $-\dfrac{13}{16}$
④ $-\dfrac{15}{16}$ ⑤ $-\dfrac{17}{16}$

유형 6   합성함수의 성질

12 ▶ 25446-0208

세 함수 f, g, h가

$$f(x)=2x+a,$$
$$(h\circ g)(x)=3x-1,$$
$$(h\circ(g\circ f))(x)=bx+5$$

를 만족시킬 때, 두 상수 a, b에 대하여 $a+b$의 값은?

① 6   ② 7   ③ 8
④ 9   ⑤ 10

유형 7 역함수

13
▶ 25446-0209

함수 $f(x)=3x+4$에 대하여 $(f \circ g)(x)=x$일 때, $g(2)$의 값은?

① $-\dfrac{1}{3}$ ② $-\dfrac{2}{3}$ ③ -1

④ $-\dfrac{4}{3}$ ⑤ $-\dfrac{5}{3}$

14
▶ 25446-0210

실수 전체의 집합에서 정의된 함수

$$f(x)=\begin{cases}(2a-1)x+4 & (x<2) \\ (1-a)x+6a & (x\geq2)\end{cases}$$

의 역함수가 존재하도록 하는 모든 실수 a의 값의 범위는?

① $0<a<\dfrac{1}{2}$ ② $\dfrac{1}{4}<a<\dfrac{3}{4}$ ③ $\dfrac{1}{2}<a<1$

④ $\dfrac{3}{4}<a<\dfrac{5}{4}$ ⑤ $1<a<\dfrac{3}{2}$

15
▶ 25446-0211

실수 전체의 집합에서 정의된 함수

$$f(x)=\begin{cases}x^2 & (x<0) \\ -2x & (x\geq0)\end{cases}$$

에 대하여 $(f^{-1} \circ f^{-1})(4)$의 값은?

① $-\sqrt{2}$ ② -1 ③ 1

④ $\sqrt{2}$ ⑤ 2

유형 8 역함수의 성질

16
▶ 25446-0212

두 함수 $f(x)=2x-1$, $g(x)=-2x+3$에 대하여 $(f^{-1} \circ g^{-1})(x)=ax+b$일 때, ab의 값을 구하시오.

(단, a, b는 상수이다.)

17
▶ 25446-0213

실수 전체의 집합에서 정의된 두 함수 f, g에 대하여 $(g^{-1} \circ f)(x)=2x+7$일 때, $(f^{-1} \circ g)(-2)$의 값은?

① -5 ② $-\dfrac{9}{2}$ ③ -4

④ $-\dfrac{7}{2}$ ⑤ -3

18
▶ 25446-0214

함수 $f(x)=x^2-4x+6$ $(x\geq2)$의 그래프와 그 역함수 $y=f^{-1}(x)$의 그래프가 서로 다른 두 점 P, Q에서 만날 때, 선분 PQ의 길이는?

① 1 ② $\sqrt{2}$ ③ $\sqrt{3}$

④ 2 ⑤ $\sqrt{5}$

집합 $X=\{1,\ 2,\ 3\}$에 대하여 두 함수 $f:X\longrightarrow X$, $g:X\longrightarrow X$가 모두 일대일대응이고 다음 조건을 모두 만족시킬 때, $f^{-1}(3)+(f\circ g)(1)$의 값을 구하시오.

> (가) $f(1)=1$
> (나) $g(3)=2$
> (다) $(g\circ f)(2)=1$

풀이

$f,\ g$가 모두 일대일대응이므로
$f(1)\neq f(2)$에서 $f(2)\neq1$
$(g\circ f)(2)=g(f(2))=1$
$g(3)=2$이므로 $f(2)\neq3$

$f(2)=3$이면 $g(f(2))=g(3)=1$ 이 되어 모순이므로 $f(2)\neq3$

그러므로 $f(2)=2$이다.
한편, $f(1)=1$이고 함수 f가 X에서 X로의 일대일대응이므로
$f(3)=3$이다. ◀ ❶
$g(3)=2$, $(g\circ f)(2)=g(f(2))=g(2)=1$이고
함수 g가 X에서 X로의 일대일대응이므로
$g(1)=3$이다. ◀ ❷
따라서
$f(3)=3$에서 $f^{-1}(3)=3$
$(f\circ g)(1)=f(g(1))=f(3)=3$
이므로
$f^{-1}(3)+(f\circ g)(1)=3+3=6$ ◀ ❸

답 6

단계	채점 기준	비율
❶	함수 f의 함숫값을 모두 구한 경우	40 %
❷	함수 g의 함숫값을 모두 구한 경우	40 %
❸	함숫값의 합을 구한 경우	20 %

01
▶ 25446-0215

함수 $f(x)=ax-2|x-1|+1$의 역함수가 존재하기 위한 자연수 a의 최솟값을 구하시오.

02
▶ 25446-0216

두 함수 $f(x)=2x-3$, $g(x)=3x+1$에 대하여 $h\circ f=g$를 만족시키는 함수 $h(x)$를 구하시오.

03
▶ 25446-0217

두 함수 $f(x)=2x+5$, $g(x)=-x+k$에 대하여 $(g\circ f)^{-1}=g^{-1}\circ f^{-1}$가 성립하도록 하는 상수 k의 값을 구하시오.

▶ 25446-0218

01

2 이상의 큰 자연수 전체의 집합에서 정의된 함수 f가 다음 조건을 모두 만족시킨다.

> (가) p가 소수이면 $f(p)=2p$이다.
> (나) 2 이상의 두 자연수 m, n에 대하여 $f(mn)=f(m)+f(n)$이다.

$f(40)$의 값은?

① 21　　　　② 22　　　　③ 23　　　　④ 24　　　　⑤ 25

▶ 25446-0219

02

집합 $X=\{1, 2, 4, 5\}$에 대하여 함수 $f: X \longrightarrow X$의 역함수가 존재하고,
$$f(2)+f(5)=f(4), \ f^{-1}(1)+f^{-1}(2)=6$$
을 만족시킬 때, $10 \times f(1)+(f \circ f)(2)$의 값을 구하시오.

▶ 25446-0220

03

실수 전체의 집합에서 정의된 함수 $f(x)=\begin{cases} 2x+3 & (x<-1) \\ x+2 & (x \geq -1) \end{cases}$에 대하여 함수 $y=(f \circ f)(x)$의 그래프와

x축 및 y축으로 둘러싸인 도형의 넓이를 구하시오.

07 유리함수와 무리함수

개념 1 유리식의 연산

(1) 두 다항식 A, $B\,(B \neq 0)$에 대하여 $\dfrac{A}{B}$의 꼴로 나타낸 식을 유리식이라고 한다.

특히, B가 0이 아닌 상수이면 $\dfrac{A}{B}$는 다항식이 되므로 다항식도 유리식이다.

(2) 유리식의 성질

다항식 A, B, $C\,(B \neq 0,\ C \neq 0)$에 대하여

① $\dfrac{A}{B} = \dfrac{A \times C}{B \times C}$

② $\dfrac{A}{B} = \dfrac{A \div C}{B \div C}$

(3) 유리식의 덧셈과 뺄셈

유리식의 덧셈과 뺄셈은 유리수의 덧셈과 뺄셈과 같이 분모를 같게 한 다음, 다음과 같이 계산한다.

다항식 A, B, $C\,(C \neq 0)$에 대하여

① $\dfrac{A}{C} + \dfrac{B}{C} = \dfrac{A+B}{C}$

② $\dfrac{A}{C} - \dfrac{B}{C} = \dfrac{A-B}{C}$

(1) $\dfrac{2}{x}$, $\dfrac{x+2}{x}$, $\dfrac{x-1}{3}$은 모두 유리식이고, 이 중에서 $\dfrac{x-1}{3}$은 다항식이다.

(2) 유리식의 성질을 이용하여 다음과 같은 유리식을 간단히 나타낼 수 있다.

$$\frac{x^2-1}{x^2-2x+1} = \frac{(x+1)(x-1)}{(x-1)(x-1)} = \frac{x+1}{x-1}$$

(3) $\dfrac{1}{x-1} + \dfrac{1}{x+1}$

$$= \frac{x+1}{(x-1)(x+1)} + \frac{x-1}{(x-1)(x+1)} = \frac{2x}{x^2-1}$$

개념 2 유리함수

(1) 함수 $y = f(x)$에서 $f(x)$가 x에 대한 유리식일 때, 이 함수를 유리함수라고 한다. 특히, $f(x)$가 x에 대한 다항식일 때, 이 함수를 다항함수라고 한다.

(2) 유리함수에서 정의역이 주어지지 않을 때에는 분모가 0이 되지 않도록 하는 실수 전체의 집합을 정의역으로 생각한다.

(1) 함수 $y = x^2 + 2x$, $y = \dfrac{1}{x}$, $y = \dfrac{x+2}{x-1}$는 모두 유리함수이고, 이 중에서 $y = x^2 + 2x$는 다항함수이다.

(2) 함수 $y = \dfrac{1}{x-1}$의 정의역은 $\{x \mid x \neq 1\text{인 실수}\}$이고, 함수 $y = \dfrac{x+2}{x+1}$의 정의역은 $\{x \mid x \neq -1\text{인 실수}\}$이다.

개념 3 유리함수 $y=\dfrac{k}{x}\ (k\neq0)$의 그래프

(1) 함수 $y=\dfrac{k}{x}\ (k\neq0)$의 그래프는 k의 값에 따라 그림과 같은 곡선이 된다.

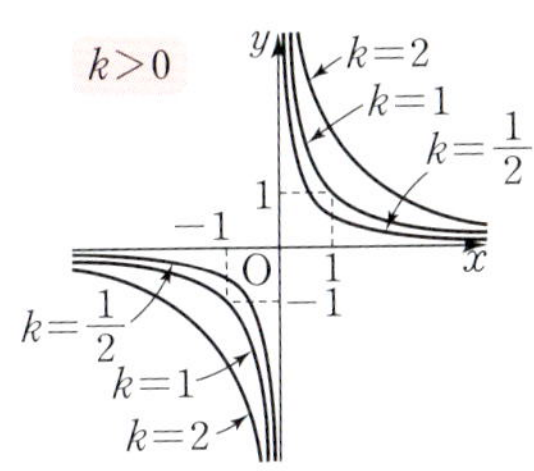

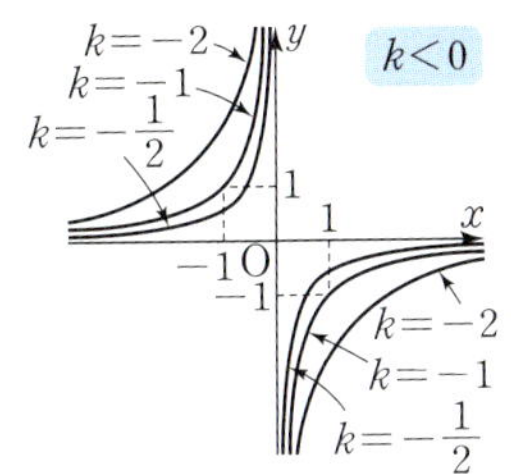

함수 $y=\dfrac{3}{x}$의 그래프

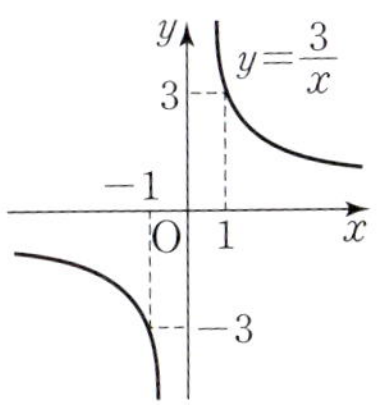

점근선의 방정식은 $x=0$, $y=0$
이다.

(2) 함수 $y=\dfrac{k}{x}\ (k\neq0)$의 그래프의 성질

① 정의역은 $\{x\,|\,x\neq0$인 실수$\}$, 치역은 $\{y\,|\,y\neq0$인 실수$\}$이다.

② 그래프는 $k>0$이면 제1, 3사분면에, $k<0$이면 제2, 4사분면에 있다.

③ $|k|$가 커질수록 그래프는 원점에서 멀어진다.

④ 원점, 직선 $y=x$, 직선 $y=-x$에 대하여 대칭이다.

⑤ 점근선은 x축(직선 $y=0$), y축(직선 $x=0$)이다.

개념 4 유리함수 $y=\dfrac{ax+b}{cx+d}\ (ad-bc\neq0,\ c\neq0)$의 그래프

(1) 유리함수 $y=\dfrac{k}{x-p}+q\ (k\neq0)$의 그래프

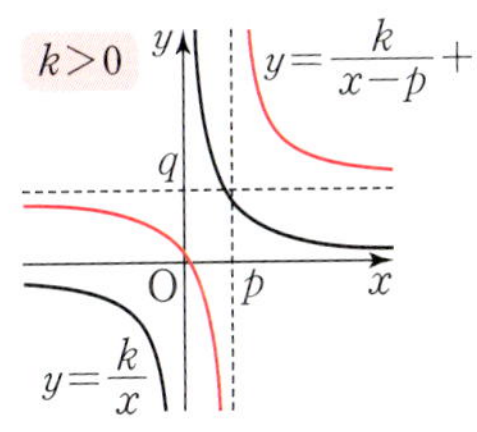

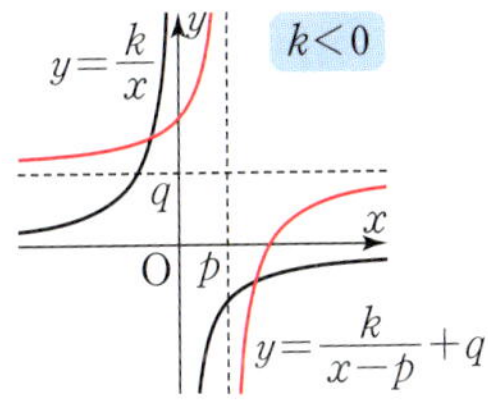

$$y=\dfrac{3x-2}{x-1}=\dfrac{3(x-1)+1}{x-1}$$
$$=\dfrac{1}{x-1}+3$$

이므로 함수 $y=\dfrac{3x-2}{x-1}$의 그래프

는 함수 $y=\dfrac{1}{x}$의 그래프를 x축의
방향으로 1만큼, y축의 방향으로
3만큼 평행이동한 것이다.
또한 점근선의 방정식은
$x=1$, $y=3$이다.

(2) 유리함수 $y=\dfrac{k}{x-p}+q\ (k\neq0)$의 그래프의 성질

① 유리함수 $y=\dfrac{k}{x}$의 그래프를 x축의 방향으로 p만큼, y축의 방향으로 q만큼 평행이동한 것이다.

② 정의역은 $\{x\,|\,x\neq p$인 실수$\}$, 치역은 $\{y\,|\,y\neq q$인 실수$\}$이다.

③ $|k|$의 값이 커질수록 그래프는 점 $(p,\ q)$에서 멀어진다.

④ 점 $(p,\ q)$에 대하여 대칭이다.

⑤ 점근선은 직선 $x=p$, 직선 $y=q$이다.

(3) 유리함수 $y=\dfrac{ax+b}{cx+d}\ (ad-bc\neq0,\ c\neq0)$의 그래프

유리함수 $y=\dfrac{ax+b}{cx+d}\ (ad-bc\neq0,\ c\neq0)$의 그래프는 $y=\dfrac{k}{x-p}+q\ (k\neq0)$의 꼴로 변형한 다음 그린다.

개념 **5** 무리식의 연산

(1) 근호 안에 문자가 포함되어 있는 식 중에서 $\sqrt{x}$, $\sqrt{x-1}$, $\dfrac{x}{\sqrt{x+1}}$와 같이 유리식으로 나타낼 수 없는 식을 무리식이라고 한다.

> **참고** 무리식의 값이 실수가 되려면 근호 안의 식의 값이 0 또는 양수이어야 하므로 무리식을 계산할 때에는
> (근호 안의 식의 값)≥ 0, (분모)$\neq 0$
> 이 되는 문자의 값의 범위에서만 생각한다.

(2) 무리식의 계산은 무리수의 계산과 같은 방법으로 할 수 있다.
특히, 분모가 무리식인 경우에는 분모를 유리화하여 계산한다.

(3) 제곱근의 성질

① $\sqrt{a^2} = |a| = \begin{cases} a & (a \geq 0) \\ -a & (a < 0) \end{cases}$

② $a > 0$, $b > 0$일 때 $\sqrt{a}\sqrt{b} = \sqrt{ab}$, $\dfrac{\sqrt{a}}{\sqrt{b}} = \sqrt{\dfrac{a}{b}}$

(4) 분모의 유리화

① $\dfrac{b}{\sqrt{a}} = \dfrac{b\sqrt{a}}{\sqrt{a}\sqrt{a}} = \dfrac{b\sqrt{a}}{a}$

② $\dfrac{c}{\sqrt{a}+\sqrt{b}} = \dfrac{c(\sqrt{a}-\sqrt{b})}{(\sqrt{a}+\sqrt{b})(\sqrt{a}-\sqrt{b})} = \dfrac{c(\sqrt{a}-\sqrt{b})}{a-b}$ (단, $a \neq b$)

③ $\dfrac{c}{\sqrt{a}-\sqrt{b}} = \dfrac{c(\sqrt{a}+\sqrt{b})}{(\sqrt{a}-\sqrt{b})(\sqrt{a}+\sqrt{b})} = \dfrac{c(\sqrt{a}+\sqrt{b})}{a-b}$ (단, $a \neq b$)

(1) 무리식 $\sqrt{2x+1}$의 값이 실수가 되려면
$2x+1 \geq 0$, 즉 $x \geq -\dfrac{1}{2}$
이어야 한다.

(2) $(\sqrt{x+1}+\sqrt{x})(\sqrt{x+1}-\sqrt{x})$
$= (\sqrt{x+1})^2 - (\sqrt{x})^2$
$= x+1-x = 1$

(3) $\dfrac{1}{\sqrt{x}+\sqrt{y}}$
$= \dfrac{\sqrt{x}-\sqrt{y}}{(\sqrt{x}+\sqrt{y})(\sqrt{x}-\sqrt{y})}$
$= \dfrac{\sqrt{x}-\sqrt{y}}{x-y}$

개념 **6** 무리함수

함수 $y = f(x)$에서 $f(x)$가 x에 대한 무리식일 때, 이 함수를 무리함수라고 한다.

> **참고** 무리함수에서 정의역이 주어지지 않을 때에는 근호 안의 식의 값이 0 또는 양이 되게 하는 실수 전체의 집합을 정의역으로 생각한다.

(1) 무리함수 $y = \sqrt{2x+1}$의 정의역은 $\left\{ x \,\middle|\, x \geq -\dfrac{1}{2} \right\}$

(2) 무리함수 $y = \sqrt{3-x}$의 정의역은 $\{ x \,|\, x \leq 3 \}$

개념 **7** 무리함수 $y=\sqrt{ax}\ (a\neq 0)$의 그래프

$y=\sqrt{ax}$에서 $a>0$인 경우 a의 값이 커질수록 x축에서 멀어진다.

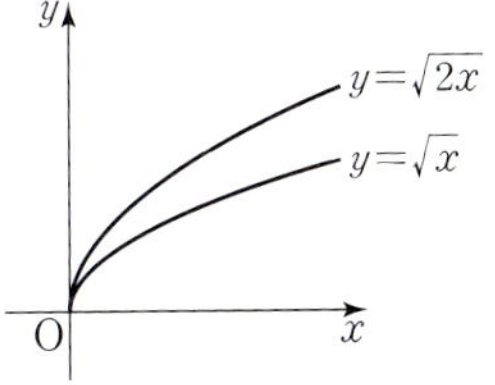

(1) 무리함수 $y=\sqrt{ax}\ (a\neq 0)$의 그래프
정의역은 $a>0$일 때 $\{x|x\geq 0\}$, $a<0$일 때 $\{x|x\leq 0\}$이고, 치역은 $\{y|y\geq 0\}$이다.

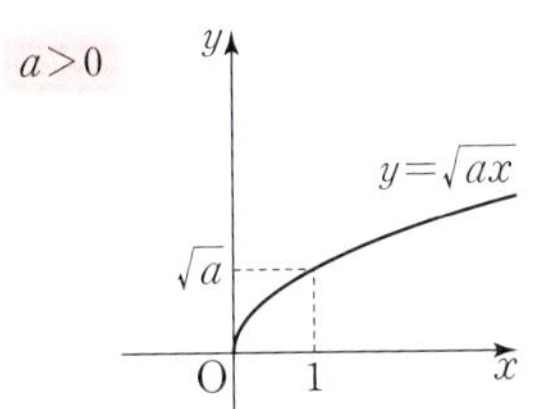
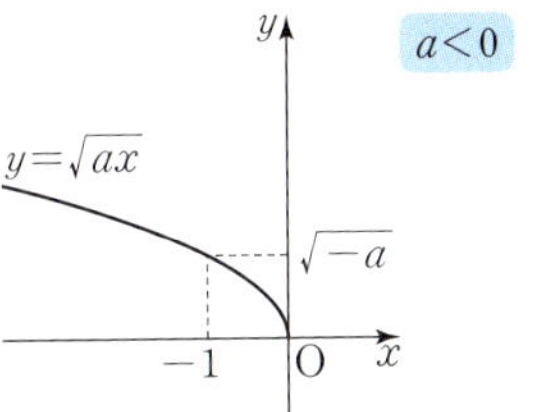

(2) 무리함수 $y=-\sqrt{ax}\ (a\neq 0)$의 그래프
정의역은 $a>0$일 때 $\{x|x\geq 0\}$, $a<0$일 때, $\{x|x\leq 0\}$이고, 치역은 $\{y|y\leq 0\}$이다.

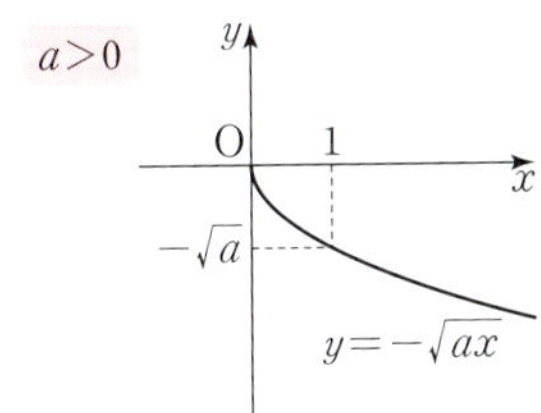
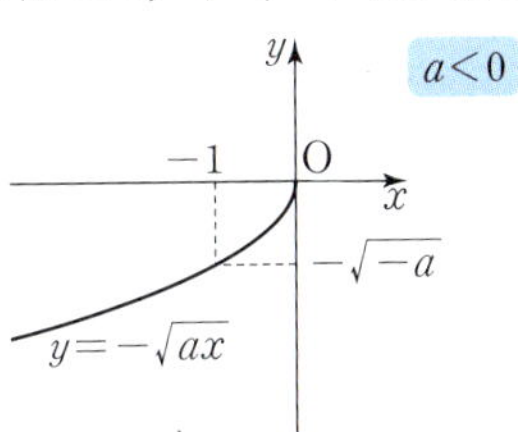

개념 **8** 무리함수 $y=\sqrt{ax+b}+c\ (a\neq 0)$의 그래프

$y=\sqrt{2x-2}+3$
$\quad =\sqrt{2(x-1)}+3$
에서 함수 $y=\sqrt{2x-2}+3$의 그래프는 함수 $y=\sqrt{2x}$의 그래프를 x축의 방향으로 1만큼, y축의 방향으로 3만큼 평행이동한 것이므로 정의역은 $\{x|x\geq 1\}$, 치역은 $\{y|y\geq 3\}$이다.

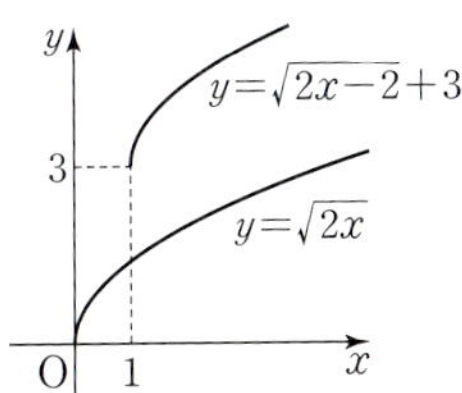

(1) 무리함수 $y=\sqrt{a(x-p)}+q\ (a\neq 0)$의 그래프
① $y=\sqrt{ax}$의 그래프를 x축의 방향으로 p만큼, y축의 방향으로 q만큼 평행이동한 것이다.
② 정의역은 $a>0$일 때 $\{x|x\geq p\}$, $a<0$일 때 $\{x|x\leq p\}$이고, 치역은 $\{y|y\geq q\}$이다.

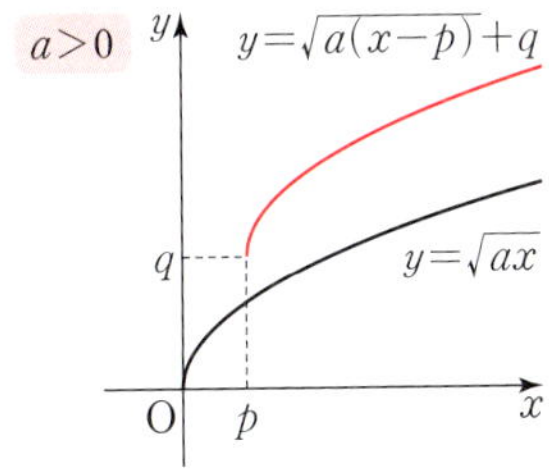
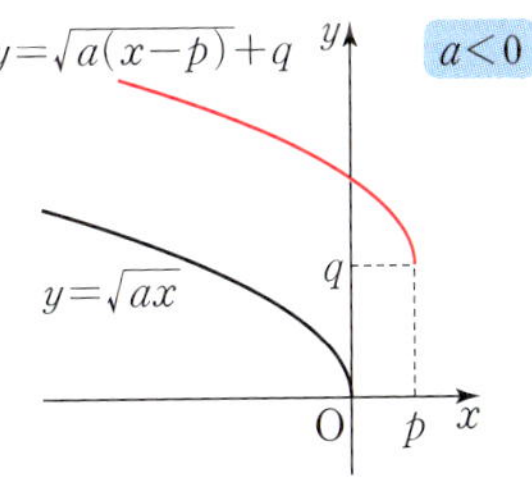

(2) 무리함수 $y=\sqrt{ax+b}+c\ (a\neq 0)$의 그래프
$y=\sqrt{a(x-p)}+q$의 꼴로 변형한 다음 그래프를 그린다.

참고 함수 $y=\sqrt{ax+b}+c=\sqrt{a\left(x+\dfrac{b}{a}\right)}+c$의 그래프는 함수 $y=\sqrt{ax}$의 그래프를 x축의 방향으로

$-\dfrac{b}{a}$만큼, y축의 방향으로 c만큼 평행이동한 것이다.

유형 1 유리식의 연산

다음 식을 간단히 하시오.

(1) $\dfrac{x}{x-3}+\dfrac{1}{x+2}$　　　　　　　(2) $\dfrac{x+2}{x+1}-\dfrac{x+3}{x+2}$

풀이

(1) $\dfrac{x}{x-3}+\dfrac{1}{x+2}=\dfrac{x(x+2)+(x-3)}{(x-3)(x+2)}=\dfrac{x^2+3x-3}{(x-3)(x+2)}$

(2) $\dfrac{x+2}{x+1}-\dfrac{x+3}{x+2}=\dfrac{(x+1)+1}{x+1}-\dfrac{(x+2)+1}{x+2}=1+\dfrac{1}{x+1}-1-\dfrac{1}{x+2}$

$\qquad=\dfrac{1}{x+1}-\dfrac{1}{x+2}=\dfrac{(x+2)-(x+1)}{(x+1)(x+2)}=\dfrac{1}{(x+1)(x+2)}$

POINT

■ 유리식의 분자의 차수가 분모의 차수보다 크거나 같을 때에는 분자를 분모로 나누어 분자의 차수가 분모의 차수보다 작게 한 다음 계산한다.

답 (1) $\dfrac{x^2+3x-3}{(x-3)(x+2)}$　(2) $\dfrac{1}{(x+1)(x+2)}$

유제 1　▶ 25446-0221

$\dfrac{1}{x-1}+\dfrac{x+2}{x^2-4x+3}$ 를 간단히 하시오.

유형 2 유리함수 $y=\dfrac{k}{x-p}+q\ (k\neq0)$의 그래프

|보기|에서 함수 $y=\dfrac{2}{x-1}+3$의 그래프에 대한 설명으로 옳은 것만을 있는 대로 고르시오.

| 보기 |

ㄱ. 제1, 2, 4사분면을 지난다.　　　　　　ㄴ. 점근선의 방정식은 $x=1$, $y=3$이다.

ㄷ. 함수 $y=-\dfrac{2}{x}$의 그래프를 평행이동하여 일치시킬 수 있다.

풀이 함수 $y=\dfrac{2}{x-1}+3$의 그래프는 그림과 같다.

ㄱ. 점 $(0, 1)$을 지나므로 제1, 2, 4사분면을 지난다. (참)

ㄴ. 점근선의 방정식은 $x=1$, $y=3$이다. (참)

ㄷ. $y=-\dfrac{2}{x}$의 그래프는 제2사분면과 제4사분면에 있으므로 평행이동하여 일치시킬 수 없다. (거짓)

따라서 옳은 것은 ㄱ, ㄴ이다.

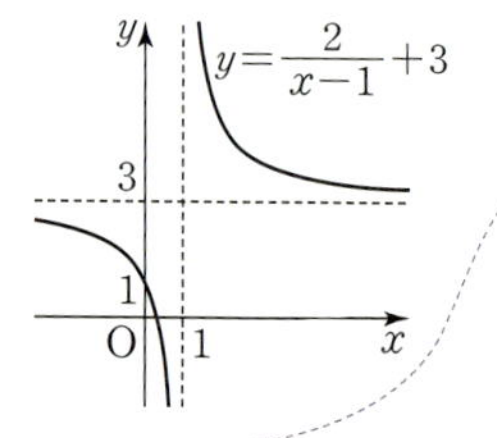

POINT

■ 유리함수 $y=\dfrac{k}{x}$의 그래프는 $k>0$이면 제1, 3사분면에 있고, $k<0$이면 제2, 4사분면에 있다.

답 ㄱ, ㄴ

유제 2　▶ 25446-0222

정의역이 $\{x\,|-4\leq x<-3$ 또는 $-3<x\leq2\}$인 함수 $f(x)=\dfrac{2}{x+3}+1$의 치역이 $\{y\,|\,y\geq a$ 또는 $y\leq b\}$일 때, 두 상수 a, b에 대하여 $a+b$의 값을 구하시오.

유형 3 유리함수 $y=\dfrac{ax+b}{cx+d}\ (ad-bc\neq0,\ c\neq0)$의 그래프

함수 $y=\dfrac{2}{x}$의 그래프를 x축의 방향으로 a만큼, y축의 방향으로 b만큼 평행이동하였더니 함수 $y=\dfrac{4x-2}{x-c}$의 그래프와 일치하였다. 세 상수 a, b, c에 대하여 $a+b+c$의 값을 구하시오. $\left(\text{단, } c\neq\dfrac{1}{2}\right)$

풀이 함수 $y=\dfrac{2}{x}$의 그래프를 x축의 방향으로 a만큼, y축의 방향으로 b만큼 평행이동하면

$y-b=\dfrac{2}{x-a}$에서 $y=\dfrac{2}{x-a}+b=\dfrac{bx-ab+2}{x-a}$

$\dfrac{bx-ab+2}{x-a}=\dfrac{4x-2}{x-c}$이므로 $b=4$, $-ab+2=-2$, $a=c$

에서 $-4a+2=-2$, $a=1$이므로 $c=1$

따라서 $a+b+c=1+4+1=6$

POINT
- x 대신 $x-a$, y 대신 $y-b$를 대입한다.

답 6

유제 3 ▶ 25446-0223

유리함수 $y=\dfrac{ax+b}{x+c}$의 그래프가 두 직선 $x=3$, $y=1$을 점근선으로 하고, 점 $(5,\ -2)$를 지날 때, 세 상수 a, b, c에 대하여 abc의 값을 구하시오.

유형 4 유리함수의 역함수

다음 함수의 역함수를 구하시오.

(1) $y=\dfrac{5}{x+3}-2$

(2) $y=\dfrac{2x-1}{4x-3}$

풀이 (1) $y=\dfrac{5}{x+3}-2$에서 $y+2=\dfrac{5}{x+3}$, $x+3=\dfrac{5}{y+2}$, $x=\dfrac{5}{y+2}-3$

x와 y를 서로 바꾸면 $y=\dfrac{5}{x+2}-3$

(2) $y=\dfrac{2x-1}{4x-3}$에서 $y(4x-3)=2x-1$, $(4y-2)x=3y-1$, $x=\dfrac{3y-1}{4y-2}$

x와 y를 서로 바꾸면 $y=\dfrac{3x-1}{4x-2}$

POINT
- 함수 $y=\dfrac{k}{x-p}+q$의 그래프의 점근선의 방정식이 $x=p$, $y=q$이므로 그 역함수의 그래프의 점근선의 방정식은 $x=q$, $y=p$이고, 역함수의 방정식은
$y=\dfrac{k}{x-q}+p$이다.

답 (1) $y=\dfrac{5}{x+2}-3$ (2) $y=\dfrac{3x-1}{4x-2}$

유제 4 ▶ 25446-0224

두 함수 $f(x)=\dfrac{2x+1}{x+a}$, $g(x)=\dfrac{3x+1}{bx-2}$의 그래프가 직선 $y=x$에 대하여 서로 대칭일 때, 두 상수 a, b에 대하여 $a+b$의 값을 구하시오. $\left(\text{단, } a\neq\dfrac{1}{2},\ b\neq-6\right)$

유형 **5** 무리식의 연산

다음 식을 간단히 하시오.

(1) $(\sqrt{x+2}+\sqrt{x})(\sqrt{x+2}-\sqrt{x})$

(2) $\dfrac{2}{\sqrt{2x+3}-\sqrt{2x+1}}$

풀이

(1) $(\sqrt{x+2}+\sqrt{x})(\sqrt{x+2}-\sqrt{x})=(\sqrt{x+2})^2-(\sqrt{x})^2=x+2-x=2$

(2) $\dfrac{2}{\sqrt{2x+3}-\sqrt{2x+1}}=\dfrac{2(\sqrt{2x+3}+\sqrt{2x+1})}{(\sqrt{2x+3}-\sqrt{2x+1})(\sqrt{2x+3}+\sqrt{2x+1})}$

$=\dfrac{2(\sqrt{2x+3}+\sqrt{2x+1})}{(2x+3)-(2x+1)}=\sqrt{2x+3}+\sqrt{2x+1}$

POINT

■ $(a-b)(a+b)=a^2-b^2$임을 이용하여 분모를 유리화한다.

답 (1) 2 (2) $\sqrt{2x+3}+\sqrt{2x+1}$

유제 5 ▶ 25446-0225

$\dfrac{1}{\sqrt{x}-2}-\dfrac{1}{\sqrt{x}+2}$ 을 간단히 하시오.

유형 **6** 무리함수 $y=\sqrt{a(x-p)}+q\ (a\neq0)$의 그래프

┃보기┃에서 무리함수 $y=\sqrt{ax}\ (a\neq0)$에 대한 설명으로 옳은 것만을 있는 대로 고르시오. (단, a는 상수이다.)

┃ 보기 ┃

ㄱ. 정의역은 $a>0$일 때 $\{x|x\geq0\}$, $a<0$일 때 $\{x|x\leq0\}$이다.

ㄴ. 치역은 $a>0$일 때 $\{y|y\geq0\}$, $a<0$일 때 $\{y|y\leq0\}$이다.

ㄷ. 함수 $y=\sqrt{-ax}$의 그래프와 x축에 대하여 대칭이다.

풀이

ㄱ. $a>0$일 때 $ax\geq0$에서 $x\geq0$이고, $a<0$일 때 $ax\geq0$에서 $x\leq0$이므로 정의역은 $a>0$일 때 $\{x|x\geq0\}$, $a<0$일 때 $\{x|x\leq0\}$이다. (참)

ㄴ. $a<0$일 때 치역은 $\{y|y\geq0\}$이다. (거짓)

ㄷ. 함수 $y=\sqrt{-ax}$의 그래프는 함수 $y=\sqrt{ax}$의 그래프와 y축에 대하여 대칭이다. (거짓)

따라서 옳은 것은 ㄱ뿐이다.

POINT

■ 무리함수의 정의역은 근호 안의 식의 값이 0 이상이 되도록 하는 실수 전체의 집합이다.

■ 방정식 $f(x,\ y)=0$이 나타내는 도형을 x축에 대하여 대칭이동한 도형의 방정식은 $f(x,\ -y)=0$이다.

답 ㄱ

유제 6 ▶ 25446-0226

함수 $y=-\sqrt{x-a}+b$의 정의역이 $\{x|x\geq1\}$, 치역이 $\{y|y\leq3\}$일 때, 두 상수 a, b에 대하여 $a+b$의 값을 구하시오.

유형 **7** 무리함수 $y=\sqrt{ax+b}+c\ (a\neq0)$의 그래프

함수 $y=\sqrt{-2x+4}-1$의 그래프가 지나는 사분면을 모두 구하시오.

풀이 $y=\sqrt{-2x+4}-1=\sqrt{-2(x-2)}-1$이므로

함수 $y=\sqrt{-2x+4}-1$의 그래프는 함수 $y=\sqrt{-2x}$의 그래프를 x축의 방향으로 2만큼, y축의 방향으로 -1만큼 평행이동한 것이고

점 $(0,\ 1)$을 지나므로 함수 $y=\sqrt{-2x+4}-1$의 그래프는 그림과 같다.

따라서 함수 $y=\sqrt{-2x+4}-1$의 그래프는 제1, 2, 4사분면을 지난다.

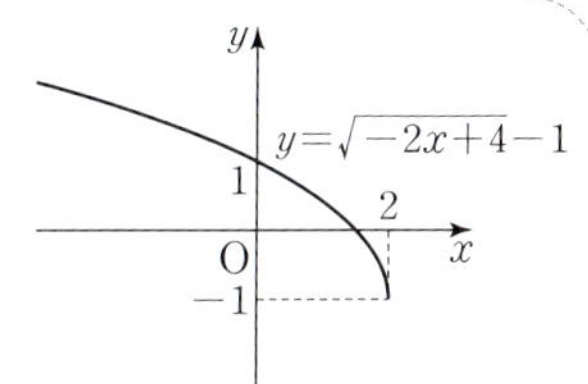

目 제1, 2, 4사분면

POINT

- $y=\sqrt{ax+b}+c$를 $y=\sqrt{a(x-p)}+q$ 꼴로 변형한다.
- $a<0$일 때 $y=\sqrt{ax}$의 그래프는 원점과 제2사분면을 지난다.

유제 7 ▶ 25446-0227

함수 $y=\sqrt{2x}$의 그래프를 x축의 방향으로 -5만큼, y축의 방향으로 3만큼 평행이동하면 함수 $y=\sqrt{ax+b}+c$의 그래프와 일치한다. 세 상수 $a,\ b,\ c$에 대하여 $a+b+c$의 값을 구하시오.

유형 **8** 무리함수의 역함수

함수 $y=-\sqrt{-3x+4}+2$의 역함수를 구하시오.

풀이 함수 $y=-\sqrt{-3x+4}+2$의 치역은 $\{y\,|\,y\leq2\}$

$y=-\sqrt{-3x+4}+2$에서 $y-2=-\sqrt{-3x+4}$

양변을 제곱하여 정리하면

$(y-2)^2=(-\sqrt{-3x+4})^2,\ (y-2)^2=-3x+4$

$x=-\dfrac{1}{3}(y-2)^2+\dfrac{4}{3}$

x와 y를 서로 바꾸면 역함수는

$y=-\dfrac{1}{3}(x-2)^2+\dfrac{4}{3}$ (단, $x\leq2$)

POINT

- 함수의 치역이 역함수의 정의역이 되므로 역함수의 정의역은 $\{x\,|\,x\leq2\}$이다.

目 $y=-\dfrac{1}{3}(x-2)^2+\dfrac{4}{3}$ (단, $x\leq2$)

유제 8 ▶ 25446-0228

함수 $y=\sqrt{3x+1}-2$의 역함수가 $y=\dfrac{1}{3}(x+a)^2+b\ (x\geq c)$일 때, 세 상수 $a,\ b,\ c$에 대하여 abc의 값을 구하시오.

01
▶ 25446-0229

다음 식을 간단히 하시오.

$$\frac{1}{1-x}+\frac{1}{1+x}-\frac{2}{1+x^2}$$

02
▶ 25446-0230

$x\neq-1$, $x\neq0$, $x\neq2$인 모든 실수 x에 대하여 등식

$$\frac{6}{x(x+1)(x-2)}=\frac{a}{x(x-2)}+\frac{b}{x(x+1)}$$

가 성립할 때, $a-b$의 값은? (단, a, b는 상수이다.)

① 2 ② 4 ③ 6
④ 8 ⑤ 10

03
▶ 25446-0231

함수 $y=\dfrac{3}{x-3}-2$의 그래프가 지나는 사분면을 모두 구한 것은?

① 제1, 3사분면 ② 제1, 2, 3사분면
③ 제1, 2, 4사분면 ④ 제1, 3, 4사분면
⑤ 제1, 2, 3, 4사분면

04
▶ 25446-0232

보기 에서 그 그래프를 평행이동 또는 대칭이동을 반복하여 함수 $y=\dfrac{1}{x+1}+2$의 그래프와 일치시킬 수 있는 함수만을 있는 대로 고른 것은?

보기

ㄱ. $y=\dfrac{1}{x+2}-3$

ㄴ. $y=-\dfrac{1}{x+1}+2$

ㄷ. $y=\dfrac{2}{x-1}+3$

① ㄱ ② ㄷ ③ ㄱ, ㄴ
④ ㄴ, ㄷ ⑤ ㄱ, ㄴ, ㄷ

05
▶ 25446-0233

함수 $y=\dfrac{3x+5}{x+4}$의 그래프에 대한 다음 설명 중 옳지 <u>않은</u> 것은?

① 정의역은 $\{x\,|\,x\neq-4$인 실수$\}$이고, 치역은 $\{y\,|\,y\neq3$인 실수$\}$이다.
② 점근선의 방정식은 $x=-4$, $y=3$이다.
③ 점 $(-4,\,3)$에 대하여 대칭이다.
④ 제1, 2, 3사분면을 지난다.
⑤ 함수 $y=\dfrac{7}{x}$의 그래프를 평행이동하여 일치시킬 수 있다.

06
▶ 25446-0234

정의역이 $\{x\,|\,-3\leq x\leq1\}$인 함수 $y=\dfrac{2x+4}{x-5}$의 최댓값을 M, 최솟값을 m이라 할 때, $M-m$의 값을 구하시오.

07

▶ 25446-0235

유리함수 $y=\dfrac{bx+5}{x+a}$ 의 그래프의 점근선의 방정식이

$x=-2$, $y=1$일 때, 두 상수 a, b에 대하여 $a+b$의 값은? (단, $ab\neq5$)

① -1 ② 0 ③ 1

④ 2 ⑤ 3

08

▶ 25446-0236

유리함수 $y=\dfrac{ax+b}{x+c}$ 의 그래프가 그림과 같을 때, 세 상수 a, b, c에 대하여 $a+b+c$의 값은? (단, $ac\neq b$)

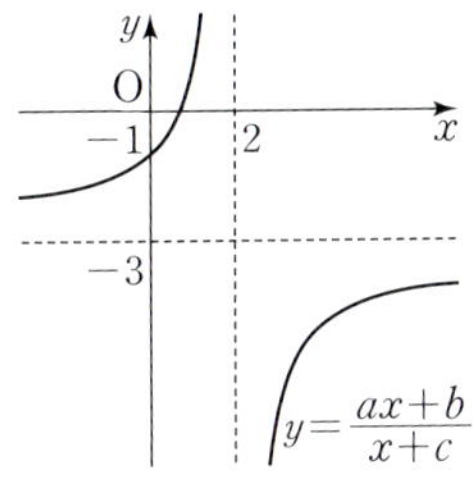

① -9 ② -7

③ -5 ④ -3

⑤ -1

09

▶ 25446-0237

함수 $y=\dfrac{2x+3}{x+1}$ 의 그래프와 직선 $y=mx$가 만나지 않도록 하는 실수 m의 값의 범위를 구하시오.

유형 **4** 유리함수의 역함수

10

▶ 25446-0238

유리함수 $f(x)=\dfrac{ax+1}{2x+b}$ 의 역함수가 $f^{-1}(x)=\dfrac{3x+c}{2x+5}$

일 때, 세 상수 a, b, c에 대하여 $a+b+c$의 값은?

$$\left(\text{단, } ab\neq2,\ c\neq\dfrac{15}{2}\right)$$

① -6 ② -7 ③ -8

④ -9 ⑤ -10

11

▶ 25446-0239

유리함수 $f(x)=\dfrac{ax+3}{x+b}$ 의 그래프가 직선 $y=x$에 대하여 대칭이고 $f(0)=\dfrac{3}{2}$일 때, $f(1)$의 값을 구하시오.

(단, a, b는 $ab\neq3$인 상수이다.)

12

▶ 25446-0240

유리함수 $f(x)=\dfrac{x+4}{x+a}$ 가 정의역의 모든 원소 x에 대하여 $(f\circ f)(x)=x$를 만족시킬 때, 상수 a의 값은?

(단, $a\neq4$)

① -2 ② -1 ③ 0

④ 1 ⑤ 2

유형 5　무리식의 연산

13
▶ 25446-0241

$\sqrt{5-x}-3$의 값이 실수가 되도록 하는 자연수 x의 개수는?

① 3　　　　② 4　　　　③ 5
④ 6　　　　⑤ 7

14
▶ 25446-0242

$(\sqrt{2x}+\sqrt{x+1})(\sqrt{2x}-\sqrt{x+1})$을 간단히 하면?

① $x-1$　　　② $x+1$　　　③ $2x-1$
④ $2x+1$　　　⑤ $2x+3$

15
▶ 25446-0243

다음 식을 간단히 하시오.

$$\frac{\sqrt{x+1}-1}{\sqrt{x+1}+1}+\frac{\sqrt{x+1}+1}{\sqrt{x+1}-1}$$

유형 6　무리함수 $y=\sqrt{a(x-p)}+q\ (a\neq0)$의 그래프

16
▶ 25446-0244

정의역이 $\{x\,|\,a\leq x\leq b\}$인 함수 $y=\sqrt{x+3}-1$의 치역이 $\{y\,|\,0\leq y\leq2\}$일 때, $b-a$의 값은?

(단, a, b는 $a<b$인 상수이다.)

① 6　　　　② 7　　　　③ 8
④ 9　　　　⑤ 10

17
▶ 25446-0245

무리함수 $y=-a\sqrt{bx}$의 그래프가 그림과 같을 때, 유리함수 $y=-\dfrac{1}{x-a}+b$의 그래프가 지나는 사분면을 모두 구하시오.

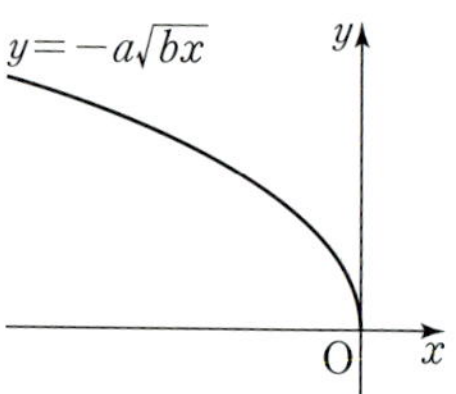

유형 7　무리함수 $y=\sqrt{ax+b}+c\ (a\neq0)$의 그래프

18
▶ 25446-0246

| 보기 |에서 함수 $y=-\sqrt{3x-6}+2$의 그래프에 대한 설명으로 옳은 것만을 있는 대로 고른 것은?

┌─── **보기** ───┐

ㄱ. 정의역은 $\{x\,|\,x\geq2\}$, 치역은 $\{y\,|\,y\leq2\}$이다.

ㄴ. 함수 $y=-\sqrt{3x}$의 그래프를 x축의 방향으로 2만큼, y축의 방향으로 2만큼 평행이동시킨 것이다.

ㄷ. 제1, 2사분면을 지난다.

└─────────────┘

① ㄴ　　　　② ㄷ　　　　③ ㄱ, ㄴ
④ ㄱ, ㄷ　　　⑤ ㄱ, ㄴ, ㄷ

19

▶ 25446-0247

|보기|에서 그 그래프를 평행이동 또는 대칭이동을 반복하여 함수 $y=2\sqrt{x}$의 그래프와 일치시킬 수 있는 함수만을 있는 대로 고른 것은?

| 보기 |
ㄱ. $y=2\sqrt{-x+1}$
ㄴ. $y=-2\sqrt{x}+1$
ㄷ. $y=-\sqrt{1-4x}$

① ㄱ   ② ㄴ   ③ ㄱ, ㄴ
④ ㄱ, ㄷ   ⑤ ㄱ, ㄴ, ㄷ

20

▶ 25446-0248

무리함수 $y=\sqrt{ax+b}+c\ (a\neq0)$의 그래프가 그림과 같을 때, 이 그래프와 x축이 만나는 점의 x좌표를 구하시오.

(단, a, b, c는 상수이다.)

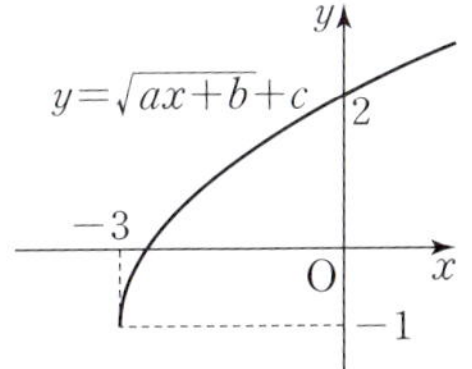

21

▶ 25446-0249

$4\leq x\leq a$에서 함수 $y=\sqrt{2x-4}-3$의 최댓값은 3, 최솟값은 m일 때, $a+m$의 값을 구하시오. (단, $a>4$)

유형 **8** 무리함수의 역함수

22

▶ 25446-0250

두 함수 $f(x)=\dfrac{x+1}{2x}$, $g(x)=\sqrt{2x-1}$에 대하여 $(g^{-1}\circ f)(2)$의 값은?

① $\dfrac{21}{32}$ ② $\dfrac{11}{16}$ ③ $\dfrac{23}{32}$

④ $\dfrac{3}{4}$ ⑤ $\dfrac{25}{32}$

23

▶ 25446-0251

무리함수 $f(x)=\sqrt{ax+b}$에 대하여 함수 $y=f(x)$의 그래프와 그 역함수 $y=f^{-1}(x)$의 그래프가 점 $(1, 2)$에서 만날 때, 두 상수 a, b에 대하여 $b-a$의 값은?

① 4   ② 6   ③ 8
④ 10   ⑤ 12

24

▶ 25446-0252

함수 $y=\sqrt{x-2}+2$의 그래프와 이 함수의 역함수의 그래프가 만나는 서로 다른 두 점 사이의 거리는?

① $\sqrt{2}$ ② 2   ③ $2\sqrt{2}$
④ 4   ⑤ $4\sqrt{2}$

두 함수 $f(x)=2\sqrt{x-2}+1$, $g(x)=ax$의 그래프가 서로 다른 두 점에서 만나도록 하는 실수 a의 값의 범위를 구하시오.

풀이

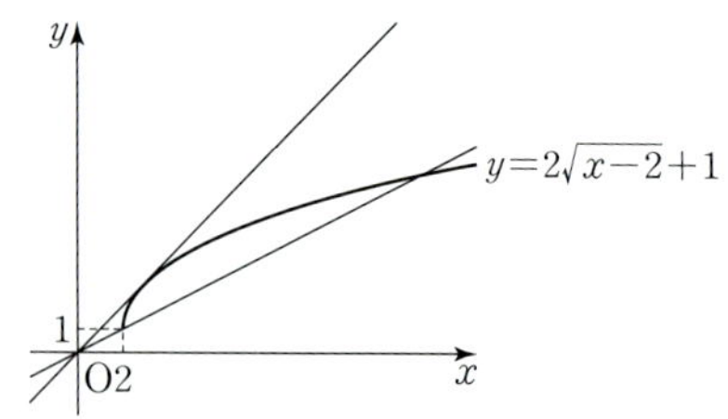

(i) 직선 $y=ax$가 함수 $y=2\sqrt{x-2}+1$의 그래프와 접할 때

$2\sqrt{x-2}+1=ax$에서

$2\sqrt{x-2}=ax-1$

양변을 제곱하여 정리하면

$a^2x^2-2(a+2)x+9=0$

이 이차방정식의 판별식을 D라 하면

$\dfrac{D}{4}=(a+2)^2-9a^2=0$

$2a^2-a-1=0$, $(2a+1)(a-1)=0$

$a=-\dfrac{1}{2}$ 또는 $a=1$

그런데 $a>0$이므로 $a=1$ ◀ ❶

(ii) 직선 $y=ax$가 점 $(2, 1)$을 지날 때

$1=2a$, $a=\dfrac{1}{2}$ ◀ ❷

(i), (ii)에서 두 함수의 그래프가 서로 다른 두 점에서 만나려면

$\dfrac{1}{2}\le a<1$ ◀ ❸

답 $\dfrac{1}{2}\le a<1$

> 접하는 경우는 두 식을 연립하여 정리한 이차방정식이 중근을 갖는 경우이므로 판별식의 값이 0이 됨을 이용한다.

단계	채점 기준	비율
❶	무리함수의 그래프가 직선과 접할 때, a의 값을 구한 경우	50 %
❷	직선 $y=ax$가 점 $(2, 1)$을 지날 때, a의 값을 구한 경우	30 %
❸	조건을 만족시키는 a의 값의 범위를 구한 경우	20 %

01

▶ 25446-0253

유리함수 $y=\dfrac{b}{x+a}+c\,(b\neq0)$의 그래프는 점 $(3, 4)$에 대하여 대칭이고, 그 역함수의 그래프는 점 $(-1, 2)$를 지난다. 세 상수 a, b, c에 대하여 $a+b+c$의 값을 구하시오.

02

▶ 25446-0254

두 함수 $y=\sqrt{2x+1}$, $x=\sqrt{2y+1}$의 그래프의 교점의 좌표를 (a, b)라 할 때, $a+b$의 값을 구하시오.

03

▶ 25446-0255

무리함수 $y=-\sqrt{ax+b}+c$의 그래프가 그림과 같을 때, 유리함수 $y=\dfrac{ax+b}{x+c}$의 그래프가 x축과 만나는 점을 P, y축과 만나는 점을 Q라 하자. 유리함수 $y=\dfrac{ax+b}{x+c}$의 그래프의 두 점근선이 만나는 점을 R이라 할 때, 삼각형 PQR의 넓이를 구하시오. (단, a, b, c는 $ac\neq b$인 상수이다.)

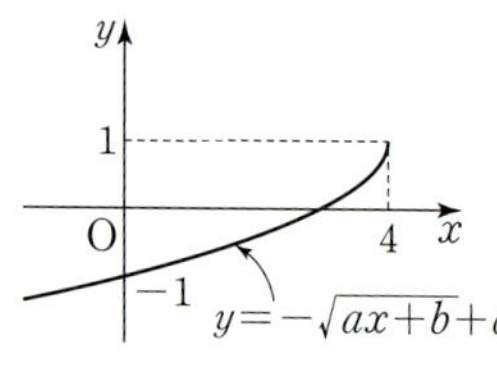

내신 + 수능 고난도 문항

▶ 25446-0256

01

함수 $y=\dfrac{3}{2x-4}+1$의 그래프 위의 점 $A(a,\ b)$에 대하여 $a+b$의 최솟값은? (단, $a>2$)

① $3+\sqrt{2}$ ② $3+\sqrt{3}$ ③ $4+\sqrt{2}$

④ $3+\sqrt{6}$ ⑤ $4+\sqrt{3}$

▶ 25446-0257

02

실수 k와 함수 $f(x)=\dfrac{3}{x}+k\ (k\neq0)$에 대하여 함수 $y=|f(x)|$의 그래프와 직선 $y=2$가 오직 한 점에서만 만날 때, 등식 $k+f^{-1}(0)=a$를 만족시킨다. 모든 실수 a의 값의 곱은?

① $-\dfrac{5}{4}$ ② -1 ③ $-\dfrac{3}{4}$ ④ $-\dfrac{1}{2}$ ⑤ $-\dfrac{1}{4}$

▶ 25446-0258

03

함수 $f(x)=\sqrt{3x+k}+1$의 그래프와 함수 $y=f(x)$의 역함수 $y=g(x)$의 그래프는 서로 다른 두 점에서 만난다. 이 두 점 사이의 거리가 $\sqrt{10}$일 때, 실수 k의 값을 구하시오.

대단원 종합문제

01
▶ 25446-0259

집합 $X=\{-1,\ 0,\ 1,\ 2,\ 3\}$이 정의역이고 공역이 실수 전체의 집합인 함수 $f(x)=(x-1)^2-1$의 치역의 모든 원소의 합은?

① 1　　　　② 2　　　　③ 3
④ 4　　　　⑤ 5

02
▶ 25446-0260

집합 $X=\{1,\ 2,\ 3,\ 4\}$에 대하여 X에서 X로의 함수의 개수를 a, 일대일대응의 개수를 b라 할 때, $a+b$의 값을 구하시오.

03
▶ 25446-0261

집합 $X=\{x\,|\,x\geq k\}$를 정의역과 공역으로 하는 함수 $f(x)=x^2-2x$에 대하여 함수 $f:X\longrightarrow X$가 일대일대응일 때, 실수 k의 값은?

① 1　　　　② 2　　　　③ 3
④ 4　　　　⑤ 5

04
▶ 25446-0262

함수 $f(x)=x^2+4x-3$에 대하여 $(f\circ f)(1)$의 값은?

① 1　　　　② 3　　　　③ 5
④ 7　　　　⑤ 9

05
▶ 25446-0263

실수 전체의 집합에서 정의된 함수 f가 모든 실수 x에 대하여

$$f\left(\frac{x+1}{2}\right)=2x+3$$

을 만족시킬 때, $f(2)$의 값을 구하시오.

06
▶ 25446-0264

역함수를 가지는 함수 f에 대하여 $f^{-1}(1)=3$이고 $f(2x-1)=g(x)$라 할 때, $g^{-1}(1)$의 값을 구하시오.

07

▶ 25446-0265

$\dfrac{1}{x-1}+\dfrac{x-1}{x^2+x+1}$ 을 간단히 하시오.

08

▶ 25446-0266

유리함수 $y=\dfrac{ax+3}{x-1}$ 의 그래프의 점근선의 방정식이 $x=b$, $y=-2$일 때, 두 상수 a, b에 대하여 $a+b$의 값은? (단, $a\neq-3$)

① -2 ② -1 ③ 0

④ 1   ⑤ 2

09

▶ 25446-0267

유리함수 $f(x)=\dfrac{ax}{2x+3}$ $(a\neq0)$에 대하여 $f=f^{-1}$가 성립할 때, 상수 a의 값은?

① -5 ② -4 ③ -3

④ -2 ⑤ -1

10

▶ 25446-0268

함수 $f(x)=\sqrt{2x+1}+\sqrt{2x-1}$에 대하여
$$\dfrac{1}{f(1)}+\dfrac{1}{f(2)}+\dfrac{1}{f(3)}+\cdots+\dfrac{1}{f(12)}$$
의 값을 구하시오.

11

▶ 25446-0269

함수 $y=\sqrt{2x}$의 그래프를 x축의 방향으로 -2만큼, y축의 방향으로 1만큼 평행이동하면 함수 $y=\sqrt{ax+b}+c$의 그래프와 일치할 때, 세 상수 a, b, c에 대하여 $a+b+c$의 값은?

① 6   ② 7   ③ 8

④ 9   ⑤ 10

12

▶ 25446-0270

$1\leq x\leq5$에서 함수 $f(x)=\sqrt{x+a}$의 최솟값이 $\sqrt{3}$일 때, 함수 $f(x)$의 최댓값을 구하시오.

LEVEL 2

13
▶ 25446-0271

정의역이 $X=\{a,\ b\}$인 두 함수 $f,\ g$가
$$f(x)=2x^2+4x,\ g(x)=3x+2$$
일 때, $f=g$가 성립하도록 하는 서로 다른 두 상수 $a,\ b$에 대하여 $a+b$의 값은?

① $-\dfrac{3}{2}$　　　② $-\dfrac{1}{2}$　　　③ 0

④ $\dfrac{1}{2}$　　　⑤ $\dfrac{3}{2}$

14
▶ 25446-0272

정의역과 공역이 모두 실수 전체의 집합인 함수
$$f(x)=\begin{cases}(2a-1)x+10 & (x<2)\\(4-a)x+6a & (x\geq2)\end{cases}$$
에 대하여 함수 $f(x)$가 일대일대응이 되도록 하는 모든 실수 a의 값의 범위를 구하시오.

15
▶ 25446-0273

세 함수 $f,\ g,\ h$에 대하여
$$(f\circ g)(x)=x+1,\ (f\circ(g\circ h))(x)=4x-3$$
일 때, $h(2)$의 값을 구하시오.

16
▶ 25446-0274

일차함수 $f(x)$에 대하여 $(f\circ f)(x)=4x+9$이고 함수 $y=f(x)$의 그래프가 제4사분면을 지날 때, $f(-2)$의 값은?

① -5　　　② -4　　　③ -3

④ -2　　　⑤ -1

17
▶ 25446-0275

집합 $X=\{1,\ 2,\ 3\}$에 대하여 X에서 X로의 함수 f 중에서 $f=f^{-1}$를 만족시키는 함수의 개수는?

① 2　　　② 3　　　③ 4

④ 5　　　⑤ 6

18
▶ 25446-0276

유리함수 $y=\dfrac{a}{x-1}+2\ (a\neq0)$의 그래프가 모든 사분면을 지나기 위한 실수 a의 값의 범위를 구하시오.

19
▶ 25446-0277

┃보기┃에서 그 그래프를 평행이동 또는 대칭이동을 반복하여 함수 $y=\dfrac{3}{x}$의 그래프와 일치시킬 수 있는 함수만을 있는 대로 고른 것은?

┃ 보기 ┃

ㄱ. $y=\dfrac{x+2}{x-1}$

ㄴ. $y=\dfrac{5x+7}{x+2}$

ㄷ. $y=\dfrac{4x+1}{2x-1}$

① ㄱ   ② ㄷ   ③ ㄱ, ㄴ

④ ㄴ, ㄷ   ⑤ ㄱ, ㄴ, ㄷ

20
▶ 25446-0278

함수 $f(x)$가 모든 실수 x에 대하여
$$2f(x)+f(-x)=2x+3$$
을 만족시킬 때, $f^{-1}(0)$의 값은?

① $-\dfrac{3}{2}$ ② $-\dfrac{1}{2}$ ③ $\dfrac{1}{2}$

④ $\dfrac{3}{2}$ ⑤ $\dfrac{5}{2}$

21
▶ 25446-0279

두 함수 $f(x)=\dfrac{x-2}{x+1}\ (x>2)$, $g(x)=\sqrt{4x+3}$에 대하여 $(g \circ f)^{-1}(2)$의 값은?

① $\dfrac{5}{2}$ ② 3 ③ $\dfrac{7}{2}$

④ 4 ⑤ $\dfrac{9}{2}$

LEVEL 3

22
▶ 25446-0280

집합 X에서 X로의 함수 $f(x)=x^3-8x$는 항등함수이다. 집합 X의 원소의 개수가 2일 때, 집합 X의 원소의 합의 최댓값을 구하시오.

23
▶ 25446-0281

집합 $\{x\,|\,x>-2\}$에서 정의된 함수 $f(x)$를
$$f(x)=\begin{cases} \dfrac{x-2}{x+2} & (-2<x<2) \\ \sqrt{x-2} & (x\geq 2) \end{cases}$$
라 할 때, $f^{-1}\left(-\dfrac{1}{2}\right)+f^{-1}(2)$의 값을 구하시오.

24
▶ 25446-0282

함수 $f(x)$의 역함수가 $g(x)$일 때, 함수 $f(2x)$의 역함수는?

① $g\left(\dfrac{1}{2}x\right)$ ② $g(\sqrt{x})$ ③ $g(2x)$

④ $\dfrac{1}{2}g(x)$ ⑤ $2g(x)$

25
▶ 25446-0283

함수 $f(x)=\dfrac{x-1}{x}$에 대하여
$$f \circ f=f^2,\ f \circ f^2=f^3,\ \cdots,\ f \circ f^n=f^{n+1}$$
$$(n=1,\ 2,\ 3,\ \cdots)$$
이라 할 때, $f^8(4)$의 값은?

① $-\dfrac{1}{2}$ 　 ② $-\dfrac{1}{3}$ 　 ③ $\dfrac{1}{4}$

④ $\dfrac{1}{2}$ 　 ⑤ $\dfrac{3}{4}$

26
▶ 25446-0284

함수 $y=\dfrac{x-2}{x}$의 그래프와 직선 $y=k(x+1)+1$이 만나지 않도록 하는 정수 k의 개수는?

① 2 　 ② 4 　 ③ 6

④ 8 　 ⑤ 10

27
▶ 25446-0285

그림과 같이 함수 $f(x)=\sqrt{x+2}$의 그래프와 그 역함수 $y=f^{-1}(x)$의 그래프가 만나는 점을 A라 하고, 직선 $y=-x$가 두 곡선 $y=f(x)$, $y=f^{-1}(x)$와 만나는 점을 각각 B, C라 하자. 삼각형 ABC의 넓이를 구하시오.

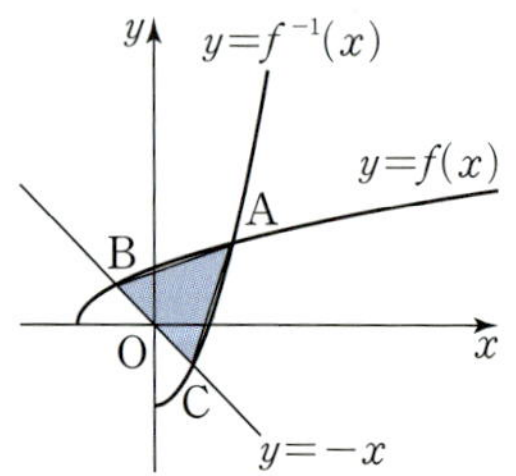

28
▶ 25446-0286

세 함수 f, g, h에 대하여
$$f(x)=ax+1,$$
$$(g \circ h)(x)=-2x+b,$$
$$((f \circ g) \circ h)(1)=2,$$
$$(g \circ (h \circ f))(2)=3$$
을 만족시키는 두 실수 a, b의 모든 순서쌍 (a, b)를 구하시오.

29
▶ 25446-0287

함수 $y=\dfrac{1}{x-1}$의 그래프 위의 서로 다른 두 점 P, Q와 점 A$(1, 0)$에 대하여 두 선분 AP, AQ의 길이가 각각 최소가 될 때, 선분 PQ를 대각선으로 하는 정사각형의 넓이를 구하시오.

(단, 점 P의 x좌표는 점 Q의 x좌표보다 작다.)

수행평가

활용법 및 목차

학교 수행평가에 대비할 수 있도록
단원별 서술형 쪽지 시험을
구성하였습니다.

[활용법]

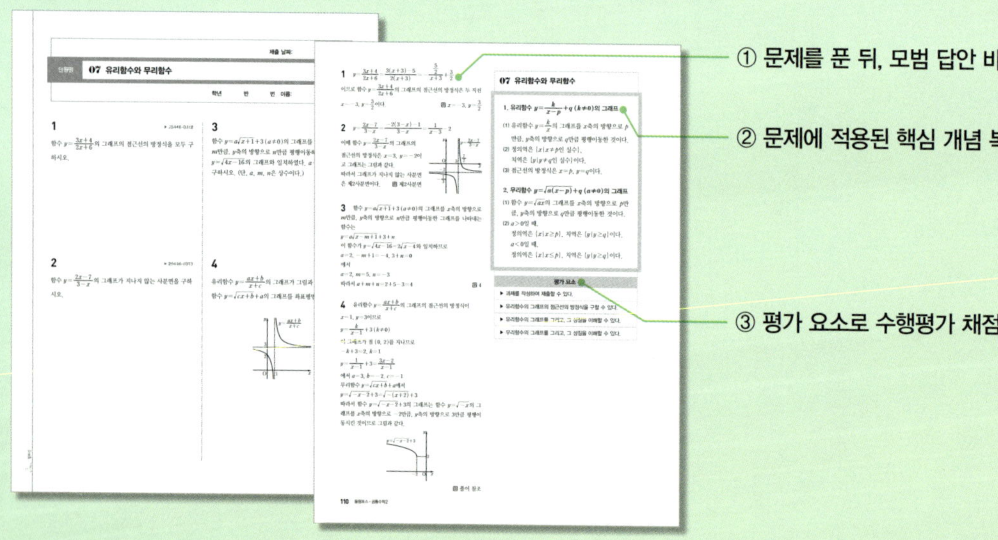

① 문제를 푼 뒤, 모범 답안 바로 확인하기

② 문제에 적용된 핵심 개념 복습하기

③ 평가 요소로 수행평가 채점 기준 확인하기

[목차]

학년　　　반　　　번　이름:

1
▶ 25446-0288

두 점 $A(-1, 3)$, $B(2, 9)$에 대하여 직선 AB와 평행하고 점 $(1, 1)$을 지나는 직선과 x축 및 y축으로 둘러싸인 부분의 넓이를 구하시오.

2
▶ 25446-0289

세 점 $A(4, 2)$, $B(6, 0)$, $C(-2, -2)$에 대하여 선분 AB의 중점을 M, 선분 BC의 중점을 N이라 할 때, 선분 MN의 수직이등분선의 방정식을 구하시오.

3
▶ 25446-0290

직선 $ax+by+2=0$이 직선 $2x-y+1=0$과 일치하고 직선 $x+cy-1=0$과 수직일 때, 세 상수 a, b, c의 값을 각각 구하시오.

4
▶ 25446-0291

직선 $y=-x$ 위의 서로 다른 두 점 P, Q에 대하여 두 점 P, Q와 직선 $3x+4y-1=0$ 사이의 거리가 모두 $\dfrac{4}{5}$일 때, 선분 PQ의 길이를 구하시오.

（단, 점 P의 x좌표는 음수이다.）

1 직선 AB의 기울기가 $\dfrac{9-3}{2-(-1)}=2$이므로 구하는 직선은

점 $(1, 1)$을 지나고 기울기가 2인 직선이다.

이 직선의 방정식은 $y-1=2(x-1)$, 즉 $y=2x-1$이고 x절편

은 $\dfrac{1}{2}$, y절편은 -1이다.

따라서 구하는 넓이는

$\dfrac{1}{2}\times\dfrac{1}{2}\times|-1|=\dfrac{1}{4}$

$$\boxed{\text{답}}\ \dfrac{1}{4}$$

2 두 점 M, N의 좌표는 각각 $(5, 1)$, $(2, -1)$이므로 선분

MN의 중점의 좌표는 $\left(\dfrac{7}{2}, 0\right)$이다.

이때 직선 MN의 기울기는 $\dfrac{-1-1}{2-5}=\dfrac{2}{3}$

따라서 선분 MN의 수직이등분선은 점 $\left(\dfrac{7}{2}, 0\right)$을 지나고 기울기

가 $-\dfrac{3}{2}$인 직선이므로

$y-0=-\dfrac{3}{2}\left(x-\dfrac{7}{2}\right)$, 즉 $y=-\dfrac{3}{2}x+\dfrac{21}{4}$

$$\boxed{\text{답}}\ y=-\dfrac{3}{2}x+\dfrac{21}{4}$$

3 두 직선 $ax+by+2=0$, $2x-y+1=0$이 일치하므로

$\dfrac{a}{2}=\dfrac{b}{-1}=\dfrac{2}{1}$에서 $a=4$, $b=-2$

두 직선 $4x-2y+2=0$, $x+cy-1=0$이 서로 수직이므로

$4\times1+(-2)\times c=0$에서 $c=2$

$$\boxed{\text{답}}\ a=4,\ b=-2,\ c=2$$

4 직선 $y=-x$ 위의 점의 좌표를 $(a, -a)$라 하면 점

$(a, -a)$와 직선 $3x+4y-1=0$ 사이의 거리가 $\dfrac{4}{5}$이므로

$\dfrac{|3\times a+4\times(-a)-1|}{\sqrt{3^2+4^2}}=\dfrac{4}{5}$

$|-a-1|=4$

$a=-5$ 또는 $a=3$

따라서 두 점 P, Q의 좌표는 각각 $(-5, 5)$, $(3, -3)$이므로

$\overline{\text{PQ}}=\sqrt{\{3-(-5)\}^2+(-3-5)^2}=8\sqrt{2}$

$$\boxed{\text{답}}\ 8\sqrt{2}$$

$\mathbf{01}$ 평면좌표와 직선의 방정식

1. 직선의 방정식

(1) 점 $\text{A}(x_1, y_1)$을 지니고 기울기가 m인 직선의
방정식은
$$y-y_1=m(x-x_1)$$

(2) 서로 다른 두 점 $\text{A}(x_1, y_1)$, $\text{B}(x_2, y_2)$를 지나
는 직선의 방정식은

① $x_1\neq x_2$일 때

두 점 A, B를 지나는 직선의 기울기가

$\dfrac{y_2-y_1}{x_2-x_1}$이므로 $y-y_1=\dfrac{y_2-y_1}{x_2-x_1}(x-x_1)$

② $x_1=x_2$일 때
$$x=x_1$$

2. 두 직선의 평행과 수직

위치 관계	$\begin{cases}y=mx+n\\y=m'x+n'\end{cases}$	$\begin{cases}ax+by+c=0\ (abc\neq0)\\a'x+b'y+c'=0\ (a'b'c'\neq0)\end{cases}$
평행	$m=m',\ n\neq n'$	$\dfrac{a}{a'}=\dfrac{b}{b'}\neq\dfrac{c}{c'}$
일치	$m=m',\ n=n'$	$\dfrac{a}{a'}=\dfrac{b}{b'}=\dfrac{c}{c'}$
수직	$mm'=-1$	$aa'+bb'=0$
한 점에서 만난다.	$m\neq m'$	$\dfrac{a}{a'}\neq\dfrac{b}{b'}$

3. 점과 직선 사이의 거리

좌표평면 위의 점 $\text{P}(x_1, y_1)$과 직선 $ax+by+c=0$
사이의 거리 d는
$$d=\dfrac{|ax_1+by_1+c|}{\sqrt{a^2+b^2}}$$

02 원의 방정식

학년   반   번 이름:

1

▶ 25446-0292

원 $x^2+y^2=10$과 직선 $y=x+n$이 서로 다른 두 점에서 만나도록 하는 정수 n의 개수를 구하시오.

3

▶ 25446-0294

원 $x^2+y^2=1$에 접하고 기울기가 1인 두 직선을 l_1, l_2라 하고, 원 $x^2+y^2=1$에 접하고 기울기가 -1인 두 직선을 l_3, l_4라 하자. 네 직선 l_1, l_2, l_3, l_4로 둘러싸인 도형의 넓이를 구하시오.

(단, 두 직선 l_1, l_3의 y절편은 양수이다.)

2

▶ 25446-0293

원 $x^2+y^2-2x-4y-15=0$이 직선 $y=2x+n$과 만나고, 직선 $y=2x+n+1$과 만나지 않도록 하는 정수 n의 값을 구하시오.

4

▶ 25446-0295

원 $x^2+y^2=16$ 밖의 점 $P(2, a)$에서 이 원에 그은 한 접선의 접점을 Q라 하자. $\overline{PQ}=\sqrt{13}$일 때, a의 값을 구하시오. (단, $a>2\sqrt{3}$)

1 이차방정식 $x^2+(x+n)^2=10$, 즉
$2x^2+2nx+n^2-10=0$의 판별식을 D라 하면
$$\frac{D}{4}=n^2-2(n^2-10)=20-n^2>0$$에서
$$-2\sqrt{5}<n<2\sqrt{5}$$
따라서 정수 n의 값은 -4, -3, -2, $\cdots$, 4이고 그 개수는 9이다.

답 9

2 $x^2+y^2-2x-4y-15=0$을 정리하면
$$(x-1)^2+(y-2)^2=20$$
이 원의 중심인 점 $(1, 2)$와 직선 $2x-y+n=0$ 사이의 거리는 반지름의 길이인 $2\sqrt{5}$ 이하이어야 하고, 직선 $2x-y+n+1=0$ 사이의 거리는 $2\sqrt{5}$보다 커야 한다.
$$\frac{|2\times1-2+n|}{\sqrt{2^2+(-1)^2}}=\frac{|n|}{\sqrt{5}}\leq2\sqrt{5}$$에서 $-10\leq n\leq10$ $\quad\cdots\cdots$ ㉠
$$\frac{|2\times1-2+n+1|}{\sqrt{2^2+(-1)^2}}=\frac{|n+1|}{\sqrt{5}}>2\sqrt{5}$$에서
$$n<-11 \text{ 또는 } n>9 \quad\cdots\cdots ㉡$$
㉠, ㉡에서 $9<n\leq10$
따라서 $n=10$

답 10

3 원 $x^2+y^2=1$에 접하고 기울기가 1인 두 직선은
$$y=x\pm\sqrt{2}$$
원 $x^2+y^2=1$에 접하고 기울기가 -1인 두 직선은
$$y=-x\pm\sqrt{2}$$

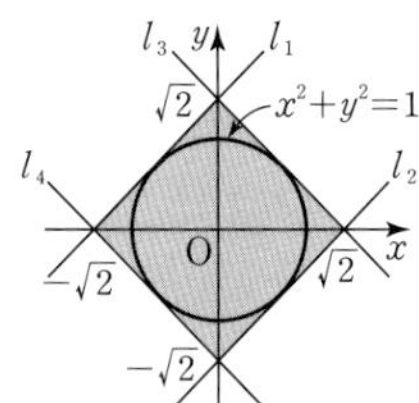

따라서 구하는 넓이는 $\dfrac{1}{2}\times2\sqrt{2}\times2\sqrt{2}=4$

답 4

4 원의 중심 $O(0, 0)$에 대하여
$$\overline{OP}^2=a^2+4$$
원의 반지름의 길이가 4이므로 직각삼각형 OPQ에서
$$\overline{OP}^2=\overline{OQ}^2+\overline{PQ}^2$$이므로
$$a^2+4=4^2+(\sqrt{13})^2$$
$$a^2=25$$
$a>2\sqrt{3}$이므로 $a=5$

답 5

---

02 원의 방정식

1. 원과 직선의 위치 관계

(1) 판별식을 이용한 원 $x^2+y^2=r^2$과 직선 $y=mx+n$의 위치 관계
$y=mx+n$을 $x^2+y^2=r^2$에 대입하여 얻은 이차방정식
$$(m^2+1)x^2+2mnx+n^2-r^2=0$$
의 서로 다른 실근의 개수는 원과 직선이 만나는 점의 개수와 같다.

(2) 원의 중심과 직선 사이의 거리를 이용한 원과 직선의 위치 관계
원의 반지름의 길이를 r, 원의 중심과 직선 사이의 거리를 d라 하면
① $d<r$이면 서로 다른 두 점에서 만난다.
② $d=r$이면 한 점에서만 만난다.(접한다.)
③ $d>r$이면 만나지 않는다.

2. 원의 접선의 방정식

(1) 기울기가 주어진 원의 접선의 방정식
원 $x^2+y^2=r^2$에 접하고 기울기가 m인 접선의 방정식은
$$y=mx\pm r\sqrt{m^2+1}$$

(2) 접점이 주어진 원의 접선의 방정식
원 $x^2+y^2=r^2$ 위의 점 $P(x_1, y_1)$에서의 접선의 방정식은
$$x_1x+y_1y=r^2$$

평가 요소

▶ 과제를 작성하여 제출할 수 있다.

▶ 이차방정식의 판별식을 이용하여 원과 직선의 위치 관계를 파악할 수 있다.

▶ 원의 중심과 직선 사이의 거리를 이용하여 원과 직선의 위치 관계를 파악할 수 있다.

▶ 기울기가 주어진 원의 접선의 방정식을 구할 수 있다.

▶ 원 밖의 한 점에서 원에 그은 접선의 방정식을 구할 수 있다.

03 도형의 이동

1

▶ 25446-0296

점 $(x,\ y)$가 점 $(x-3,\ y+5)$로 옮겨지는 평행이동에 의하여 다음은 어떤 점 또는 어떤 도형으로 옮겨지는지 각각 구하시오.

(1) $(-2,\ 4)$

(2) $2x-3y+5=0$

(3) $(x+1)^2+y^2=4$

2

▶ 25446-0297

점 $(4,\ -1)$을 점 $(-1,\ 4)$로 옮기는 평행이동에 의하여 점 $(3,\ 1)$로 옮겨지는 점의 좌표를 $(a,\ b)$라 할 때, $a+b$의 값을 구하시오.

3

▶ 25446-0298

점 $(x,\ y)$를 점 $(x-a,\ y+3)$으로 옮기는 평행이동에 의하여 직선 $x-2y+3=0$이 직선 $x-2y+12=0$으로 옮겨질 때, 상수 a의 값을 구하시오.

4

▶ 25446-0299

원 $(x+1)^2+(y-2)^2=9$를 x축의 방향으로 a만큼, y축의 방향으로 b만큼 평행이동시킨 원의 방정식이 $x^2+y^2-6y=0$일 때, $a+b$의 값을 구하시오.

(단, $a,\ b$는 상수이다.)

1 (1) 점 (x, y)가 점 $(x-3, y+5)$로 옮겨지는 평행이동에 의하여 점 $(-2, 4)$는 $(-2-3, 4+5)$, 즉 점 $(-5, 9)$로 옮겨진다.

(2) x축의 방향으로 -3만큼, y축의 방향으로 5만큼 평행이동시키면

$2\{x-(-3)\}-3(y-5)+5=0$, 즉 $2x-3y+26=0$

(3) x축의 방향으로 -3만큼, y축의 방향으로 5만큼 평행이동시키면

$\{x-(-3)+1\}^2+(y-5)^2=4$, 즉 $(x+4)^2+(y-5)^2=4$

답 (1) $(-5, 9)$

(2) $2x-3y+26=0$

(3) $(x+4)^2+(y-5)^2=4$

2 점 $(4, -1)$을 점 $(-1, 4)$로 옮기는 평행이동에 의하여 점 (a, b)가 점 $(3, 1)$로 옮겨지므로

$-1-4=3-a$, $4-(-1)=1-b$

따라서 $a=8$, $b=-4$이므로

$a+b=8+(-4)=4$

답 4

3 직선 $x-2y+3=0$을 x축의 방향으로 $-a$만큼, y축의 방향으로 3만큼 평행이동시키면

$\{x-(-a)\}-2(y-3)+3=0$

$x-2y+a+9=0$

따라서 $a+9=12$에서 $a=3$

답 3

4 원 $(x+1)^2+(y-2)^2=9$를 x축의 방향으로 a만큼, y축의 방향으로 b만큼 평행이동시키면

$(x-a+1)^2+(y-b-2)^2=9$

$x^2+y^2-6y=0$에서 $x^2+(y-3)^2=9$

이때 두 원 $(x-a+1)^2+(y-b-2)^2=9$,

$x^2+(y-3)^2=9$가 일치하므로

$-a+1=0$, $b+2=3$

따라서 $a=1$, $b=1$이므로

$a+b=1+1=2$

답 2

03 도형의 이동

1. 점의 평행이동

좌표평면 위의 점 $\mathrm{P}(x, y)$를 x축의 방향으로 a만큼, y축의 방향으로 b만큼 평행이동한 점을 $\mathrm{P}'(x', y')$이라 하면

$$x'=x+a, \quad y'=y+b$$

가 성립한다.

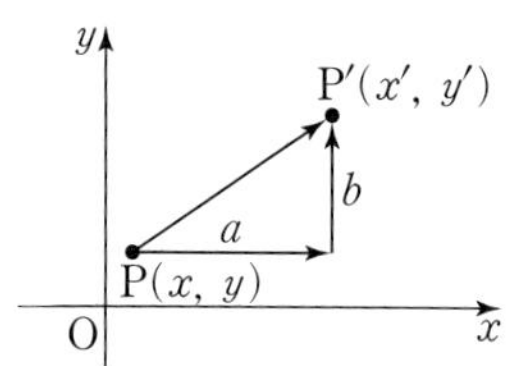

2. 도형의 평행이동

방정식 $f(x, y)=0$이 나타내는 도형을 x축의 방향으로 a만큼, y축의 방향으로 b만큼 평행이동한 도형의 방정식은

$$f(x-a, y-b)=0$$

이다.

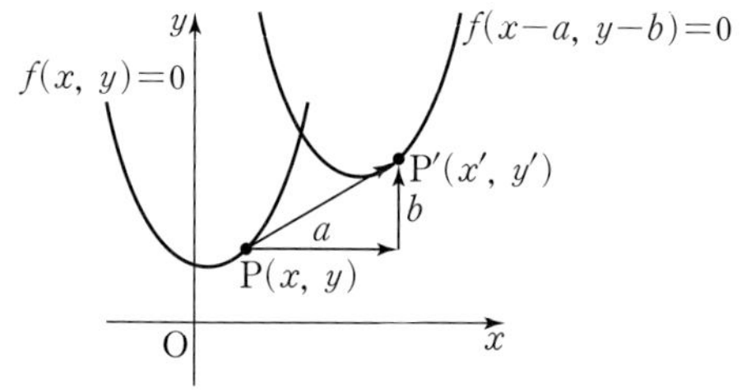

평가 요소
▶ 과제를 작성하여 제출할 수 있다.
▶ 평행이동의 의미를 파악할 수 있다.
▶ 평행이동에 의하여 옮겨진 점의 좌표를 구할 수 있다.
▶ 평행이동에 의하여 옮겨진 도형의 방정식을 구할 수 있다.

| 단원명 | **04 집합** |

1
▶ 25446-0300

전체집합 U의 두 부분집합 A, B에 대하여 $n(U)=20$, $n(A^C \cup B^C)=7$일 때, $n(A \cap B)$의 값을 구하시오.

2
▶ 25446-0301

전체집합 U의 두 부분집합 A, B에 대하여 $n(U)=40$, $n(A \cap B)=12$, $n(A^C \cap B^C)=7$일 때, $n(A)+n(B)$의 값을 구하시오.

3
▶ 25446-0302

어느 학급의 30명의 학생 중 삼국지를 읽은 학생은 20명, 초한지를 읽은 학생은 12명, 삼국지와 초한지를 모두 읽지 않은 학생은 7명이었다. 삼국지와 초한지를 모두 읽은 학생의 수를 구하시오.

4
▶ 25446-0303

세 집합 A, B, C에 대하여 A와 B는 서로소이고, $n(C)=5$, $n(A \cup C)=11$, $n(B \cup C)=10$일 때, $n(A \cup B \cup C)$의 값을 구하시오.

1 $n(A\cap B)=n(U)-n((A\cap B)^C)$
$=n(U)-n(A^C\cup B^C)$
$=20-7=13$

답 13

2 $n(A\cup B)=n(U)-n((A\cup B)^C)$
$=n(U)-n(A^C\cap B^C)$
$=40-7=33$
따라서
$n(A)+n(B)=n(A\cup B)+n(A\cap B)$
$=33+12=45$

답 45

3 30명의 학생 전체의 집합을 U, 삼국지를 읽은 학생의 집합을 A, 초한지를 읽은 학생의 집합을 B라 하면
$n(U)=30,\ n(A)=20,\ n(B)=12,\ n(A^C\cap B^C)=7$
$n(A\cup B)=n(U)-n((A\cup B)^C)$
$=n(U)-n(A^C\cap B^C)$
$=30-7=23$
$n(A\cap B)=n(A)+n(B)-n(A\cup B)$
$=20+12-23=9$
따라서 삼국지와 초한지를 모두 읽은 학생의 수는 9이다.

답 9

4 두 집합 A와 B는 서로소이므로 세 집합 A, B, C를 벤 다이어그램으로 나타내면 그림과 같다.

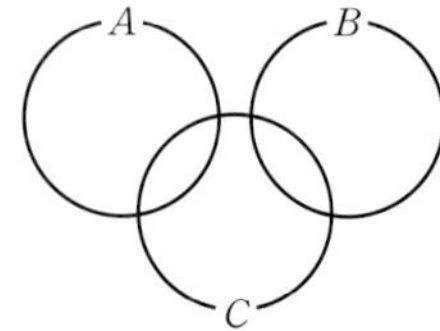

따라서
$n(A\cup B\cup C)=n(A\cup C)+n(B\cup C)-n(C)$
$=11+10-5=16$

답 16

---

04 집합

1. 집합의 원소의 개수
원소가 유한개인 집합 A의 원소의 개수를 기호로 $n(A)$와 같이 나타낸다.

2. 유한집합의 원소의 개수
두 유한집합 A, B에 대하여
① $n(A\cup B)=n(A)+n(B)-n(A\cap B)$
특히, 두 집합 A, B가 서로소이면
$n(A\cap B)=0$이므로
$n(A\cup B)=n(A)+n(B)$
② $n(A^C)=n(U)-n(A)$
③ $n(A-B)=n(A)-n(A\cap B)$
$=n(A\cup B)-n(B)$

참고
세 유한집합 A, B, C에 대하여
$n(A\cup B\cup C)$
$=n(A)+n(B)+n(C)-n(A\cap B)-n(B\cap C)$
$-n(C\cap A)+n(A\cap B\cap C)$

평가 요소

▶ 과제를 작성하여 제출할 수 있다.

▶ 집합의 원소의 개수를 기호를 사용하여 표현할 수 있다.

▶ 교집합과 합집합의 원소의 개수를 식으로 표현할 수 있다.

▶ 여집합의 원소의 개수를 식으로 표현할 수 있다.

단원명　　05 명제

학년　　　반　　　번　이름:

1
▶ 25446-0304

다음 ☐ 안에 '필요', '충분', '필요충분' 중에서 알맞은 것을 써넣으시오.

(1) $x \geq 1$이고 $y \geq 1$인 것은 $x+y \geq 2$이기 위한 ☐조건이다.

(2) $x+y > 0$인 것은 $x > 0$, $y > 0$이기 위한 ☐조건이다.

2
▶ 25446-0305

다음 ☐ 안에 '필요', '충분', '필요충분' 중에서 알맞은 것을 써넣으시오.

(1) $A = B$는 $(A \cap B) \subset (A \cup B)$이기 위한 ☐조건이다.

(2) 대각선의 길이가 같은 사각형은 직사각형이기 위한 ☐조건이다.

3
▶ 25446-0306

$x^2 - 2ax + 8 \neq 0$은 $(x-2)^2 > 0$이기 위한 충분조건일 때, 상수 a의 값을 구하시오.

4
▶ 25446-0307

조건

$$p: -3 < x < 2 \text{ 또는 } x > 4$$

에 대하여 $x > a$는 p이기 위한 필요조건이고, $x > b$는 p이기 위한 충분조건일 때, 실수 a의 최댓값과 실수 b의 최솟값의 합을 구하시오.

1 (1) 두 조건을 각각

p: $x \geq 1$이고 $y \geq 1$, q: $x + y \geq 2$

라 하고, 두 조건 p, q의 진리집합을 각각 P, Q라 하면
$P \subset Q$, $Q \not\subset P$이므로 p는 q이기 위한 충분조건이다.

(2) 두 조건을 각각

p: $x + y > 0$, q: $x > 0$, $y > 0$

이라 하고, 두 조건 p, q의 진리집합을 각각 P, Q라 하면
$P \not\subset Q$, $Q \subset P$이므로 p는 q이기 위한 필요조건이다.

目 (1) 충분 (2) 필요

2 (1) 명제 '$A = B$는 $(A \cap B) \subset (A \cup B)$이다.'는 참이고,
역 '$(A \cap B) \subset (A \cup B)$는 $A = B$이다.'는 거짓이다.
따라서 $A = B$는 $(A \cap B) \subset (A \cup B)$이기 위한 충분조건이다.

(2) 명제 '대각선의 길이가 같은 사각형은 직사각형이다.'는 거짓
이고, 역 '직사각형은 대각선의 길이가 같은 사각형이다.'는
참이다.
따라서 대각선의 길이가 같은 사각형은 직사각형이기 위한 필
요조건이다.

目 (1) 충분 (2) 필요

3 $x^2 - 2ax + 8 \neq 0$은 $(x - 2)^2 > 0$이기 위한 충분조건이므로
명제 '$x^2 - 2ax + 8 \neq 0$이면 $(x - 2)^2 > 0$이다.'는 참이다.
즉, 대우 '$(x - 2)^2 \leq 0$이면 $x^2 - 2ax + 8 = 0$이다.'도 참이다.
이때 $(x - 2)^2 \leq 0$에서 $x = 2$이므로
$4 - 4a + 8 = 0$
따라서 $a = 3$

目 3

4 $x > a$는 $-3 < x < 2$ 또는 $x > 4$이기 위한 필요조건이므로
$\{x | x > a\} \supset \{x | -3 < x < 2$ 또는 $x > 4\}$
즉, $a \leq -3$
$x > b$는 $-3 < x < 2$ 또는 $x > 4$이기 위한 충분조건이므로
$\{x | x > b\} \subset \{x | -3 < x < 2$ 또는 $x > 4\}$
즉, $b \geq 4$
따라서 실수 a의 최댓값은 -3이고, 실수 b의 최솟값은 4이므로
그 합은
$-3 + 4 = 1$

目 1

05 명제

1. 충분조건과 필요조건

(1) 명제 $p \longrightarrow q$가 참인 것을 기호로 $p \Longrightarrow q$와 같
이 나타내고, p는 q이기 위한 충분조건, q는 p
이기 위한 필요조건이라고 한다.

(2) 명제 $p \longrightarrow q$에 대하여 $p \Longrightarrow q$이고 $q \Longrightarrow p$일
때, 이것을 기호로 $p \Longleftrightarrow q$와 같이 나타내고, p
는 q이기 위한 필요충분조건이라고 한다.

(3) 두 조건 p, q의 진리집합을 각각 P, Q라 할 때
 ① $P \subset Q$이면 p는 q이기 위한 충분조건, q는 p
 이기 위한 필요조건이다.
 ② $P = Q$이면 p는 q이기 위한 필요충분조건이
 다.

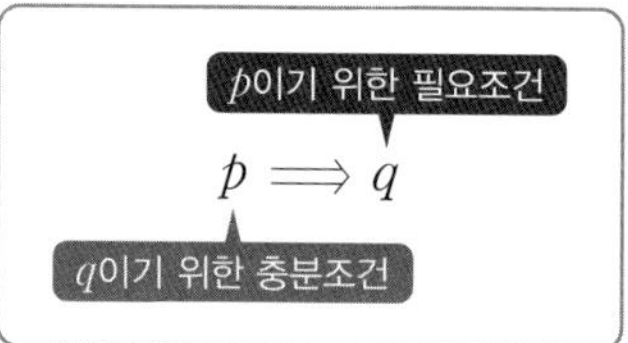

평가 요소

▶ 과제를 작성하여 제출할 수 있다.

▶ 명제가 참임을 기호로 나타낼 수 있다.

▶ 명제의 참, 거짓을 이용하여 충분조건, 필요조건, 필요충분조
건으로 나타낼 수 있다.

▶ 진리집합을 이용하여 충분조건, 필요조건, 필요충분조건으로
나타낼 수 있다.

| 단원명 | **06 함수** | |

학년　　　　반　　　　번　이름:

1

▶ 25446-0308

집합 $A=\{1,\ 2,\ 3,\ 4\}$에 대하여 A에서 A로의 두 함수 f, g가 그림과 같을 때, $(g \circ f)(1)+(g^{-1} \circ f)(2)$의 값을 구하시오.

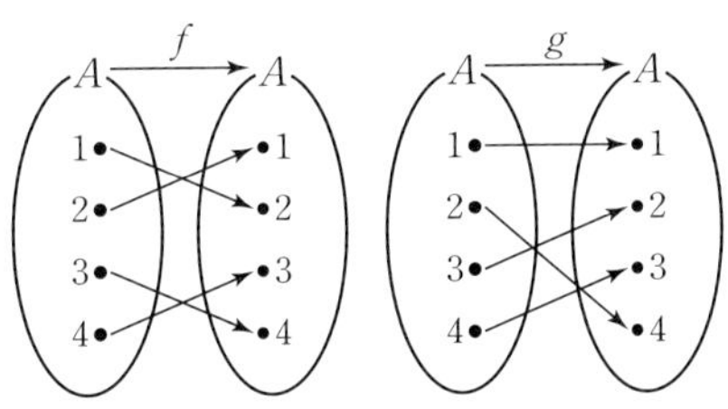

2

▶ 25446-0309

세 함수 f, g, h에 대하여 두 함수 f와 $h \circ g$가
$$f(x)=2x-1,\ (h \circ g)(x)=2x+5$$
일 때, $((f \circ h) \circ g)(1)$의 값을 구하시오.

3

▶ 25446-0310

두 함수 $f(x)=-2x+3$, $g(x)=x+1$에 대하여 $((g \circ f)^{-1} \circ g)(4)$의 값을 구하시오.

4

▶ 25446-0311

실수 전체의 집합에서 정의된 함수 $f(x)$의 역함수가 존재하고, 모든 실수 x에 대하여 $f\left(\dfrac{1}{3}x-1\right)=2x+1$일 때, 함수 f의 역함수를 구하시오.

1 $\quad (g \circ f)(1) = g(f(1))$
$$= g(2) = 4$$
$(g^{-1} \circ f)(2) = g^{-1}(f(2))$
$$= g^{-1}(1) = 1$$
따라서
$(g \circ f)(1) + (g^{-1} \circ f)(2) = 4 + 1 = 5$

目 5

2 $\quad ((f \circ h) \circ g)(1) = (f \circ (h \circ g))(1)$
$$= f((h \circ g)(1))$$
$$= f(7) = 13$$

目 13

3 $\quad ((g \circ f)^{-1} \circ g)(4) = (f^{-1} \circ g^{-1} \circ g)(4)$
$$= f^{-1}(4)$$
$f^{-1}(4) = a$ (a는 상수)라 하면 $f(a) = 4$
$-2a + 3 = 4,\ a = -\dfrac{1}{2}$

따라서 $((g \circ f)^{-1} \circ g)(4) = -\dfrac{1}{2}$

目 $-\dfrac{1}{2}$

4 $\quad \dfrac{1}{3}x - 1 = t$라 하면 $x = 3t + 3$이므로

$f\left(\dfrac{1}{3}x - 1\right) = 2x + 1$에서

$f(t) = 2(3t + 3) + 1 = 6t + 7$

즉, $f(x) = 6x + 7$

$y = 6x + 7$에서 $x = \dfrac{1}{6}y - \dfrac{7}{6}$이므로

x와 y를 서로 바꾸면 $y = \dfrac{1}{6}x - \dfrac{7}{6}$

따라서 함수 f의 역함수는

$f^{-1}(x) = \dfrac{1}{6}x - \dfrac{7}{6}$

目 $f^{-1}(x) = \dfrac{1}{6}x - \dfrac{7}{6}$

---

06 함수

1. 합성함수의 성질

합성이 가능한 세 함수 f, g, h에 대하여

(1) $g \circ f \neq f \circ g$

(2) $(h \circ g) \circ f = h \circ (g \circ f)$

2. 역함수의 성질

(1) $(f^{-1} \circ f)(x) = x$

(2) $(f \circ f^{-1})(y) = y$

(3) $(f^{-1})^{-1} = f$

(4) $(f \circ g)^{-1} = g^{-1} \circ f^{-1}$

평가 요소

▶ 과제를 작성하여 제출할 수 있다.

▶ 합성함수와 역함수의 정의를 이해하고 함숫값을 구할 수 있다.

▶ 합성함수와 역함수의 성질을 이해하고 함숫값을 구할 수 있다.

▶ 합성함수와 역함수의 성질을 이해하고 역함수를 구할 수 있다.

| 단원명 | **07 유리함수와 무리함수** |

학년　　　　반　　　　번　이름:

1
▶ 25446-0312

함수 $y=\dfrac{3x+4}{2x+6}$ 의 그래프의 점근선의 방정식을 모두 구하시오.

3
▶ 25446-0314

함수 $y=a\sqrt{x+1}+3\,(a\neq0)$ 의 그래프를 x축의 방향으로 m만큼, y축의 방향으로 n만큼 평행이동하였더니 함수 $y=\sqrt{4x-16}$ 의 그래프와 일치하였다. $a+m+n$의 값을 구하시오. (단, a, m, n은 상수이다.)

2
▶ 25446-0313

함수 $y=\dfrac{2x-7}{3-x}$ 의 그래프가 지나지 않는 사분면을 구하시오.

4
▶ 25446-0315

유리함수 $y=\dfrac{ax+b}{x+c}$ 의 그래프가 그림과 같을 때, 무리함수 $y=\sqrt{cx+b}+a$ 의 그래프를 좌표평면에 그리시오.

(단, $ac\neq b$)

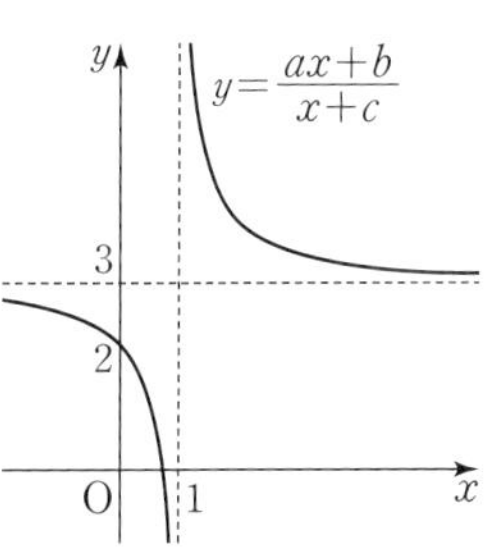

1 $y=\dfrac{3x+4}{2x+6}=\dfrac{3(x+3)-5}{2(x+3)}=-\dfrac{\frac{5}{2}}{x+3}+\dfrac{3}{2}$

이므로 함수 $y=\dfrac{3x+4}{2x+6}$ 의 그래프의 점근선의 방정식은 두 직선 $x=-3$, $y=\dfrac{3}{2}$ 이다.

🖹 $x=-3$, $y=\dfrac{3}{2}$

2 $y=\dfrac{2x-7}{3-x}=\dfrac{-2(3-x)-1}{3-x}=\dfrac{1}{x-3}-2$

이때 함수 $y=\dfrac{2x-7}{3-x}$ 의 그래프의 점근선의 방정식은 $x=3$, $y=-2$ 이고 그래프는 그림과 같다.

따라서 그래프가 지나지 않는 사분면은 제2사분면이다.

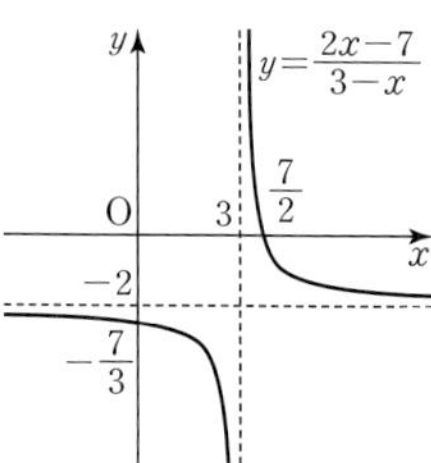

🖹 제2사분면

3 함수 $y=a\sqrt{x+1}+3\,(a\neq0)$ 의 그래프를 x축의 방향으로 m만큼, y축의 방향으로 n만큼 평행이동한 그래프를 나타내는 함수는

$y=a\sqrt{x-m+1}+3+n$

이 함수가 $y=\sqrt{4x-16}=2\sqrt{x-4}$ 와 일치하므로

$a=2$, $-m+1=-4$, $3+n=0$

에서

$a=2$, $m=5$, $n=-3$

따라서 $a+m+n=2+5-3=4$

🖹 4

4 유리함수 $y=\dfrac{ax+b}{x+c}$ 의 그래프의 점근선의 방정식이

$x=1$, $y=3$ 이므로

$y=\dfrac{k}{x-1}+3\,(k\neq0)$

이 그래프가 점 $(0,\,2)$ 를 지나므로

$-k+3=2$, $k=1$

$y=\dfrac{1}{x-1}+3=\dfrac{3x-2}{x-1}$

에서 $a=3$, $b=-2$, $c=-1$

무리함수 $y=\sqrt{cx+b}+a$ 에서

$y=\sqrt{-x-2}+3=\sqrt{-(x+2)}+3$

따라서 함수 $y=\sqrt{-x-2}+3$ 의 그래프는 함수 $y=\sqrt{-x}$ 의 그래프를 x축의 방향으로 -2만큼, y축의 방향으로 3만큼 평행이동시킨 것이므로 그림과 같다.

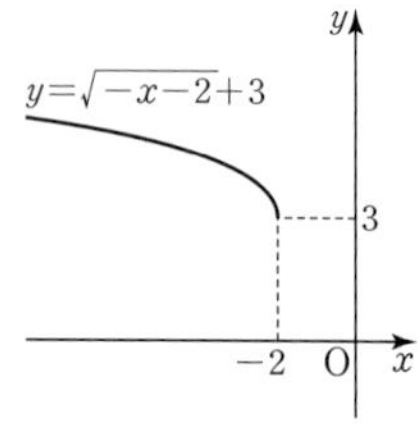

🖹 풀이 참조

---

07 유리함수와 무리함수

1. 유리함수 $y=\dfrac{k}{x-p}+q\,(k\neq0)$ 의 그래프

(1) 유리함수 $y=\dfrac{k}{x}$ 의 그래프를 x축의 방향으로 p 만큼, y축의 방향으로 q만큼 평행이동한 것이다.

(2) 정의역은 $\{x\,|\,x\neq p$ 인 실수$\}$, 치역은 $\{y\,|\,y\neq q$ 인 실수$\}$ 이다.

(3) 점근선의 방정식은 $x=p$, $y=q$ 이다.

2. 무리함수 $y=\sqrt{a(x-p)}+q\,(a\neq0)$ 의 그래프

(1) 함수 $y=\sqrt{ax}$ 의 그래프를 x축의 방향으로 p만큼, y축의 방향으로 q만큼 평행이동한 것이다.

(2) $a>0$일 때, 정의역은 $\{x\,|\,x\geq p\}$, 치역은 $\{y\,|\,y\geq q\}$ 이다.

$a<0$일 때, 정의역은 $\{x\,|\,x\leq p\}$, 치역은 $\{y\,|\,y\geq q\}$ 이다.

평가 요소

▶ 과제를 작성하여 제출할 수 있다.

▶ 유리함수의 그래프의 점근선의 방정식을 구할 수 있다.

▶ 유리함수의 그래프를 그리고, 그 성질을 이해할 수 있다.

▶ 무리함수의 그래프를 그리고, 그 성질을 이해할 수 있다.

MEMO

MEMO

내신도 수능도
기본서는 역시, EBS

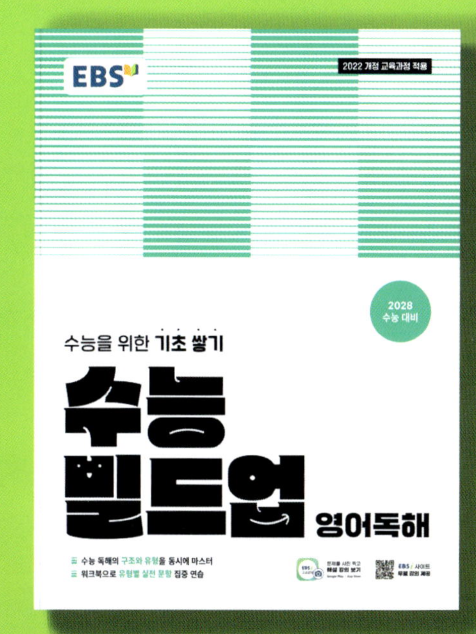

올림포스

선생님 선택 1위!
수행평가까지 한 권으로

내신 ━━━━━ 수능

공통국어1, 공통국어2, 문학1 현대문학,
문학2 고전문학, 영어독해 기본1, 영어독해 기본2,
영어독해 9대 변별 유형, 공통수학1,
공통수학2, 대수, 미적분Ⅰ, 확률과 통계

수능 빌드업

메인북과 워크북으로
탄탄한 수능 기초 쌓기

내신 ━━━━━ 수능

독서,
대수, 미적분Ⅰ, 확률과 통계,
영어독해

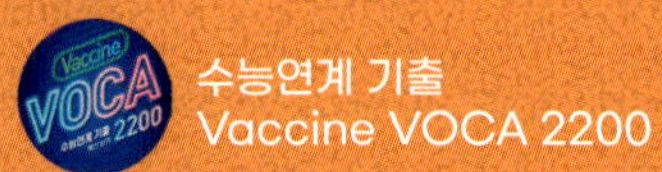

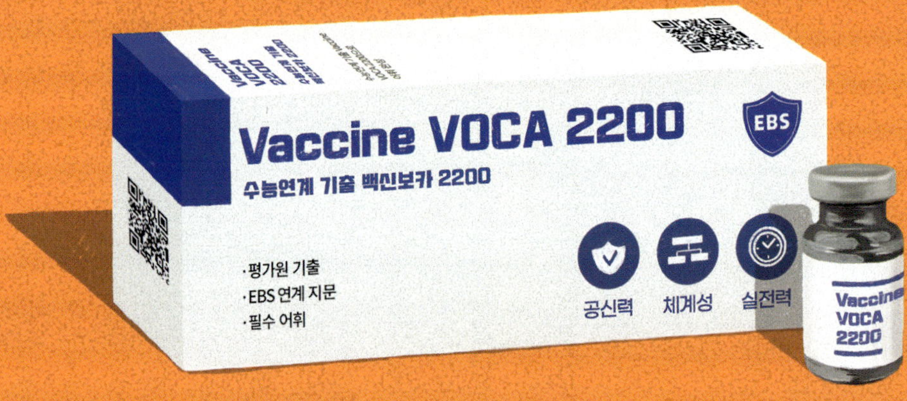

○ **수능 영단어장의 끝판왕!**
10개년 수능 빈출 어휘 + 7개년 연계교재 핵심 어휘

○ **수능 적중 어휘 자동암기 3종 세트 제공**
휴대용 포켓 단어장 / 표제어 & 예문 MP3 파일 / 수능형 어휘 문항 실전 테스트

2022 개정 교육과정 적용

올림포스
내신과 수능을 모두 잡는 EBS 대표 기본서

'한눈에 보는 정답'
&정답과 풀이 바로가기
정답과 풀이
공통수학2

정답과 풀이

Ⅰ. 도형의 방정식

01 평면좌표와 직선의 방정식

기본 유형 익히기 [유제]

1 ① **2** ⑤ **3** ② **4** ① **5** 2

6 ④

유형 확인

01 ⑤ **02** ④ **03** 2 **04** 5 **05** ④

06 3 **07** 2 **08** ② **09** ② **10** ④

11 ⑤ **12** ① **13** ①

서술형 연습장

01 100π **02** 풀이 참조

03 $y=\dfrac{1}{7}x+1,\ y=-7x+1$

내신 + 수능 고난도 문항

01 14 **02** ⑤ **03** ⑤

02 원의 방정식

기본 유형 익히기 [유제]

1 7 **2** 5 **3** 4 **4** 6

유형 확인

01 ⑤ **02** ③ **03** ⑤ **04** ② **05** ③

06 ④ **07** ⑤ **08** 3 **09** ④ **10** ⑤

11 ② **12** ①

서술형 연습장

01 $20\sqrt{2}$ **02** $(x+1)^2+y^2=\dfrac{8}{5}$ **03** 4

내신 + 수능 고난도 문항

01 ④ **02** ⑤ **03** ②

03 도형의 이동

기본 유형 익히기 [유제]

1 4 **2** 2 **3** $\dfrac{1}{5}$ **4** 5

유형 확인

01 ③ **02** ② **03** ④ **04** 16 **05** ②

06 ① **07** ② **08** ④ **09** 20 **10** ③

11 2 **12** ⑤

서술형 연습장

01 최댓값: 2, 최솟값: $\dfrac{1}{2}$ **02** $5\sqrt{2}$ **03** 8

내신 + 수능 고난도 문항

01 ④ **02** ② **03** ③

대단원 종합문제

01 ② **02** ② **03** ② **04** 2 **05** ②

06 ④ **07** ④ **08** 6 **09** ③ **10** ⑤

11 3 **12** 제4사분면 **13** ④ **14** ①

15 $3+\sqrt{2}$ **16** ③ **17** ③ **18** 6 **19** ②

20 ③ **21** ② **22** 6 **23** ② **24** $\dfrac{13}{12}$

25 최댓값: 9, 최솟값: 1

Ⅱ. 집합과 명제

04 집합

기본 유형 익히기 [유제]

1 13 **2** 4 **3** 18 **4** 8 **5** 13

6 32 **7** 14 **8** 5

유형 확인

01 ② **02** ④ **03** 11 **04** ⑤ **05** ④

06 ③ **07** -2 **08** ③ **09** ② **10** ④

11 16 **12** 2 **13** ④ **14** ② **15** ③

16 8 **17** ④ **18** ④ **19** 15 **20** ③

21 10 **22** ①

서술형 연습장

01 9 **02** 12 **03** 48

내신 + 수능 고난도 문항

01 22 **02** ② **03** 34

05 명제

기본 유형 익히기 [유제]

1 9 **2** 풀이 참조 **3** -2 **4** 풀이 참조

5 2 **6** -3 **7** 풀이 참조 **8** 4

유형 확인

01 ④   **02** 7   **03** ②   **04** ④   **05** ③

06 3   **07** 7   **08** ④   **09** ⑤   **10** 16

11 ②   **12** ①   **13** ④   **14** ②

15 (1) 충분 (2) 필요   **16** ⑤   **17** 16   **18** ⑤

19 ④   **20** ③

서술형 연습장

01 $\{1, 3\}$, $\{3, 5\}$, $\{1, 3, 5\}$ **02** 9   **03** 풀이 참조

내신 + 수능 고난도 문항

01 ②   **02** 296   **03** ⑤

대단원 종합문제

01 ①   **02** 4   **03** ④   **04** ①   **05** ③

06 ④   **07** 7   **08** ④   **09** ④   **10** ⑤

11 ③   **12** 13   **13** ⑤   **14** 5   **15** ②

16 ⑤   **17** 29   **18** ④   **19** ⑤   **20** ③

21 ④   **22** ⑤   **23** 25   **24** 12

Ⅲ. 함수와 그래프

06 함수

기본 유형 익히기 [유제]

1 5   **2** 11   **3** 풀이 참조   **4** $\dfrac{33}{16}$

5 -7 **6** 3   **7** 4   **8** $-\dfrac{3}{2}$

유형 확인

01 ⑤   **02** ④   **03** ③   **04** ②   **05** 7

06 ㄱ, ㄹ   **07** ②   **08** ④   **09** 28   **10** 8

11 ⑤   **12** ③   **13** ②   **14** ③   **15** ③

16 $-\dfrac{5}{16}$ **17** ②   **18** ②

서술형 연습장

01 3   **02** $h(x)=\dfrac{3}{2}x+\dfrac{11}{2}$ **03** -10

내신 + 수능 고난도 문항

01 ②   **02** 25   **03** $\dfrac{45}{8}$

07 유리함수와 무리함수

기본 유형 익히기 [유제]

1 $\dfrac{2x-1}{(x-1)(x-3)}$ **2** $\dfrac{2}{5}$ **3** 27   **4** -2

5 $\dfrac{4}{x-4}$ **6** 4   **7** 15   **8** $\dfrac{4}{3}$

유형 확인

01 $\dfrac{4x^2}{1-x^4}$ **02** ②   **03** ④   **04** ③   **05** ⑤

06 $\dfrac{7}{4}$ **07** ⑤   **08** ④

09 $-4-2\sqrt{3} < m < -4+2\sqrt{3}$ **10** ②   **11** $\dfrac{1}{3}$

12 ②   **13** ③   **14** ①   **15** $2+\dfrac{4}{x}$ **16** ③

17 제2, 3, 4사분면   **18** ③   **19** ⑤

20 $-\dfrac{8}{3}$ **21** 19   **22** ⑤   **23** ④   **24** ①

서술형 연습장

01 6   **02** $2+2\sqrt{2}$ **03** 12

내신 + 수능 고난도 문항

01 ④   **02** ⑤   **03** -4

대단원 종합문제

01 ②   **02** 280   **03** ③   **04** ⑤   **05** 9

06 2   **07** $\dfrac{2x^2-x+2}{x^3-1}$ **08** ②   **09** ③

10 2   **11** ②   **12** $\sqrt{7}$ **13** ②

14 $\dfrac{1}{2} < a < 4$ **15** 4   **16** ①   **17** ③

18 $a > 2$ **19** ③   **20** ②   **21** ②   **22** 3

23 $\dfrac{20}{3}$ **24** ④   **25** ②   **26** ④   **27** 4

28 $(-1, 1)$, $\left(\dfrac{1}{4}, 6\right)$ **29** 4

01 평면좌표와 직선의 방정식

기본 유형 익히기 유제

본문 9~11쪽

1 ①	**2** ⑤	**3** ②	**4** ①	**5** 2
6 ④				

1 점 P가 y축 위의 점이므로 점 P의 x좌표는 0이다.
점 P의 y좌표를 a라 하면 세 점 A$(-2, -2)$, B$(1, 3)$,
P$(0, a)$에 대하여 두 점 A, P 사이의 거리와 두 점 B, P 사이
의 거리가 같으므로
$\overline{\text{AP}}=\overline{\text{BP}}$에서 $\overline{\text{AP}}^2=\overline{\text{BP}}^2$
$\{0-(-2)\}^2+\{a-(-2)\}^2=(0-1)^2+(a-3)^2$
$a^2+4a+8=a^2-6a+10$
$10a=2$, $a=\dfrac{1}{5}$

따라서 점 P의 y좌표는 $\dfrac{1}{5}$이다.

답 ①

2

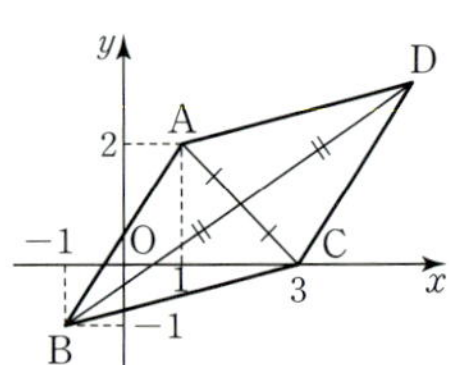

사각형 ABCD가 평행사변형이므로 두 대각선 AC, BD의 중점
이 일치한다.
선분 AC의 중점은 $\left(\dfrac{1+3}{2}, \dfrac{2+0}{2}\right)$, 즉 $(2, 1)$이고
선분 BD의 중점은 $\left(\dfrac{a-1}{2}, \dfrac{b-1}{2}\right)$이므로
$\dfrac{a-1}{2}=2$, $\dfrac{b-1}{2}=1$
$a=5$, $b=3$
따라서 $ab=5\times 3=15$

답 ⑤

3 선분 BC의 중점을 M이라 하면 M$(-2, 5)$
삼각형 ABC의 무게중심은 두 점 A$(1, 2)$, M$(-2, 5)$를 이은
선분 AM을 $2 : 1$로 내분하는 점이므로 그 좌표는
$\left(\dfrac{2\times(-2)+1\times 1}{2+1}, \dfrac{2\times 5+1\times 2}{2+1}\right)$, 즉 $(-1, 4)$

따라서 삼각형 ABC의 무게중심의 좌표는 $(-1, 4)$이다.

답 ②

다른 풀이

두 점 B, C의 좌표를 각각 (x_1, y_1), (x_2, y_2)라 하자.
선분 BC의 중점의 좌표가 $(-2, 5)$이므로
$\dfrac{x_1+x_2}{2}=-2$, $\dfrac{y_1+y_2}{2}=5$
$x_1+x_2=-4$, $y_1+y_2=10$
점 A$(1, 2)$에 대하여 삼각형 ABC의 무게중심의 x좌표와 y좌
표는 각각
$\dfrac{1+x_1+x_2}{3}=\dfrac{1+(-4)}{3}=-1$,
$\dfrac{2+y_1+y_2}{3}=\dfrac{2+10}{3}=4$
이므로 무게중심의 좌표는 $(-1, 4)$이다.

4 두 점 A$(2, -1)$, B$(1, 3)$을 지나는 직선의 기울기는
$\dfrac{3-(-1)}{1-2}=-4$이므로 직선의 방정식은
$y-(-1)=-4(x-2)$
즉, $y=-4x+7$
이 직선이 점 (a, a^2+11)을 지나므로
$a^2+11=-4a+7$
$a^2+4a+4=0$
$(a+2)^2=0$
따라서 $a=-2$

답 ①

5 두 점 A$(-1, 3)$, B$(5, 1)$을 지나는 직선의 기울기는
$\dfrac{1-3}{5-(-1)}=-\dfrac{1}{3}$
이므로 직선 AB와 수직인 직선의 기울기를 m이라 하면
$-\dfrac{1}{3}\times m=-1$에서 $m=3$
두 점 A$(-1, 3)$, B$(5, 1)$의 중점의 좌표는
$\left(\dfrac{-1+5}{2}, \dfrac{3+1}{2}\right)$, 즉 $(2, 2)$이므로
직선 AB의 수직이등분선의 방정식은
$y-2=3(x-2)$, $3x-y-4=0$
따라서 $a=3$, $b=-1$이므로
$a+b=3+(-1)=2$

답 2

6 두 직선 $\sqrt{5}x+y-1=0$, $\sqrt{5}x+y+5=0$에서

$$\frac{\sqrt{5}}{\sqrt{5}}=\frac{1}{1}\neq\frac{-1}{5}$$

이므로 주어진 두 직선은 서로 평행하다.

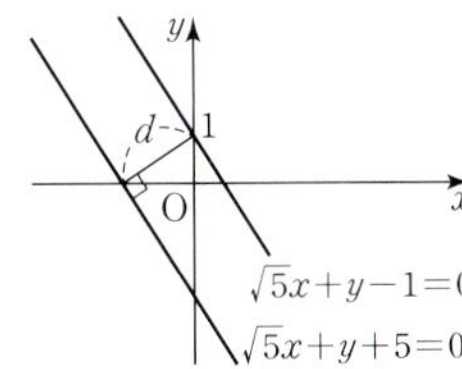

따라서 두 직선 $\sqrt{5}x+y-1=0$, $\sqrt{5}x+y+5=0$ 사이의 거리는 직선 $\sqrt{5}x+y-1=0$ 위의 한 점 $(0,\ 1)$과 직선 $\sqrt{5}x+y+5=0$ 사이의 거리와 같으므로 구하는 거리를 d라 하면

$$d=\frac{|\sqrt{5}\times0+1\times1+5|}{\sqrt{(\sqrt{5})^2+1^2}}=\frac{6}{\sqrt{6}}=\sqrt{6}$$

답 ④

유형 확인

본문 12~13쪽

01 ⑤	**02** ④	**03** 2	**04** 5	**05** ④
06 3	**07** 2	**08** ②	**09** ②	**10** ④
11 ⑤	**12** ①	**13** ①		

01 점 P의 좌표를 $(a,\ b)$라 하자.

두 점 $A(1,\ -2)$, $B(3,\ 4)$에 대하여 $\overline{AP}=\overline{BP}$이므로

$\overline{AP}^2=\overline{BP}^2$

$(a-1)^2+\{b-(-2)\}^2=(a-3)^2+(b-4)^2$

$a^2+b^2-2a+4b+5=a^2+b^2-6a-8b+25$

$4a+12b=20$

$a+3b=5$ $\qquad$ …… ㉠

점 $P(a,\ b)$가 직선 $x+y=3$ 위의 점이므로

$a+b=3$ $\qquad$ …… ㉡

㉠, ㉡을 연립하여 풀면 $a=2$, $b=1$

따라서 $\overline{OP}=\sqrt{a^2+b^2}=\sqrt{2^2+1^2}=\sqrt{5}$

답 ⑤

다른 풀이

선분의 내분점과 직선의 방정식을 이용하여 풀 수도 있다.

점 $P(a,\ b)$가 두 점 $A(1,\ -2)$, $B(3,\ 4)$에서 같은 거리에 있으므로 점 P는 선분 AB의 수직이등분선 위의 점이다.

선분 AB의 중점의 좌표는 $\left(\dfrac{1+3}{2},\ \dfrac{-2+4}{2}\right)$, 즉 $(2,\ 1)$

두 점 A, B를 지나는 직선의 기울기는 $\dfrac{4-(-2)}{3-1}=3$이므로

선분 AB의 수직이등분선의 기울기는 $-\dfrac{1}{3}$이고 수직이등분선의 방정식은

$$y-1=-\frac{1}{3}(x-2),\ \text{즉}\ y=-\frac{1}{3}x+\frac{5}{3}$$

점 $P(a,\ b)$가 직선 $y=-\dfrac{1}{3}x+\dfrac{5}{3}$ 위의 점이므로

$b=-\dfrac{1}{3}a+\dfrac{5}{3}$ $\qquad$ …… ㉠

또한 점 P가 직선 $x+y=3$ 위의 점이므로

$a+b=3$ $\qquad$ …… ㉡

㉠을 ㉡에 대입하면 풀면

$a=2$, $b=1$

따라서 $\overline{OP}=\sqrt{2^2+1^2}=\sqrt{5}$

02 직선 $y=2x$ 위의 점 P의 좌표를 $(a,\ 2a)$라 하면 $A(-1,\ 4)$, $B(2,\ -2)$이므로

$\overline{PA}^2+\overline{PB}^2$

$=\{(-1-a)^2+(4-2a)^2\}+\{(2-a)^2+(-2-2a)^2\}$

$=10a^2-10a+25$

$=10\left(a-\dfrac{1}{2}\right)^2+\dfrac{45}{2}$

이때 $\left(a-\dfrac{1}{2}\right)^2\geq0$이므로 $\overline{PA}^2+\overline{PB}^2$은

$a=\dfrac{1}{2}$일 때 최솟값 $\dfrac{45}{2}$를 갖는다.

답 ④

03 점 $P(a,\ b)$가 세 점 $A(-2,\ 1)$, $B(1,\ 2)$, $C(1,\ 4)$를 꼭짓점으로 하는 삼각형 ABC의 외심이므로

$\overline{AP}=\overline{BP}=\overline{CP}$

$\overline{AP}=\overline{BP}$에서 $\overline{AP}^2=\overline{BP}^2$이므로

$\{a-(-2)\}^2+(b-1)^2=(a-1)^2+(b-2)^2$

$a^2+b^2+4a-2b+5=a^2+b^2-2a-4b+5$

$a=-\dfrac{1}{3}b$ $\qquad$ …… ㉠

$\overline{BP}=\overline{CP}$에서 $\overline{BP}^2=\overline{CP}^2$이므로

$(a-1)^2+(b-2)^2=(a-1)^2+(b-4)^2$

$(b-2)^2=(b-4)^2$

$b^2-4b+4=b^2-8b+16$

$b=3$

$b=3$을 ㉠에 대입하면

$a=-\dfrac{1}{3}b=-\dfrac{1}{3}\times3=-1$

따라서 $a+b=-1+3=2$

답 2

04 두 점 $A(-3, 8)$, $B(2, -2)$에 대하여 선분 AB를 $m : n$으로 내분하는 점 P의 좌표는

$$\left(\frac{2m-3n}{m+n}, \ \frac{-2m+8n}{m+n} \right)$$

이때 x축 위의 점 P는 y좌표가 0이므로

$$\frac{-2m+8n}{m+n}=0$$

$$-2m+8n=0$$

$$m=4n$$

즉, $m : n=4n : n=4 : 1$

이때 m, n은 서로소인 두 자연수이므로 $m=4$, $n=1$

따라서 $m+n=4+1=5$

답 5

05 세 점 $A(-1, -1)$, $B(-1, -2)$, $C(2, 3)$에서

$$\overline{AB}=\sqrt{\{-1-(-1)\}^2+\{-2-(-1)\}^2}=1$$

$$\overline{AC}=\sqrt{\{2-(-1)\}^2+\{3-(-1)\}^2}=5$$

이때 $\angle A$의 이등분선이 변 BC와 만나는 점 D에 대하여

$$\overline{BD} : \overline{DC}=\overline{AB} : \overline{AC}=1 : 5$$

선분 BC를 $1 : 5$로 내분하는 점이 $D(a, b)$이므로

$$a=\frac{1\times2+5\times(-1)}{1+5}=-\frac{1}{2}$$

$$b=\frac{1\times3+5\times(-2)}{1+5}=-\frac{7}{6}$$

따라서

$$a-b=-\frac{1}{2}-\left(-\frac{7}{6}\right)=\frac{2}{3}$$

답 ④

삼각형 ABC에서 $\angle A$의 이등분선이 변 BC와 만나는 점을 D라 하면

$$\overline{AB} : \overline{AC}=\overline{BD} : \overline{DC}$$

가 성립한다.

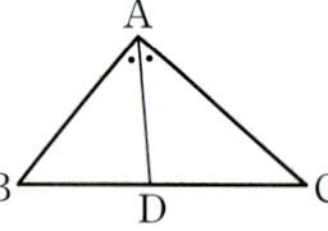

06 서로 다른 두 점 A, B가 직선 $y=x+1$ 위의 점이므로 $A(a, a+1)$, $B(b, b+1)$ $(a\neq b)$ 이라 하자.

세 점 A, B, $C(2, 6)$을 꼭짓점으로 하는 삼각형 ABC의 무게중심 G의 x좌표가 1이므로

$$\frac{a+b+2}{3}=1, \ a+b=1$$

따라서 점 G의 y좌표는

$$\frac{(a+1)+(b+1)+6}{3}=\frac{(a+b)+8}{3}=\frac{1+8}{3}=3$$

답 3

07 삼각형 ABC의 세 변 AB, BC, CA를 $m : n$ $(m>0, n>0)$으로 내분하는 점을 각각 P, Q, R이라 할 때, 삼각형 PQR의 무게중심은 삼각형 ABC의 무게중심과 일치한다.

따라서 점 G는 세 점 $A(-1, 0)$, $B(3, -2)$, $C(1, 5)$의 무게중심이므로

$$G\left(\frac{-1+3+1}{3}, \ \frac{0+(-2)+5}{3} \right), \ 즉 \ G(1, 1)$$

이고

$$\overline{OG}^2=1^2+1^2=2$$

답 2

세 점 $A(-1, 0)$, $B(3, -2)$, $C(1, 5)$에 대하여 세 변 AB, BC, CA를 $2 : 1$로 내분하는 점을 구하면

$$P\left(\frac{2\times3+1\times(-1)}{2+1}, \ \frac{2\times(-2)+1\times0}{2+1} \right), \ 즉 \ P\left(\frac{5}{3}, -\frac{4}{3} \right)$$

$$Q\left(\frac{2\times1+1\times3}{2+1}, \ \frac{2\times5+1\times(-2)}{2+1} \right), \ 즉 \ Q\left(\frac{5}{3}, \frac{8}{3} \right)$$

$$R\left(\frac{2\times(-1)+1\times1}{2+1}, \ \frac{2\times0+1\times5}{2+1} \right), \ 즉 \ R\left(-\frac{1}{3}, \frac{5}{3} \right)$$

따라서 삼각형 PQR의 무게중심 G는

$$G\left(\frac{\frac{5}{3}+\frac{5}{3}+\left(-\frac{1}{3}\right)}{3}, \ \frac{-\frac{4}{3}+\frac{8}{3}+\frac{5}{3}}{3} \right), \ 즉 \ G(1, 1)$$

따라서

$$\overline{OG}^2=1^2+1^2=2$$

08 $a^2-2=0$에서

$a^2=2$, 즉 $a=\pm\sqrt{2}$이면

직선 $ax+(a^2-2)y+a^3=0$은

$ax+a^3=0$, $x=-a^2$, 즉 $x=-2$

이 직선은 y축과 평행한 직선이므로 x축과 이루는 각의 크기는 $90°$이다.

따라서 $a^2-2\neq0$

직선 $ax+(a^2-2)y+a^3=0$, 즉 $y=\dfrac{a}{2-a^2}x+\dfrac{a^3}{2-a^2}$이 x축과 이루는 예각의 크기가 $45°$이고 기울기가 양수인 직선이므로

$$\frac{a}{2-a^2}=\tan 45°=1$$

$$a=2-a^2$$

$$a^2+a-2=0$$

$$(a+2)(a-1)=0$$

$$a=-2 \ 또는 \ a=1$$

따라서 모든 실수 a의 값의 합은

$$-2+1=-1$$

답 ②

09 $k=1$이면 A$(1, -1)$, B$(1, -4)$, C$(-1, 4)$이고 직선 AB의 방정식은 $x=1$이다.

이때 점 C는 직선 $x=1$ 위의 점이 아니므로 $k=1$이면 세 점 A, B, C가 한 직선 위에 있을 수 없다.

따라서 $k\neq 1$

세 점 A$(1, -1)$, B$(k, -4)$, C$(-1, k+3)$이 한 직선 위에 있으려면 두 직선 AB, AC의 기울기가 같아야 하므로

$$\frac{-4-(-1)}{k-1}=\frac{(k+3)-(-1)}{-1-1}$$

$$-\frac{3}{k-1}=-\frac{k+4}{2}$$

$$(k-1)(k+4)=6$$

$$k^2+3k-10=0$$

$$(k+5)(k-2)=0$$

$$k=-5 \text{ 또는 } k=2$$

(i) $k=-5$일 때 직선 AB의 기울기는

$$m=-\frac{3}{k-1}=-\frac{3}{-5-1}=\frac{1}{2}$$

(ii) $k=2$일 때 직선 AB의 기울기는

$$m=-\frac{3}{k-1}=-\frac{3}{2-1}=-3$$

(i), (ii)에서 m은 양수이므로 $k=-5$, $m=\frac{1}{2}$

따라서 $k+m=-5+\frac{1}{2}=-\frac{9}{2}$

답 ②

10 직선 $y=ax+2$가 직선 $y=(2-b)x+3$과 평행하므로
$a=2-b$, 즉 $a+b=2$

직선 $y=ax+2$가 직선 $bx-3y+1=0$, 즉 $y=\frac{b}{3}x+\frac{1}{3}$과 수직이므로

$a\times\frac{b}{3}=-1$에서 $ab=-3$

따라서
$$a^3+b^3=(a+b)^3-3ab(a+b)$$
$$=2^3-3\times(-3)\times 2=26$$

답 ④

$a=2-b$를 $ab=-3$에 대입하면

$$(2-b)b=-3$$

$$b^2-2b-3=0$$

$$(b+1)(b-3)=0$$

$$b=-1 \text{ 또는 } b=3$$

$b=-1$이면 $a=2-b=2-(-1)=3$

$b=3$이면 $a=2-b=2-3=-1$

따라서 $a^3+b^3=3^3+(-1)^3=26$

11 두 직선 $x+2y-4=0$, $2x-y-3=0$의 교점을 A(a, b)라 하면

$$a+2b-4=0 \quad\cdots\cdots\ \bigcirc$$

$$2a-b-3=0 \quad\cdots\cdots\ \bigcirc$$

$\bigcirc$, $\bigcirc$을 연립하여 풀면

$$a=2, b=1$$

즉, A$(2, 1)$

직선 $x-3y+5=0$, 즉 $y=\frac{1}{3}x+\frac{5}{3}$의 기울기가 $\frac{1}{3}$이므로

점 A$(2, 1)$을 지나고 직선 $x-3y+5=0$과 평행한 직선 l의 방정식은

$$y-1=\frac{1}{3}(x-2)$$

$$y=\frac{1}{3}x+\frac{1}{3}$$

따라서 직선 l의 x절편은 -1, y절편은 $\frac{1}{3}$이므로 구하는 부분의 넓이는

$$\frac{1}{2}\times|-1|\times\frac{1}{3}=\frac{1}{6}$$

답 ⑤

두 직선 $ax+by+c=0$, $a'x+b'y+c'=0$이 점 A에서 만날 때, 점 A를 지나는 직선의 방정식은

$$ax+by+c+k(a'x+b'y+c')=0 \ (k\text{는 실수})$$

으로 나타낼 수 있다.

그러므로 두 직선 $x+2y-4=0$, $2x-y-3=0$의 교점을 지나는 직선 l의 방정식은

$$x+2y-4+k(2x-y-3)=0 \ (k\text{는 실수})$$

으로 나타낼 수 있다.

즉, $(2k+1)x+(2-k)y-3k-4=0 \quad\cdots\cdots\ \bigcirc$

직선 $\bigcirc$이 직선 $x-3y+5=0$과 평행하므로

$$\frac{2k+1}{1}=\frac{2-k}{-3}\neq\frac{-3k-4}{5}$$

$$\frac{2k+1}{1}=\frac{2-k}{-3}$$에서 $k=-1$

이때 $k=-1$이면 $\frac{2-k}{-3}\neq\frac{-3k-4}{5}$이다.

$k=-1$을 직선 $\bigcirc$에 대입하면

$$-x+3y-1=0, \text{ 즉 } x-3y+1=0$$

따라서 직선 l의 x절편은 -1, y절편은 $\frac{1}{3}$이므로 구하는 부분의 넓이는

$$\frac{1}{2}\times|-1|\times\frac{1}{3}=\frac{1}{6}$$

12 점 $(0, k)$와 직선 $x+2y-1=0$ 사이의 거리와 점 $(0, k)$와 직선 $2x-y+5=0$ 사이의 거리가 서로 같으므로

$$\frac{|0+2k-1|}{\sqrt{1^2+2^2}}=\frac{|0-k+5|}{\sqrt{2^2+(-1)^2}}$$

$|2k-1|=|-k+5|$

$2k-1=-k+5$ 또는 $2k-1=k-5$

$2k-1=-k+5$에서 $k=2$

$2k-1=k-5$에서 $k=-4$

따라서 모든 k의 값의 곱은

$2\times(-4)=-8$

답 ①

다른 풀이

점 $(0, k)$와 직선 $x+2y-1=0$ 사이의 거리와 점 $(0, k)$와 직선 $2x-y+5=0$ 사이의 거리가 서로 같으므로

$$\frac{|0+2k-1|}{\sqrt{1^2+2^2}}=\frac{|0-k+5|}{\sqrt{2^2+(-1)^2}}$$

$|2k-1|=|-k+5|$

양변을 제곱하면

$(2k-1)^2=(-k+5)^2$

$4k^2-4k+1=k^2-10k+25$

$k^2+2k-8=0$

$(k+4)(k-2)=0$

$k=-4$ 또는 $k=2$

따라서 모든 k의 값의 곱은

$-4\times 2=-8$

13 원점 O와 직선 $(t+3)x+(t-1)y+8=0$ 사이의 거리를 d라 하면

$$d=\frac{|8|}{\sqrt{(t+3)^2+(t-1)^2}}=\frac{8}{\sqrt{2t^2+4t+10}}$$

이므로 $2t^2+4t+10$의 값이 최소일 때 d의 값은 최대이다.

$2t^2+4t+10=2(t+1)^2+8$은 $t=-1$일 때 최솟값 8을 가지므로

d의 값은 $t=-1$일 때 최댓값 $\dfrac{8}{\sqrt{8}}=\sqrt{8}=2\sqrt{2}$를 갖는다.

따라서 $\alpha=-1$, $M=2\sqrt{2}$이므로

$\alpha M=-1\times 2\sqrt{2}=-2\sqrt{2}$

답 ①

01 A$(-1, 0)$, B$(5, -2)$, C$(3, 2)$에서

$\overline{AB}=\sqrt{\{5-(-1)\}^2+(-2-0)^2}=\sqrt{40}=2\sqrt{10}$

$\overline{BC}=\sqrt{(3-5)^2+\{2-(-2)\}^2}=\sqrt{20}=2\sqrt{5}$

$\overline{CA}=\sqrt{(-1-3)^2+(0-2)^2}=\sqrt{20}=2\sqrt{5}$　…… ❶

$\overline{AB}^2=40$

$\overline{BC}^2=\overline{CA}^2=20$

에서 $\overline{AB}^2=\overline{BC}^2+\overline{CA}^2$이므로 삼각형 ABC는 $\angle C=90°$인 직각삼각형이다.

그러므로 삼각형 ABC의 넓이 S_1은

$S_1=\dfrac{1}{2}\times\overline{BC}\times\overline{CA}=\dfrac{1}{2}\times 2\sqrt{5}\times 2\sqrt{5}=10$　…… ❷

직각삼각형 ABC의 외접원의 중심은 빗변 AB의 중점이므로 외접원의 넓이 S_2는

$S_2=\pi\times\left(\dfrac{\overline{AB}}{2}\right)^2=\pi\times\left(\dfrac{2\sqrt{10}}{2}\right)^2=10\pi$　…… ❸

따라서

$S_1\times S_2=10\times 10\pi=100\pi$　…… ❹

답 100π

단계	채점 기준	비율
❶	삼각형 ABC의 세 변의 길이를 구한 경우	30 %
❷	삼각형 ABC의 넓이 S_1을 구한 경우	30 %
❸	삼각형 ABC의 외접원의 넓이 S_2를 구한 경우	30 %
❹	$S_1\times S_2$의 값을 구한 경우	10 %

02 점 A를 원점, 직선 AB를 x축, 직선 AD를 y축으로 하여 직사각형 ABCD를 좌표평면 위에 나타내면 그림과 같다.

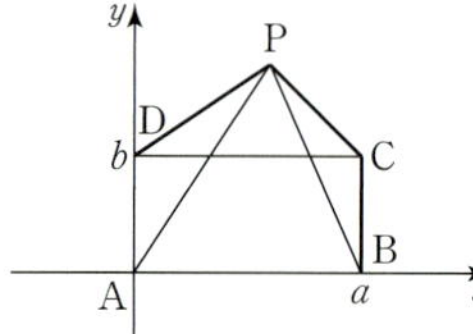

직사각형 ABCD의 가로의 길이를 a, 세로의 길이를 b라 하면 네 꼭짓점의 좌표는

A$(0, 0)$, B$(a, 0)$, C(a, b), D$(0, b)$이다.　…… ❶

좌표평면 위의 임의의 점 P의 좌표를 (x, y)라 하면

$\overline{PA}^2+\overline{PC}^2=x^2+y^2+(x-a)^2+(y-b)^2$　…… ㉠

$\overline{PB}^2+\overline{PD}^2=(x-a)^2+y^2+x^2+(y-b)^2$　…… ㉡　…… ❷

㉠, ㉡에서

$\overline{PA}^2+\overline{PC}^2=\overline{PB}^2+\overline{PD}^2$

이 성립한다.　…… ❸

답 풀이 참조

단계	채점 기준	비율
❶	직사각형 ABCD를 좌표평면에 나타내고, 네 꼭짓점의 좌표를 정한 경우	40 %
❷	$\overline{PA}^2+\overline{PC}^2$, $\overline{PB}^2+\overline{PD}^2$을 각각 구한 경우	40 %
❸	$\overline{PA}^2+\overline{PC}^2=\overline{PB}^2+\overline{PD}^2$이 성립함을 설명한 경우	20 %

03

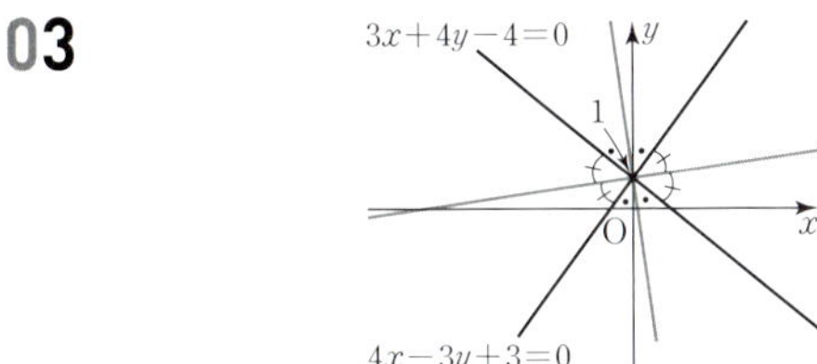

두 직선 $3x+4y-4=0$, $4x-3y+3=0$이 이루는 각을 이등분하는 직선 위의 임의의 점을 $P(X,\ Y)$라 하면 각의 이등분선의 성질에 의하여 점 P와 직선 $3x+4y-4=0$ 사이의 거리는 점 P와 직선 $4x-3y+3=0$ 사이의 거리와 서로 같으므로

$$\frac{|3X+4Y-4|}{\sqrt{3^2+4^2}}=\frac{|4X-3Y+3|}{\sqrt{4^2+(-3)^2}} \qquad \cdots\cdots ❶$$

$|3X+4Y-4|=|4X-3Y+3|$

$3X+4Y-4=4X-3Y+3$ 또는

$3X+4Y-4=-(4X-3Y+3)$

$3X+4Y-4=4X-3Y+3$에서 $Y=\dfrac{1}{7}X+1$

$3X+4Y-4=-(4X-3Y+3)$에서 $Y=-7X+1$

따라서 두 직선 $3x+4y-4=0$, $4x-3y+3=0$이 이루는 각을 이등분하는 직선의 방정식은

$$y=\frac{1}{7}x+1,\ y=-7x+1 \qquad \cdots\cdots ❷$$

$$ \text{답}\ y=\frac{1}{7}x+1,\ y=-7x+1$$

단계	채점 기준	비율
❶	각의 이등분선의 성질과 점과 직선 사이의 거리 공식을 이용하여 식을 구한 경우	50 %
❷	각을 이등분하는 두 직선의 방정식을 구한 경우	50 %

점 A에서 만나는 두 직선 l, l'이 이루는 각을 이등분하는 두 직선을 m, m'이라 하면 두 직선 m, m'도 점 A에서 만나고, 두 직선 m, m'이 이루는 각의 크기는 $90°$이다.

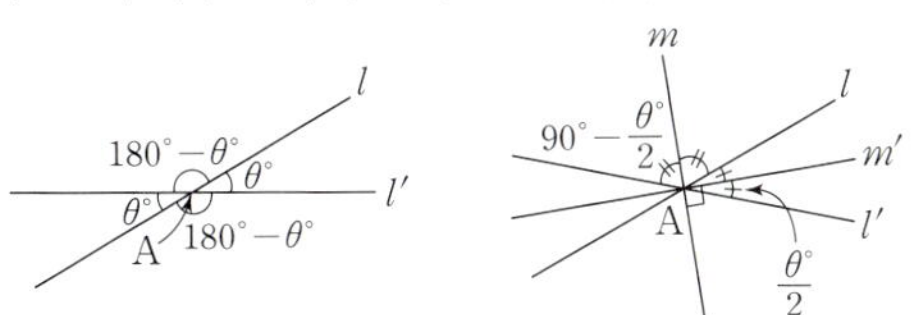

01 14   **02** ⑤   **03** ⑤

01 두 점 $A(-4,\ -4)$, $B(2,\ 14)$를 이은 선분 AB를 $(n+6):(n^2+n)$으로 내분하는 점 P의 좌표를 $(a,\ b)$라 하면

$$a=\frac{(n+6)\times2+(n^2+n)\times(-4)}{(n+6)+(n^2+n)}=-\frac{2(2n^2+n-6)}{n^2+2n+6}$$

$$b=\frac{(n+6)\times14+(n^2+n)\times(-4)}{(n+6)+(n^2+n)}=-\frac{2(2n^2-5n-42)}{n^2+2n+6}$$

점 P가 제2사분면 위의 점이려면 $a<0$, $b>0$이어야 한다.

$n^2+2n+6=(n+1)^2+5>0$

이므로 $a<0$에서

$2n^2+n-6>0$

$(n+2)(2n-3)>0$

자연수 n에 대하여 $n+2>0$이므로

$$2n-3>0,\ n>\frac{3}{2} \qquad \cdots\cdots ㉠$$

$b>0$에서

$2n^2-5n-42<0$

$(2n+7)(n-6)<0$

자연수 n에 대하여 $2n+7>0$이므로

$$n-6<0,\ n<6 \qquad \cdots\cdots ㉡$$

㉠, ㉡에서 $\dfrac{3}{2}<n<6$

따라서 자연수 n의 값은 2, 3, 4, 5이므로 그 합은

$2+3+4+5=14$

$$\text{답}\ 14$$

02 $\overline{AB}=3\overline{BC}$, 즉 $\overline{AB}:\overline{BC}=3:1$을 만족시키는 직선 AB 위의 점 C는 그림과 같이 선분 AB 위의 점 C_1과 선분 AB의 연장선 위의 점 C_2가 존재한다.

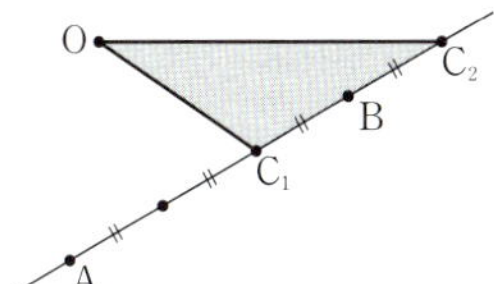

이때 점 C_1은 선분 AB를 $2:1$로 내분하는 점이고, 점 B는 선분 AC_2를 $3:1$로 내분하는 점이므로 $\overline{C_1C_2}=\dfrac{2}{3}\overline{AB}$이다.

두 점 $A(-2,\ -3)$, $B(6,\ 1)$에서

$\overline{AB}=\sqrt{\{6-(-2)\}^2+\{1-(-3)\}^2}=4\sqrt{5}$

이므로

$$\overline{C_1C_2}=\frac{2}{3}\overline{AB}=\frac{2}{3}\times4\sqrt{5}=\frac{8\sqrt{5}}{3}$$

한편, 두 점 $A(-2, -3)$, $B(6, 1)$을 지나는 직선의 기울기는

$\dfrac{1-(-3)}{6-(-2)}=\dfrac{1}{2}$이므로 이 직선의 방정식은

$y-(-3)=\dfrac{1}{2}\{x-(-2)\}$

$y+3=\dfrac{1}{2}(x+2)$

$x-2y-4=0$

원점 O와 직선 $x-2y-4=0$ 사이의 거리를 d라 하면

$d=\dfrac{|-4|}{\sqrt{1^2+(-2)^2}}=\dfrac{4}{\sqrt{5}}$

따라서 삼각형 OC_1C_2의 넓이는

$\dfrac{1}{2}\times\overline{C_1C_2}\times d=\dfrac{1}{2}\times\dfrac{8\sqrt{5}}{3}\times\dfrac{4}{\sqrt{5}}=\dfrac{16}{3}$

🖹 ⑤

03 두 직선 $l: y=2x+4$, $m: y=-x+4$의 x절편은 각각 -2, 4이고, 두 직선 l, m의 y절편이 모두 4이므로 $A(-2, 0)$, $B(4, 0)$, $C(0, 4)$이다.

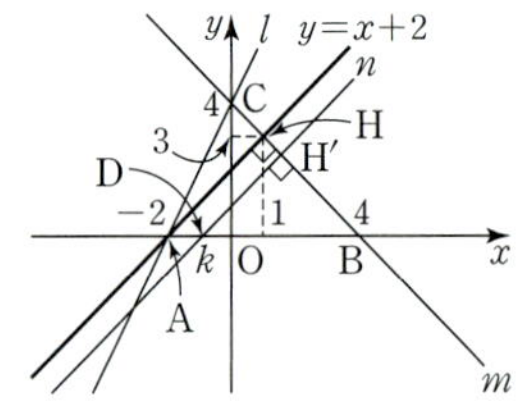

ㄱ. $\overline{AB}=|4-(-2)|=6$이고 점 C의 y좌표가 4이므로 삼각형 ABC의 넓이는

$\dfrac{1}{2}\times6\times4=12$ (참)

ㄴ. 점 $A(-2, 0)$과 직선 $m: x+y-4=0$ 사이의 거리는

$\dfrac{|-2+0-4|}{\sqrt{1^2+1^2}}=\dfrac{6}{\sqrt{2}}=3\sqrt{2}$ (참)

ㄷ. 점 $A(-2, 0)$을 지나고 기울기가 1인 직선의 방정식은

$y-0=1\times(x+2)$, $y=x+2$

두 직선 $y=x+2$, $y=-x+4$가 만나는 점을 H라 하면 점 H의 x좌표는

$x+2=-x+4$에서 $x=1$이므로

$H(1, 3)$

이고 $\overline{CH}=\sqrt{(1-0)^2+(3-4)^2}=\sqrt{2}$

직선 $y=x+2$와 직선 $m: y=-x+4$의 기울기의 곱이

$1\times(-1)=-1$이므로 두 직선은 서로 수직이고, ㄴ에 의하여 점 A와 직선 m, 즉 직선 BC 사이의 거리가 $3\sqrt{2}$이므로

$\overline{AH}=3\sqrt{2}$

이때 삼각형 ABC의 넓이가 12이고 삼각형 AHC의 넓이는

$\dfrac{1}{2}\times\overline{CH}\times\overline{AH}=\dfrac{1}{2}\times\sqrt{2}\times3\sqrt{2}=3$

이므로 기울기가 1인 직선 n이 삼각형의 ABC의 넓이를 이등분하려면 직선 n의 x절편이 -2보다 크고 4보다 작아야 한다.

직선 n이 x축과 만나는 점을 $D(k, 0)$ $(-2<k<4)$이라 하면 직선 n의 방정식은 $y=x-k$이다.

두 직선 m, n이 만나는 점을 H'이라 하면

직선 $m: y=-x+4$에서 $x=4-y$

직선 $n: y=x-k$에서 $x=y+k$

점 H'의 y좌표는

$4-y=y+k$

$y=2-\dfrac{k}{2}$

삼각형 DBH'의 넓이가 6이어야 하므로

$\dfrac{1}{2}\times(4-k)\times\left(2-\dfrac{k}{2}\right)=6$

$(k-4)^2=24$

$k-4=\pm2\sqrt{6}$

$k=4\pm2\sqrt{6}$

이때 $-2<k<4$이어야 하므로 $k=4-2\sqrt{6}$이다.

따라서 직선 n의 방정식은 $y=x-(4-2\sqrt{6})$, 즉

$x-y-4+2\sqrt{6}=0$이므로 원점과 직선 n 사이의 거리는

$\dfrac{|-4+2\sqrt{6}|}{\sqrt{1^2+(-1)^2}}=\dfrac{2\sqrt{6}-4}{\sqrt{2}}=2(\sqrt{3}-\sqrt{2})$ (참)

이상에서 옳은 것은 ㄱ, ㄴ, ㄷ이다.

🖹 ⑤

다른 풀이

ㄷ. 직선 n의 x절편이 -2보다 크고 4보다 작아야 함을 구한 후, 다음과 같이 x절편을 구할 수도 있다.

직선 n이 x축과 만나는 점을 $D(k, 0)$ $(-2<k<4)$, 직선 m과 만나는 점을 H'이라 하자.

직선 m의 기울기가 -1, 직선 n의 기울기가 1이므로 두 직선 m, n은 서로 수직이고, 삼각형 DBH'은 $\overline{BH'}=\overline{DH'}$인 직각이등변삼각형이다.

$\overline{DB}=4-k$이고

$\overline{DH'}:\overline{DB}=1:\sqrt{2}$이므로

$\overline{DH'}=\dfrac{\sqrt{2}}{2}\overline{DB}=\dfrac{\sqrt{2}}{2}(4-k)$

이때 삼각형 DBH'의 넓이가 6이어야 하므로

$\dfrac{1}{2}\times\overline{DH'}\times\overline{BH'}=\dfrac{1}{2}\times\dfrac{\sqrt{2}}{2}(4-k)\times\dfrac{\sqrt{2}}{2}(4-k)$

$=\dfrac{(4-k)^2}{4}=6$

$k^2-8k-8=0$

$k=4\pm2\sqrt{6}$

$-2<k<4$이므로 $k=4-2\sqrt{6}$

02 원의 방정식

기본 유형 익히기 / 유제

1 7 **2** 5 **3** 4 **4** 6

---

1 중심이 점 $(3, 5)$인 원이 x축에 접하므로 이 원의 반지름의 길이는 5이다.

이 원의 방정식은

$(x-3)^2+(y-5)^2=25$

점 $A(a, 2)$가 이 원 위에 있으므로

$(a-3)^2+(2-5)^2=25$

$a^2-6a-7=0$

$(a+1)(a-7)=0$

$a=-1$ 또는 $a=7$

따라서 양수 a의 값은 7이다.

답 7

2 $x^2+y^2+4x-2y+k^2-4k=0$에서

$(x^2+4x+4)+(y^2-2y+1)=-k^2+4k+5$

$(x+2)^2+(y-1)^2=-k^2+4k+5$

이 방정식이 나타내는 도형이 원이 되려면 $-k^2+4k+5>0$이어야 한다.

$k^2-4k-5<0$

$(k+1)(k-5)<0$

$-1<k<5$

따라서 정수 k의 값은 0, 1, 2, 3, 4이고 그 개수는 5이다.

답 5

3 $y=2x+k$를 $(x+1)^2+y^2=5$에 대입하면

$(x+1)^2+(2x+k)^2=5$

$5x^2+2(2k+1)x+k^2-4=0$

이 이차방정식의 판별식을 D라 하면 $D=0$이어야 하므로

$\dfrac{D}{4}=(2k+1)^2-5(k^2-4)=-k^2+4k+21=0$

$k^2-4k-21=0$

$(k+3)(k-7)=0$

$k=-3$ 또는 $k=7$

따라서 모든 실수 k의 값의 합은

$-3+7=4$

답 4

원 $(x+1)^2+y^2=5$는 중심이 점 $(-1, 0)$이고 반지름의 길이가 $\sqrt{5}$인 원이므로 이 원과 직선 $y=2x+k$가 접하려면 원의 중심인 점 $(-1, 0)$과 직선 $y=2x+k$, 즉 $2x-y+k=0$ 사이의 거리가 $\sqrt{5}$이어야 한다.

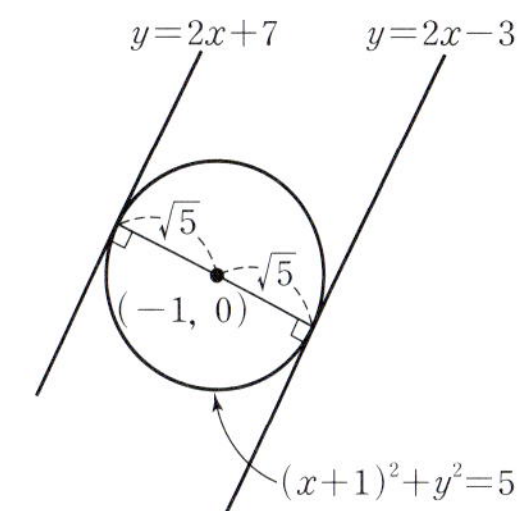

$\dfrac{|-2-0+k|}{\sqrt{2^2+(-1)^2}}=\dfrac{|k-2|}{\sqrt{5}}=\sqrt{5}$

$|k-2|=5$

$k-2=-5$ 또는 $k-2=5$

$k=-3$ 또는 $k=7$

따라서 모든 실수 k의 값의 합은

$-3+7=4$

4 점 $A(a, b)$가 원 $x^2+y^2=20$ 위의 점이므로

$a^2+b^2=20$ ······ ㉠

원 $x^2+y^2=20$ 위의 점 $A(a, b)$에서의 접선의 방정식은

$ax+by=20$, 즉 $y=-\dfrac{a}{b}x+\dfrac{20}{b}$

이때 이 직선의 기울기가 -2이므로

$-\dfrac{a}{b}=-2$

$a=2b$ ······ ㉡

㉡을 ㉠에 대입하면

$(2b)^2+b^2=20$

$b^2=4$

$b=-2$ 또는 $b=2$

$b=-2$이면 $a=-4$이고, $b=2$이면 $a=4$이다.

이때 점 $A(a, b)$가 제1사분면 위의 점이므로 $a>0$, $b>0$

따라서 $a=4$, $b=2$이므로

$a+b=4+2=6$

답 6

원 $x^2+y^2=20$의 반지름의 길이가 $\sqrt{20}=2\sqrt{5}$이므로 이 원에 접하고 기울기가 -2인 직선의 방정식은

$y=-2x\pm2\sqrt{5}\times\sqrt{(-2)^2+1}$

$y=-2x\pm10$

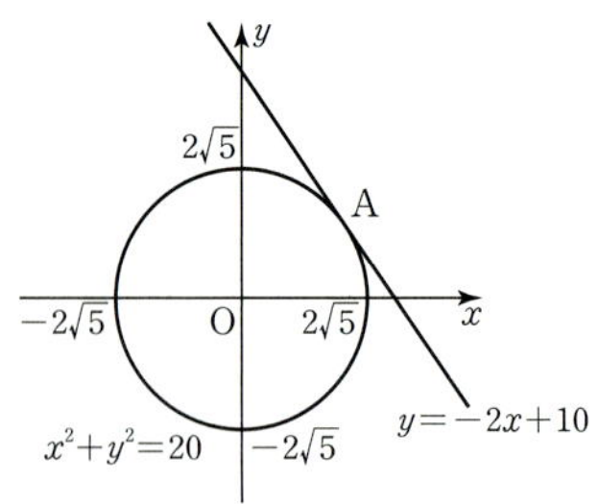

이때 접점 $A(a, b)$가 제1사분면 위의 점이므로 점 A에서의 접선의 방정식은
$$y=-2x+10$$
이고 $b=-2a+10$ …… ㉠
점 $A(a, b)$가 원 $x^2+y^2=20$ 위의 점이므로
$$a^2+b^2=20$$ …… ㉡
㉠을 ㉡에 대입하면
$$a^2+(-2a+10)^2=20$$
$$a^2-8a+16=0$$
$$(a-4)^2=0$$
$$a=4$$
$a=4$를 ㉠에 대입하면
$$b=-2\times4+10=2$$
따라서 $a+b=4+2=6$

본문 20~21쪽

유형 확인

01 ⑤	02 ③	03 ⑤	04 ②	05 ③
06 ④	07 ⑤	08 3	09 ④	10 ⑤
11 ②	12 ①			

01 원의 중심이 x축 위에 있으므로 원의 중심의 좌표를 $(a, 0)$, 반지름의 길이를 r이라 하면
원의 방정식은
$$(x-a)^2+y^2=r^2$$
이 원이 두 점 $A(1, 2)$, $B(4, 1)$을 지나므로
$$(1-a)^2+4=r^2$$ …… ㉠
$$(4-a)^2+1=r^2$$ …… ㉡
㉠, ㉡에서
$$(1-a)^2+4=(4-a)^2+1$$
$$a^2-2a+5=a^2-8a+17$$
$$6a=12$$
$$a=2$$
$a=2$를 ㉠에 대입하면

$$r^2=(1-2)^2+4=5$$
따라서 구하는 원의 넓이는
$$\pi r^2=5\pi$$

            달 ⑤

다른 풀이

원의 중심이 x축 위에 있으므로 원의 중심의 좌표를 $C(a, 0)$이라 하면
$$\overline{AC}=\overline{BC}, \text{ 즉 } \overline{AC}^2=\overline{BC}^2 \text{이므로}$$
$$(a-1)^2+(0-2)^2=(a-4)^2+(0-1)^2$$
$$a^2-2a+5=a^2-8a+17$$
$$a=2$$
즉, $C(2, 0)$
이때 원의 반지름의 길이는
$$\overline{AC}=\sqrt{(2-1)^2+(0-2)^2}=\sqrt{5}$$
따라서 구하는 원의 넓이는
$$\pi r^2=\pi\times(\sqrt{5})^2=5\pi$$

02 원 $(x-3)^2+(y+2)^2=16$의 중심을 C라 하면 $C(3, -2)$이고, 원의 반지름의 길이를 r이라 하면 $r=4$
이때
$$\overline{OC}=\sqrt{3^2+(-2)^2}=\sqrt{13}<4=r$$
이므로 원점 O는 이 원의 내부에 있다.

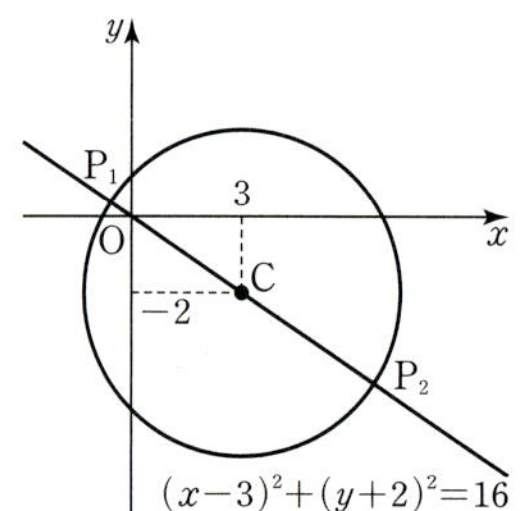

두 점 O, C를 지나는 직선이 원 $(x-3)^2+(y+2)^2=16$과 만나는 점 중 제2사분면 위의 점을 P_1, 제4사분면 위의 점을 P_2라 하면
$$\overline{CP_1}=\overline{CP_2}=r=4$$
선분 OP의 길이의 최댓값 M과 최솟값 m은
$$M=\overline{OP_2}=\overline{CP_2}+\overline{OC}=4+\sqrt{13}$$
$$m=\overline{OP_1}=\overline{CP_1}-\overline{OC}=4-\sqrt{13}$$
따라서 $M\times m=(4+\sqrt{13})(4-\sqrt{13})=3$

            달 ③

03 원 $(x-2)^2+(y-3)^2=1$은 중심이 점 $(2, 3)$이고 반지름의 길이는 1인 원이므로 이 원 위의 모든 점은 제1사분면 위에 있다.
이때 중심이 원 $(x-2)^2+(y-3)^2=1$ 위에 있고 x축과 y축에 동시에 접하므로 원의 중심의 좌표를 (a, a) $(a>0)$라 하면

$(a-2)^2+(a-3)^2=1 \quad \cdots\cdots \ \text{㉠}$

이고 반지름의 길이는 $|a|=a$이다.

㉠에서

$2a^2-10a+12=0$

$a^2-5a+6=0$

$(a-2)(a-3)=0$

$a=2$ 또는 $a=3$

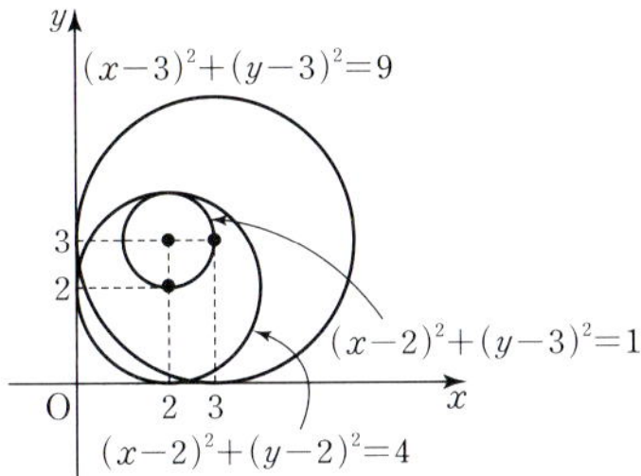

따라서 구하는 두 원의 반지름의 길이는 각각 2, 3이므로 두 원의 둘레의 길이의 합은

$4\pi+6\pi=10\pi$

$\qquad\qquad\qquad\qquad\qquad\qquad\qquad\qquad$ 답 ⑤

04 $x^2+y^2+10x-2ay+2a+1=0$에서

$(x+5)^2+(y-a)^2=a^2-2a+24$

이때 $a^2-2a+24=(a-1)^2+23\geq23$이므로

주어진 방정식이 나타내는 도형은 중심이 점 $(-5,\ a)$이고 반지름의 길이가 $\sqrt{a^2-2a+24}$인 원이다.

따라서 이 원의 반지름의 길이의 최솟값이 $\sqrt{23}$이므로 이 원의 넓이의 최솟값은

$\pi\times(\sqrt{23})^2=23\pi$

$\qquad\qquad\qquad\qquad\qquad\qquad\qquad\qquad$ 답 ②

05 세 점 $\mathrm{O}(0,\ 0)$, $\mathrm{A}(3,\ 0)$, $\mathrm{B}(4,\ 2)$를 지나는 원의 방정식을

$x^2+y^2+ax+by+c=0 \quad \cdots\cdots \ \text{㉠}$

이라 하자.

점 $\mathrm{O}(0,\ 0)$이 원 ㉠ 위의 점이므로

$c=0$

점 $\mathrm{A}(3,\ 0)$이 원 ㉠ 위의 점이므로

$9+0+3a+0+0=0$

$a=-3$

점 $\mathrm{B}(4,\ 2)$가 원 ㉠ 위의 점이므로

$16+4-12+2b+0=0$

$b=-4$

구하는 원의 방정식은

$x^2+y^2-3x-4y=0$

즉, $\left(x-\dfrac{3}{2}\right)^2+(y-2)^2=\dfrac{25}{4}$

이므로 원의 중심의 좌표는 $\left(\dfrac{3}{2},\ 2\right)$이고 반지름의 길이는 $\dfrac{5}{2}$이다.

따라서 $p=\dfrac{3}{2}$, $q=2$, $r=\dfrac{5}{2}$이므로

$p+q+r=\dfrac{3}{2}+2+\dfrac{5}{2}=6$

$\qquad\qquad\qquad\qquad\qquad\qquad\qquad\qquad$ 답 ③

06 $\overline{\mathrm{PA}}:\overline{\mathrm{PB}}=2:1$에서

$\overline{\mathrm{PA}}=2\overline{\mathrm{PB}}$

$\overline{\mathrm{PA}}^2=4\overline{\mathrm{PB}}^2$

이므로 점 P의 좌표를 $(x,\ y)$라 하면

$\{x-(-1)\}^2+(y-0)^2=4\{(x-2)^2+(y-0)^2\}$

$x^2+y^2+2x+1=4x^2+4y^2-16x+16$

$x^2+y^2-6x+5=0$

$(x-3)^2+y^2=4$

따라서 점 P가 나타내는 도형은 중심이 점 $(3,\ 0)$이고 반지름의 길이가 2인 원이므로

이 원의 둘레의 길이는

$2\pi\times2=4\pi$

$\qquad\qquad\qquad\qquad\qquad\qquad\qquad\qquad$ 답 ④

07 $y=x+k$를 $(x+1)^2+y^2=8$에 대입하면

$(x+1)^2+(x+k)^2=8$

$2x^2+2(k+1)x+k^2-7=0$

이 이차방정식의 판별식을 D라 하면 $D\geq0$이어야 하므로

$\dfrac{D}{4}=(k+1)^2-2(k^2-7)$

$\qquad =-k^2+2k+15\geq0$

$k^2-2k-15\leq0$

$(k+3)(k-5)\leq0$

$-3\leq k\leq5$

따라서 정수 k의 값은 -3, -2, -1, $\cdots$, 5이고 그 개수는 9이다.

$\qquad\qquad\qquad\qquad\qquad\qquad\qquad\qquad$ 답 ⑤

다른 풀이

원 $(x+1)^2+y^2=8$의 반지름의 길이를 r이라 하면

$r=\sqrt{8}=2\sqrt{2}$

이 원의 중심인 점 $(-1,\ 0)$과 직선 $y=x+k$, 즉 $x-y+k=0$ 사이의 거리를 d라 하면

$d=\dfrac{|-1-0+k|}{\sqrt{1^2+(-1)^2}}=\dfrac{|k-1|}{\sqrt{2}}$

원 $(x+1)^2+y^2=8$과 직선 $y=x+k$가 만나려면 $d \leq r$이어야 하므로

$$\frac{|k-1|}{\sqrt{2}} \leq 2\sqrt{2}$$

$$|k-1| \leq 4$$

$$-4 \leq k-1 \leq 4$$

$$-3 \leq k \leq 5$$

따라서 정수 k의 값은 $-3, -2, -1, \cdots, 5$이고 그 개수는 9이다.

08 원 $x^2+y^2=k$의 중심인 원점 O와 직선 $3x+4y+10=0$ 사이의 거리는

$$\frac{|10|}{\sqrt{3^2+4^2}}=2$$

원 $x^2+y^2=k$의 반지름의 길이는 $\sqrt{k}$이므로 양수 k의 값에 따라 원과 직선이 만나는 서로 다른 점의 개수는 다음과 같다.

$\sqrt{k}>2$, 즉 $k>4$이면 서로 다른 두 점에서 만나고,

$\sqrt{k}=2$, 즉 $k=4$이면 접하고,

$0<\sqrt{k}<2$, 즉 $0<k<4$이면 만나지 않는다.

따라서 $f(k)=\begin{cases} 0 & (0<k<4) \\ 1 & (k=4) \\ 2 & (k>4) \end{cases}$ 이고

$f(1)+f(2)+f(3)=0$, $f(4)=1$, $f(5)=2$이므로

$$f(1)+f(2)+f(3)+f(4)+f(5)=0+0+0+1+2=3$$

답 3

09 원 $x^2+y^2=3$과 직선 $y=x+2$가 만나는 두 점을 각각 A, B라 하고, 원 $x^2+y^2=3$의 중심인 원점 O에서 직선 $y=x+2$에 내린 수선의 발을 H라 하면 점 H는 선분 AB의 중점이다.

즉, $\overline{AB}=2\overline{AH}$

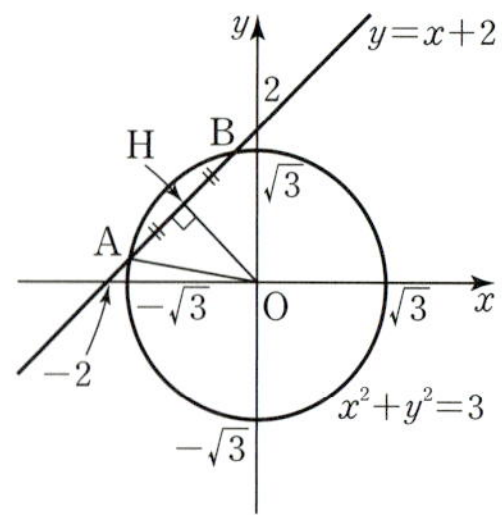

선분 OH의 길이는 원점 O와 직선 $y=x+2$, 즉 $x-y+2=0$ 사이의 거리와 같으므로

$$\overline{OH}=\frac{|2|}{\sqrt{1^2+(-1)^2}}=\sqrt{2}$$

선분 OA의 길이는 원 $x^2+y^2=3$의 반지름의 길이와 같으므로

$$\overline{OA}=\sqrt{3}$$

직각삼각형 OHA에서

$$\overline{AH}=\sqrt{\overline{OA}^2-\overline{OH}^2}=\sqrt{(\sqrt{3})^2-(\sqrt{2})^2}=1$$

따라서 $\overline{AB}=2\overline{AH}=2\times1=2$

답 ④

다른 풀이

$y=x+2$를 $x^2+y^2=3$에 대입하면

$$x^2+(x+2)^2=3$$

$$2x^2+4x+1=0$$

$$x=\frac{-2\pm\sqrt{2}}{2}$$

$x=\dfrac{-2+\sqrt{2}}{2}$일 때, $y=\dfrac{-2+\sqrt{2}}{2}+2=\dfrac{2+\sqrt{2}}{2}$

$x=\dfrac{-2-\sqrt{2}}{2}$일 때, $y=\dfrac{-2-\sqrt{2}}{2}+2=\dfrac{2-\sqrt{2}}{2}$

따라서 원 $x^2+y^2=3$과 직선 $y=x+2$가 만나는 두 점의 좌표는

$$\left(\frac{-2+\sqrt{2}}{2}, \frac{2+\sqrt{2}}{2}\right), \left(\frac{-2-\sqrt{2}}{2}, \frac{2-\sqrt{2}}{2}\right)$$

이므로 두 점 사이의 거리는

$$\sqrt{\left(\frac{-2-\sqrt{2}}{2}-\frac{-2+\sqrt{2}}{2}\right)^2+\left(\frac{2-\sqrt{2}}{2}-\frac{2+\sqrt{2}}{2}\right)^2}$$

$$=\sqrt{2+2}=2$$

10 원 $x^2+y^2=10$ 위의 점 (a, b)에서의 접선의 방정식은

$$ax+by=10 \quad \cdots\cdots ㉠$$

직선 $x-2y+1=0$, 즉 $y=\dfrac{1}{2}x+\dfrac{1}{2}$의 기울기가 $\dfrac{1}{2}$이므로

이 직선과 수직인 직선의 기울기는 -2이다.

따라서 직선 ㉠의 기울기가 -2이어야 하므로

$$-\frac{a}{b}=-2, \quad a=2b \quad \cdots\cdots ㉡$$

한편 점 (a, b)는 원 $x^2+y^2=10$ 위에 있으므로

$$a^2+b^2=10 \quad \cdots\cdots ㉢$$

㉡을 ㉢에 대입하면

$$(2b)^2+b^2=10$$

$$b^2=2$$

이때 점 (a, b)가 제1사분면 위의 점이므로 $b=\sqrt{2}$이고

$$a=2b=2\sqrt{2}$$

따라서 $a+b=2\sqrt{2}+\sqrt{2}=3\sqrt{2}$

답 ⑤

11 두 점 A$(-4, 0)$, B$(0, 4)$에 대하여

$$\overline{AB}=\sqrt{\{0-(-4)\}^2+(4-0)^2}=4\sqrt{2}$$

점 P에서 직선 AB에 내린 수선의 발을 H라 하면 삼각형 APB의 넓이는

$$\frac{1}{2}\times\overline{AB}\times\overline{PH}=\frac{1}{2}\times4\sqrt{2}\times\overline{PH}=2\sqrt{2}\,\overline{PH}$$

이므로 선분 PH의 길이가 최대일 때 삼각형 APB의 넓이도 최대이다.

한편, 그림과 같이 직선 AB와 평행하고 제4사분면을 지나는 직선이 원 $x^2+y^2=2$와 접하는 점이 P일 때, 선분 PH의 길이는 최대가 된다.

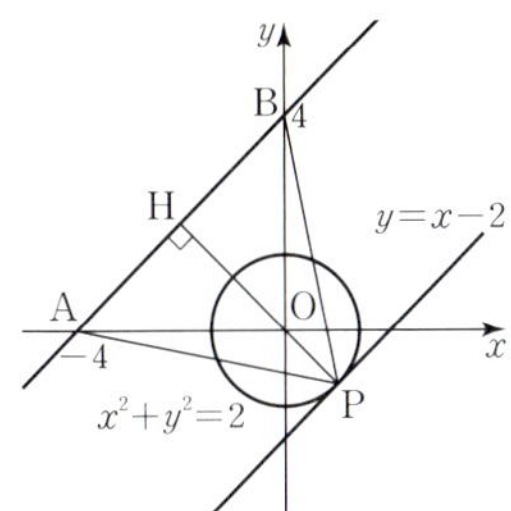

직선 AB의 기울기는 $\dfrac{4-0}{0-(-4)}=1$이므로 원 $x^2+y^2=2$에 접

하고 기울기가 1인 직선의 방정식은

$y=x\pm\sqrt{2}\times\sqrt{1^2+1}$, 즉 $y=x\pm2$

선분 PH의 길이가 최대일 때의 점 P를 지나는 접선의 방정식은

$y=x-2$, 즉 $x-y-2=0$이다.

이때의 선분 PH의 길이는 점 $A(-4,\,0)$과 직선 $x-y-2=0$

사이의 거리이므로

$$\frac{|-4-0-2|}{\sqrt{1^2+(-1)^2}}=3\sqrt{2}$$

따라서 삼각형 APB의 넓이는

$2\sqrt{2}\,\overline{PH}\leq2\sqrt{2}\times3\sqrt{2}=12$

이므로 최댓값은 12이다.

답 ②

두 점 $A(-4,\,0)$, $B(0,\,4)$에 대하여

$\overline{AB}=\sqrt{\{0-(-4)\}^2+(4-0)^2}=4\sqrt{2}$

점 P에서 직선 AB에 내린 수선의 발을 H라 하면 선분 PH의 길이가 최대일 때 삼각형 APB의 넓이도 최대이다.

이때 선분 PH의 길이는 선분 PH가 원 $x^2+y^2=2$의 중심인 원점 O를 지날 때 최댓값을 갖는다.

직선 AB의 기울기가 1이므로 직선 AB의 방정식은

$y=x+4$, 즉 $x-y+4=0$

원의 중심인 원점 O와 직선 $x-y+4=0$ 사이의 거리는

$$\frac{|4|}{\sqrt{1^2+(-1)^2}}=2\sqrt{2}$$

$\overline{OP}=\sqrt{2}$이므로 선분 PH의 길이의 최댓값은

$2\sqrt{2}+\sqrt{2}=3\sqrt{2}$

따라서 삼각형 APB의 넓이의 최댓값은

$$\frac{1}{2}\times4\sqrt{2}\times3\sqrt{2}=12$$

12 점 $(1,\,3)$에서 원 $x^2+y^2=5$에 그은 접선의 접점을 $(a,\,b)$라 하자. 점 $(a,\,b)$가 원 $x^2+y^2=5$ 위의 점이므로

$a^2+b^2=5$ $\qquad$ ……㉠

원 $x^2+y^2=5$ 위의 점 $(a,\,b)$에서의 접선의 방정식은

$ax+by=5$

이 직선이 점 $(1,\,3)$을 지나므로

$a+3b=5$

$a=5-3b$ $\qquad$ ……㉡

㉡을 ㉠에 대입하면

$(5-3b)^2+b^2=5$

$b^2-3b+2=0$

$(b-1)(b-2)=0$

$b=1$ 또는 $b=2$

$b=1$을 ㉡에 대입하면

$a=5-3=2$

$b=2$를 ㉡에 대입하면

$a=5-6=-1$

즉, 접점의 좌표가 $(2,\,1)$, $(-1,\,2)$이므로 점 $(1,\,3)$에서 원 $x^2+y^2=5$에 그은 두 접선의 방정식은

$2x+y=5$, $-x+2y=5$

이고 x절편은 각각 $\dfrac{5}{2}$, -5이다.

따라서 두 접선의 x절편의 합은 $\dfrac{5}{2}+(-5)=-\dfrac{5}{2}$

답 ①

원 $x^2+y^2=5$는 중심이 원점 O이고 반지름의 길이가 $\sqrt{5}$인 원이다.

점 $(1,\,3)$에서 원 $x^2+y^2=5$에 그은 접선의 기울기를 m이라 하면 이 직선의 방정식은

$y-3=m(x-1)$

$mx-y+3-m=0$

원의 중심인 원점 O와 이 직선 사이의 거리가 $\sqrt{5}$이어야 하므로

$$\frac{|3-m|}{\sqrt{m^2+(-1)^2}}=\sqrt{5}$$

$|3-m|=\sqrt{5m^2+5}$

양변을 제곱하여 정리하면

$m^2-6m+9=5m^2+5$

$2m^2+3m-2=0$

$(m+2)(2m-1)=0$

$m=-2$ 또는 $m=\dfrac{1}{2}$

$m=-2$일 때 접선의 방정식은 $-2x-y+5=0$이므로

x절편은 $\dfrac{5}{2}$이고,

$m=\dfrac{1}{2}$일 때 접선의 방정식은 $\dfrac{1}{2}x-y+\dfrac{5}{2}=0$이므로

x절편은 -5이다.

따라서 두 접선의 x절편의 합은

$\dfrac{5}{2}+(-5)=-\dfrac{5}{2}$

📝 서술형 연습장

본문 22쪽

01 $20\sqrt{2}$　　**02** $(x+1)^2+y^2=\dfrac{8}{5}$　　**03** 4

01 원 $x^2+y^2+2ay-4=0$에서

$x^2+(y+a)^2=a^2+4$ 　　……㉠

이므로 이 원의 중심의 좌표는 $(0,\ -a)$이다.

원 $x^2+y^2-2ax+2by-8=0$에서

$(x-a)^2+(y+b)^2=a^2+b^2+8$ 　　……㉡

이므로 이 원의 중심의 좌표는 $(a,\ -b)$이다. 　……❶

두 원 ㉠, ㉡의 넓이가 직선 $2x-y+4=0$에 의하여 모두 이등분되려면 직선 $2x-y+4=0$이 두 원 ㉠, ㉡의 중심을 모두 지나야 한다.

점 $(0,\ -a)$가 직선 $2x-y+4=0$ 위의 점이므로

$0+a+4=0,\ a=-4$

점 $(a,\ -b)$, 즉 $(-4,\ -b)$가 직선 $2x-y+4=0$ 위의 점이므로

$-8+b+4=0,\ b=4$ 　　……❷

따라서 두 원 ㉠, ㉡의 반지름의 길이는 각각

$\sqrt{a^2+4}=\sqrt{(-4)^2+4}=2\sqrt{5}$,

$\sqrt{a^2+b^2+8}=\sqrt{(-4)^2+4^2+8}=2\sqrt{10}$

이므로 두 원 ㉠, ㉡의 반지름의 길이의 곱은

$2\sqrt{5}\times2\sqrt{10}=20\sqrt{2}$ 　　……❸

답 $20\sqrt{2}$

단계	채점 기준	비율
❶	두 원의 중심의 좌표를 각각 구한 경우	40 %
❷	a, b의 값을 각각 구한 경우	40 %
❸	두 원의 반지름의 길이의 곱을 구한 경우	20 %

02 원 C의 중심이 직선 $x+y+1=0$ 위에 있으므로 원 C의 중심의 좌표를 $(a,\ -a-1)$이라 하자.

원 C가 두 직선 $3x-y-1=0$, $3x-y+7=0$과 동시에 접하므로 원 C의 반지름의 길이를 r이라 하면 원의 중심인 점 $(a,\ -a-1)$에서 두 직선 $3x-y-1=0$, $3x-y+7=0$에 이르는 거리가 반지름의 길이 r과 같다.

$r=\dfrac{|3a-(-a-1)-1|}{\sqrt{3^2+(-1)^2}}=\dfrac{|3a-(-a-1)+7|}{\sqrt{3^2+(-1)^2}}$ 　……❶

$\dfrac{|4a|}{\sqrt{10}}=\dfrac{|4a+8|}{\sqrt{10}}$ 　　……㉠

$|4a|=|4a+8|$

이때 $4a\neq4a+8$이므로

$4a=-(4a+8)$

$a=-1$

$a=-1$을 ㉠에 대입하면

$r=\dfrac{4}{\sqrt{10}}=\dfrac{2\sqrt{10}}{5}$

그러므로 원 C는 중심이 점 $(-1,\ 0)$이고 반지름의 길이가

$\dfrac{2\sqrt{10}}{5}$인 원이다. 　　……❷

따라서 원 C의 방정식은

$(x+1)^2+y^2=\dfrac{8}{5}$ 　　……❸

답 $(x+1)^2+y^2=\dfrac{8}{5}$

단계	채점 기준	비율
❶	원의 중심과 두 직선 사이의 거리가 반지름의 길이와 같음을 이용하여 식을 세운 경우	40 %
❷	원의 중심의 좌표와 반지름의 길이를 구한 경우	40 %
❸	원의 방정식을 구한 경우	20 %

03 점 $(0,\ a)$에서 원 $x^2+y^2=2$에 그은 접선의 기울기를 m이라 하면 이 직선의 방정식은

$y-a=m(x-0)$

$y=mx+a$ 　　……㉠

$y=mx+a$를 $x^2+y^2=2$에 대입하면

$x^2+(mx+a)^2=2$

$(m^2+1)x^2+2amx+a^2-2=0$

이 이차방정식의 판별식을 D라 할 때,

직선 ㉠이 원 $x^2+y^2=2$에 접하려면 $D=0$이어야 하므로

$\dfrac{D}{4}=(am)^2-(m^2+1)(a^2-2)$

$\qquad=2m^2-a^2+2=0$

$m^2=\dfrac{a^2-2}{2}$

$m=\pm\sqrt{\dfrac{a^2-2}{2}}$

이때 점 $(0,\ a)$에서 원 $x^2+y^2=2$에 그은 두 접선이 서로 수직이므로 두 접선의 기울기의 곱은 -1이어야 한다.

$$\sqrt{\dfrac{a^2-2}{2}}\times\left(-\sqrt{\dfrac{a^2-2}{2}}\right)=-1$$

$$\dfrac{a^2-2}{2}=1$$

$$a^2=4$$

$a>\sqrt{2}$이므로 $a=2$ ❶

$$m=\pm\sqrt{\dfrac{2^2-2}{2}}=\pm1$$

즉, 두 접선의 방정식은 $y=x+2$, $y=-x+2$이고, x절편은 각각 -2, 2이다.   ❷

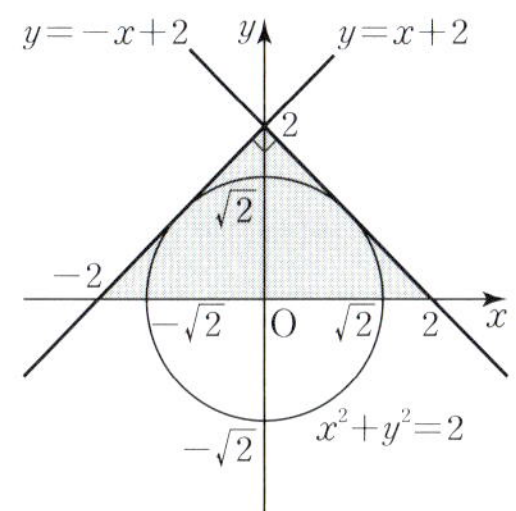

따라서 구하는 부분의 넓이는

$$\dfrac{1}{2}\times\{2-(-2)\}\times2=4$$ ❸

답 4

단계	채점 기준	비율
❶	a의 값을 구한 경우	50 %
❷	두 접선의 방정식을 구한 경우	40 %
❸	두 접선과 x축으로 둘러싸인 부분의 넓이를 구한 경우	10 %

🧦 내신 + 수능 고난도 문항

본문 23쪽

01 ④   **02** ⑤   **03** ②

01 x축과 y축에 동시에 접하는 원의 중심은 직선 $y=x$ 또는 직선 $y=-x$ 위에 있다.

이때 제1사분면 위의 점 $(1, 2)$를 지나고 x축과 y축에 모두 접하는 원의 중심은 직선 $y=x$ 위에 있다.

중심이 (a, a)이고 반지름의 길이가 a인 원의 방정식은

$$(x-a)^2+(y-a)^2=a^2$$

이 원이 점 $(1, 2)$를 지나므로

$$(1-a)^2+(2-a)^2=a^2$$

$$a^2-6a+5=0$$

$$(a-1)(a-5)=0$$

$a=1$ 또는 $a=5$

이때 원 C_1의 반지름의 길이가 원 C_2의 반지름의 길이보다 작으므로 두 원 C_1, C_2의 방정식은 각각

$(x-1)^2+(y-1)^2=1$, $(x-5)^2+(y-5)^2=25$이다.

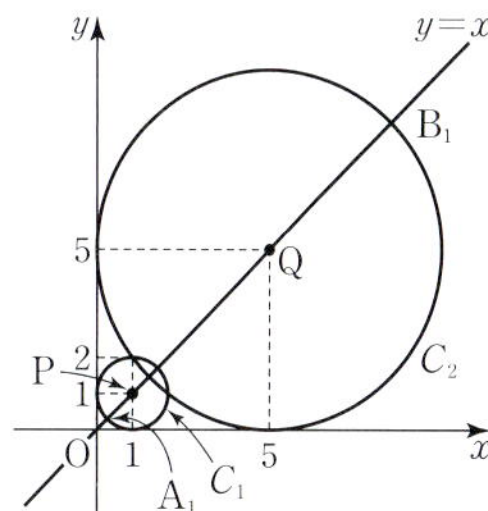

원 C_1이 직선 $y=x$와 만나는 두 점 중 x좌표가 1보다 작은 점을 A_1, 원 C_2가 직선 $y=x$와 만나는 두 점 중 x좌표가 5보다 큰 점을 B_1이라 하면 선분 AB의 길이의 최댓값은 선분 A_1B_1의 길이이다.

두 원 C_1, C_2의 중심을 각각 P, Q라 하면

$P(1, 1)$, $Q(5, 5)$

$\overline{PA_1}=1$, $\overline{QB_1}=5$

$\overline{PQ}=\sqrt{(5-1)^2+(5-1)^2}=4\sqrt{2}$

따라서 선분 AB의 길이의 최댓값은

$$\overline{A_1B_1}=\overline{PA_1}+\overline{PQ}+\overline{QB_1}=1+4\sqrt{2}+5=6+4\sqrt{2}$$

답 ④

02 점 $R(-2, 0)$이라 하면 호 PRQ를 포함하는 원은 점 R에서 x축과 접한다.

이때 원 $x^2+y^2=16$의 반지름의 길이가 4이므로 호 PRQ를 포함하는 원은 중심의 좌표가 $C(-2, 4)$이고 반지름의 길이가 4인 원이다.

따라서 이 원의 방정식은

$$(x+2)^2+(y-4)^2=16$$

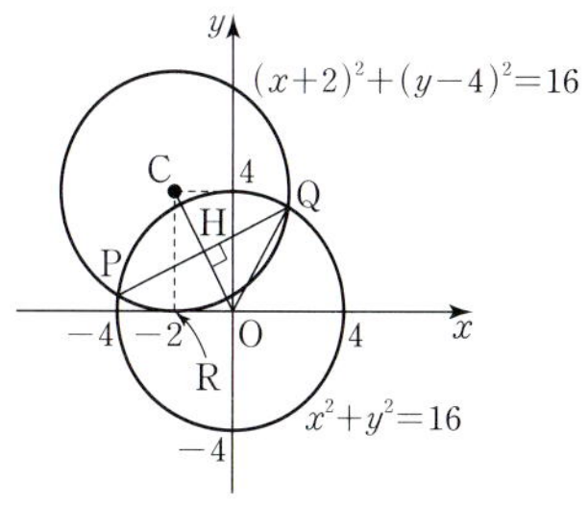

한편, 선분 PQ는 두 원 $x^2+y^2=16$, $(x+2)^2+(y-4)^2=16$의 공통현이므로 두 원의 중심 $O(0, 0)$, C에서 선분 PQ에 내린 수선의 발은 일치하고 선분 PQ를 이등분한다.

이때 이 수선의 발을 H라 하면 $\overline{PH}=\overline{QH}$이고, 두 원 $x^2+y^2=16$, $(x+2)^2+(y-4)^2=16$의 반지름의 길이가 4로

같으므로 $\overline{OH}=\overline{CH}$이다.

$\overline{OC}=\sqrt{(-2)^2+4^2}=2\sqrt{5}$

$\overline{OH}=\overline{CH}=\dfrac{1}{2}\overline{OC}=\dfrac{1}{2}\times 2\sqrt{5}=\sqrt{5}$

직각삼각형 OQH에서 $\overline{OQ}=4$이므로

$\overline{QH}=\sqrt{\overline{OQ}^2-\overline{OH}^2}=\sqrt{4^2-(\sqrt{5})^2}=\sqrt{11}$

따라서 $\overline{PQ}=2\overline{QH}=2\sqrt{11}$

달 ⑤

03 $y=2x+3$을 $x^2+y^2=9$에 대입하면

$x^2+(2x+3)^2=9$

$5x^2+12x=0$

$x(5x+12)=0$

$x=0$ 또는 $x=-\dfrac{12}{5}$

$x=0$이면

$y=2\times 0+3=3$

$x=-\dfrac{12}{5}$이면

$y=2\times\left(-\dfrac{12}{5}\right)+3=-\dfrac{9}{5}$

따라서 $A\left(-\dfrac{12}{5},\ -\dfrac{9}{5}\right)$, $B(0,\ 3)$

이때 원 $x^2+y^2=9$ 위의 점 $A\left(-\dfrac{12}{5},\ -\dfrac{9}{5}\right)$에서의 접선의 방정식은

$-\dfrac{12}{5}x-\dfrac{9}{5}y=9$, 즉 $y=-\dfrac{4}{3}x-5$

원 $x^2+y^2=9$ 위의 점 $B(0,\ 3)$에서의 접선의 방정식은

$0\times x+3y=9$, 즉 $y=3$

점 P는 두 직선 $y=-\dfrac{4}{3}x-5$, $y=3$이 만나는 점이므로

점 P의 y좌표는 3이고 x좌표는

$3=-\dfrac{4}{3}x-5$에서 $x=-6$

즉, $P(-6,\ 3)$이다.

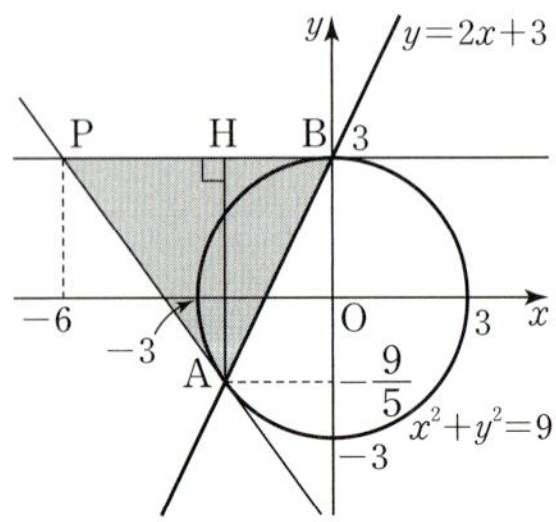

이때 $\overline{PB}=|0-(-6)|=6$

이고 점 A에서 직선 $y=3$에 내린 수선의 발을 H라 하면

$\overline{AH}=\left|3-\left(-\dfrac{9}{5}\right)\right|=\dfrac{24}{5}$

따라서 삼각형 PAB의 넓이는

$\dfrac{1}{2}\times\overline{PB}\times\overline{AH}=\dfrac{1}{2}\times 6\times\dfrac{24}{5}=\dfrac{72}{5}$

달 ②

다른 풀이

점 P의 좌표를 다음과 같이 구할 수도 있다.

세 점 A, B, P의 좌표를 각각 $A(x_1,\ y_1)$, $B(x_2,\ y_2)$, $P(a,\ b)$라 하자.

원 $x^2+y^2=9$ 위의 점 $A(x_1,\ y_1)$에서의 접선의 방정식은

$x_1x+y_1y=9$

이 직선이 점 $P(a,\ b)$를 지나므로

$ax_1+by_1=9$ ...... ㉠

또한 원 $x^2+y^2=9$ 위의 점 $B(x_2,\ y_2)$에서의 접선의 방정식은

$x_2x+y_2y=9$

이 직선이 점 $P(a,\ b)$를 지나므로

$ax_2+by_2=9$ ...... ㉡

㉠, ㉡에서 직선 $ax+by=9$는 두 점 A, B를 지난다.

이때 직선 AB의 방정식이 $y=2x+3$, 즉 $2x-y=-3$이고

두 직선 $ax+by=9$, $2x-y=-3$은 일치하므로

$\dfrac{a}{2}=\dfrac{b}{-1}=\dfrac{9}{-3}$에서

$a=-6$, $b=3$

따라서 점 P의 좌표는 $(-6,\ 3)$이다.

03 도형의 이동

기본 유형 익히기 유제

본문 26~27쪽

1 4	**2** 2	**3** $\dfrac{1}{5}$	**4** 5

1 점 $(2, -1)$을 x축의 방향으로 a만큼, y축의 방향으로 $a+5$만큼 평행이동한 점을 $\mathrm{P}(x', y')$이라 하면
$x'=2+a$, $y'=-1+(a+5)=a+4$
즉, $\mathrm{P}(a+2, a+4)$
점 P가 곡선 $y=x^2+2x$ 위의 점이므로
$a+4=(a+2)^2+2(a+2)$
$a^2+5a+4=0$
$(a+1)(a+4)=0$
$a=-1$ 또는 $a=-4$
따라서 모든 실수 a의 값의 곱은 $-1\times(-4)=4$

답 4

참고

주어진 평행이동에 의하여
$a=-1$이면 점 $(2, -1)$은 점 $(1, 3)$으로 이동하고,
$a=-4$이면 점 $(2, -1)$은 점 $(-2, 0)$으로 이동한다.
이때 두 점 $(1, 3)$, $(-2, 0)$은 모두 곡선 $y=x^2+2x$ 위의 점이다.

2 원 $x^2+y^2-6x-10y+10=0$에서
$(x-3)^2+(y-5)^2=24$
이 원을 x축의 방향으로 a만큼, y축의 방향으로 b만큼 평행이동한 원의 방정식은
$(x-a-3)^2+(y-b-5)^2=24$ ······ ㉠
이므로 원 ㉠의 중심의 좌표는 $(a+3, b+5)$이다.
원 ㉠의 넓이가 직선 $y=x$에 의하여 이등분되므로 원 ㉠의 중심이 직선 $y=x$ 위에 있어야 한다.
따라서 $b+5=a+3$이므로
$a-b=5-3=2$

답 2

3 점 $(a, 2a)$를 원점에 대하여 대칭이동한 점의 좌표는 $(-a, -2a)$이고, 이 점을 직선 $y=x$에 대하여 대칭이동한 점 P의 좌표는 $(-2a, -a)$이다.
점 $\mathrm{P}(-2a, -a)$가 원 $(x-1)^2+y^2=2$ 위의 점이므로
$(-2a-1)^2+(-a)^2=2$

$5a^2+4a-1=0$
$(a+1)(5a-1)=0$
$a=-1$ 또는 $a=\dfrac{1}{5}$
이때 점 $(a, 2a)$가 제1사분면 위의 점이므로 $a>0$
따라서 $a=\dfrac{1}{5}$

답 $\dfrac{1}{5}$

4 직선 $y=mx+n$을 직선 $y=x$에 대하여 대칭이동한 도형의 방정식은
$x=my+n$
이 직선이 두 점 $\mathrm{A}(-1, -1)$, $\mathrm{B}(3, 1)$을 지나므로
$-1=-m+n$ ······ ㉠
$3=m+n$ ······ ㉡
㉠, ㉡을 연립하여 풀면
$m=2$, $n=1$
따라서 $m^2+n^2=2^2+1^2=5$

답 5

다른 풀이

직선 $y=mx+n$을 직선 $y=x$에 대하여 대칭이동한 직선이 두 점 $(-1, -1)$, $(3, 1)$을 지나므로 두 점 $\mathrm{A}(-1, -1)$, $\mathrm{B}(3, 1)$을 지나는 직선을 직선 $y=x$에 대하여 대칭이동한 직선의 방정식이 $y=mx+n$이다.
두 점 $\mathrm{A}(-1, -1)$, $\mathrm{B}(3, 1)$을 지나는 직선의 방정식은
$y-(-1)=\dfrac{1-(-1)}{3-(-1)}\{x-(-1)\}$
즉, $y=\dfrac{1}{2}x-\dfrac{1}{2}$
이 직선을 직선 $y=x$에 대하여 대칭이동한 직선의 방정식은
$x=\dfrac{1}{2}y-\dfrac{1}{2}$
즉, $y=2x+1$
따라서 $m=2$, $n=1$이므로
$m^2+n^2=2^2+1^2=5$

유형 확인

본문 28~29쪽

01 ③	**02** ②	**03** ④	**04** 16	**05** ②
06 ①	**07** ②	**08** ④	**09** 20	**10** ③
11 2	**12** ⑤			

01 세 점 $A(-1, 0)$, $B(6, -1)$, $C(4, 7)$에 대하여 삼각형 ABC의 무게중심 G의 좌표는

$\left(\dfrac{-1+6+4}{3}, \dfrac{0+(-1)+7}{3}\right)$, 즉 $(3, 2)$

두 점 $A(-1, 0)$, $G(3, 2)$에서

$3-(-1)=4$, $2-0=2$

이므로 점 $A(-1, 0)$을 x축의 방향으로 4만큼, y축의 방향으로 2만큼 평행이동하면 점 $G(3, 2)$가 된다.

이 평행이동에 의하여 점 G가 점 G′으로 옮겨지므로 점 G′의 좌표를 (x', y')이라 하면

$x'=3+4=7$, $y'=2+2=4$

따라서 $G(3, 2)$, $G'(7, 4)$이므로

$\overline{GG'}=\sqrt{(7-3)^2+(4-2)^2}=2\sqrt{5}$

답 ③

점 G의 좌표를 구한 후, 선분 GG′의 길이를 다음과 같이 구할 수도 있다.

주어진 평행이동에 의하여 점 A가 점 G로 옮겨지고, 점 G가 점 G′으로 옮겨지므로 두 선분 AG, GG′의 길이는 서로 같다.

따라서 두 점 $A(-1, 0)$, $G(3, 2)$에서

$\overline{GG'}=\overline{AG}=\sqrt{\{3-(-1)\}^2+(2-0)^2}=2\sqrt{5}$

02 점 $P(-3, 4)$를 x축의 방향으로 a만큼, y축의 방향으로 b만큼 평행이동한 점 Q의 좌표는

$(-3+a, 4+b)$

선분 PQ의 중점의 좌표가 $(1, 6)$이므로

$\dfrac{-3+(-3+a)}{2}=1$, $\dfrac{4+(4+b)}{2}=6$

$a=8$, $b=4$

따라서 $a+b=8+4=12$

답 ②

03 점 B는 $A(2, 0)$을 x축의 방향으로 1만큼, y축의 방향으로 a만큼 평행이동한 점이므로

$B(2+1, a)$, 즉 $B(3, a)$

$a>0$이고 삼각형 OAB의 넓이가 4이므로

$\dfrac{1}{2}\times 2\times a=4$

$a=4$

즉, $B(3, 4)$이고 원점 O에 대하여 직선 OB의 방정식은

$y=\dfrac{4}{3}x$이다.

따라서 점 $A(2, 0)$과 직선 OB, 즉 $4x-3y=0$ 사이의 거리는

$\dfrac{|8-0|}{\sqrt{4^2+(-3)^2}}=\dfrac{8}{5}$

답 ④

점 $B(3, 4)$를 구한 후 점 A와 직선 OB 사이의 거리를 다음과 같이 구할 수도 있다.

$\overline{OB}=\sqrt{3^2+4^2}=5$

점 A에서 직선 OB에 내린 수선의 발을 H라 하면 점 A와 직선 OB 사이의 거리는 $\overline{AH}$이다.

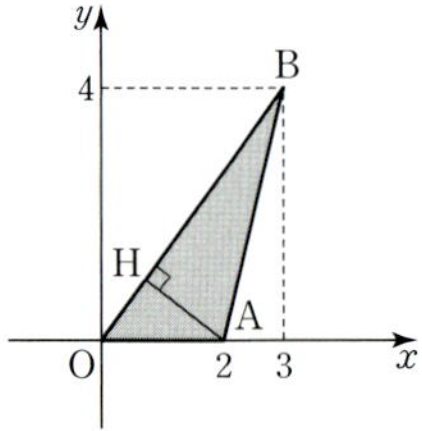

이때 삼각형 OAB의 넓이가 4이므로

$\dfrac{1}{2}\times\overline{AH}\times\overline{OB}=\dfrac{1}{2}\times\overline{AH}\times 5=4$

따라서 $\overline{AH}=\dfrac{8}{5}$

04 점 $(3, -1)$이 점 $(2, 4)$로 옮겨지는 평행이동을 x축의 방향으로 m만큼, y축의 방향으로 n만큼의 평행이동이라 하면

$3+m=2$, $-1+n=4$

$m=-1$, $n=5$

직선 $ax+6y+2=0$을 x축의 방향으로 -1만큼, y축의 방향으로 5만큼 평행이동한 직선의 방정식은

$a(x+1)+6(y-5)+2=0$

$ax+6y+a-28=0$ ······ ㉠

직선 ㉠과 직선 $2x+3y+b=0$이 일치하므로

$\dfrac{a}{2}=\dfrac{6}{3}=\dfrac{a-28}{b}$

따라서 $a=4$, $b=-12$이므로

$a-b=4-(-12)=16$

답 16

직선을 평행이동하였을 때 직선의 기울기는 변하지 않으므로 두 직선 $ax+6y+2=0$, $2x+3y+b=0$에서 a의 값은

$\dfrac{a}{2}=\dfrac{6}{3}$, $a=4$

05 원 $x^2+y^2=1$을 x축의 방향으로 1만큼, y축의 방향으로 -2만큼 평행이동한 원의 방정식은

$(x-1)^2+(y+2)^2=1$

이 원의 중심은 점 $(1, -2)$이고 반지름의 길이는 1이다.

이 원이 직선 $ax-y-5=0$과 접하려면 점 $(1, -2)$와 직선 $ax-y-5=0$ 사이의 거리가 반지름의 길이와 같아야 하므로

$\dfrac{|a\times 1-(-2)-5|}{\sqrt{a^2+(-1)^2}}=\dfrac{|a-3|}{\sqrt{a^2+1}}=1$

$|a-3|=\sqrt{a^2+1}$

양변을 제곱하여 정리하면
$a^2-6a+9=a^2+1$
$6a=8$
따라서 $a=\dfrac{4}{3}$

答 ②

06 곡선 $y=x^2+4x+3$, 즉 $y=(x+2)^2-1$을 x축의 방향으로 1만큼, y축의 방향으로 -1만큼 평행이동한 곡선의 방정식은
$y-(-1)=\{(x-1)+2\}^2-1$
$y=(x+1)^2-2$
이므로 평행이동한 곡선의 꼭짓점의 좌표는 $(-1, -2)$이다.
원 $x^2+y^2+ax+by=0$에서
$\left(x+\dfrac{a}{2}\right)^2+\left(y+\dfrac{b}{2}\right)^2=\dfrac{a^2+b^2}{4}$
이므로 이 원의 중심은 점 $\left(-\dfrac{a}{2}, -\dfrac{b}{2}\right)$이다.
두 점 $(-1, -2)$, $\left(-\dfrac{a}{2}, -\dfrac{b}{2}\right)$가 일치하므로
$-1=-\dfrac{a}{2}$, $-2=-\dfrac{b}{2}$
$a=2$, $b=4$
따라서 $a+b=2+4=6$

答 ①

07 점 $P(a, a-5)$를 x축의 방향으로 -1만큼, y축의 방향으로 2만큼 평행이동한 점의 좌표는
$(a-1, (a-5)+2)$, 즉 $(a-1, a-3)$
이 점을 y축에 대하여 대칭이동한 점 P'의 좌표는
$(-a+1, a-3)$
점 P'이 원 $x^2+y^2=4$ 위의 점이므로
$(-a+1)^2+(a-3)^2=4$
$a^2-4a+3=0$
$(a-1)(a-3)=0$
$a=1$ 또는 $a=3$
따라서 모든 a의 값의 합은
$1+3=4$

答 ②

08 점 B는 점 $A(3, 1)$을 x축에 대하여 대칭이동한 점이므로
$B(3, -1)$
점 C는 점 $B(3, -1)$을 직선 $y=x$에 대하여 대칭이동한 점이므로
$C(-1, 3)$

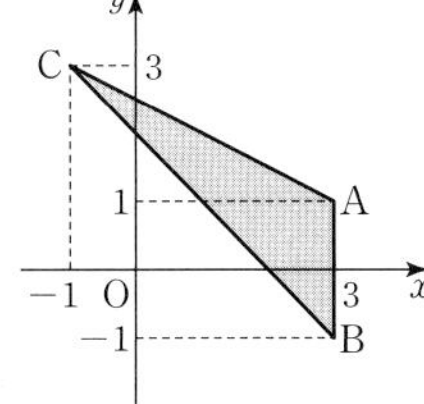

이때 두 점 A, B 사이의 거리는
$\overline{AB}=|-1-1|=2$
점 C와 직선 AB, 즉 직선 $x=3$ 사이의 거리는
$|3-(-1)|=4$
따라서 삼각형 ABC의 넓이는
$\dfrac{1}{2}\times2\times4=4$

答 ④

09 주어진 규칙에 의해
점 B_1은 점 $A_1(2, 1)$을 x축에 대하여 대칭이동한 점이므로
$B_1(2, -1)$
점 A_2는 점 $B_1(2, -1)$을 원점에 대하여 대칭이동한 점이므로
$A_2(-2, 1)$
점 B_2는 점 $A_2(-2, 1)$을 x축에 대하여 대칭이동한 점이므로
$B_2(-2, -1)$
점 A_3은 점 $B_2(-2, -1)$을 원점에 대하여 대칭이동한 점이므로
$A_3(2, 1)$
이때 두 점 A_1, A_3은 일치하므로 두 점 A_n, B_n은
n이 홀수일 때 $A_n(2, 1)$, $B_n(2, -1)$이고,
n이 짝수일 때 $A_n(-2, 1)$, $B_n(-2, -1)$이다.
따라서 $A_6(-2, 1)$, $B_9(2, -1)$이므로
$\overline{A_6B_9}^2=\{2-(-2)\}^2+(-1-1)^2=20$

答 20

10 $ab\neq0$이므로 x절편이 a, y절편이 b인 직선의 방정식은
$\dfrac{x}{a}+\dfrac{y}{b}=1$
이 직선을 x축의 방향으로 1만큼, y축의 방향으로 1만큼 평행이동한 직선의 방정식은
$\dfrac{x-1}{a}+\dfrac{y-1}{b}=1$
이 직선을 직선 $y=x$에 대하여 대칭이동한 직선의 방정식은
$\dfrac{y-1}{a}+\dfrac{x-1}{b}=1$
$b(y-1)+a(x-1)=ab$
$ax+by-ab-a-b=0$ …… ㉠
직선 ㉠과 직선 $x-2y-2=0$이 일치하므로
$\dfrac{a}{1}=\dfrac{b}{-2}=\dfrac{-ab-a-b}{-2}$
$\dfrac{a}{1}=\dfrac{b}{-2}$에서 $b=-2a$ …… ㉡
$\dfrac{b}{-2}=\dfrac{-ab-a-b}{-2}$에서 $ab+a+2b=0$ …… ㉢
㉡을 ㉢에 대입하면

정답과 풀이 **21**

$-2a^2+a-4a=0$

$2a^2+3a=0$

$a(2a+3)=0$

$a\neq0$이므로 $a=-\dfrac{3}{2}$이고

$b=-2a=-2\times\left(-\dfrac{3}{2}\right)=3$

따라서 $a+b=-\dfrac{3}{2}+3=\dfrac{3}{2}$

답 ③

11 곡선 $y=f(x)$를 x축에 대하여 대칭이동한 곡선의 방정식은

$-y=f(x)$

이 곡선을 y축의 방향으로 2만큼 평행이동한 곡선의 방정식은

$-(y-2)=f(x)$

$y=2-f(x)=2-(x^2+2x+a)=-x^2-2x+2-a$

즉, $g(x)=-x^2-2x+2-a$

이때

$f(x)=x^2+2x+a=(x+1)^2+a-1$

$g(x)=-x^2-2x+2-a=-(x+1)^2+3-a$

이므로 곡선 $y=f(x)$는 꼭짓점의 좌표가 $(-1,\ a-1)$이고 아래로 볼록인 이차함수의 그래프이고, 곡선 $y=g(x)$는 꼭짓점의 좌표가 $(-1,\ 3-a)$이고 위로 볼록인 이차함수의 그래프이다.

두 곡선 $y=f(x)$, $y=g(x)$의 꼭짓점의 x좌표가 같으므로 두 곡선이 한 점에서만 만나려면 두 꼭짓점이 일치해야 한다.

따라서 $a-1=3-a$에서

$a=2$

답 2

$g(x)=-x^2-2x+2-a$를 구한 후, 상수 a의 값을 다음과 같이 구할 수도 있다.

두 곡선 $y=f(x)$, $y=g(x)$가 한 점에서만 만나야 하므로 방정식 $f(x)=g(x)$이 오직 하나의 실근을 가져야 한다.

$f(x)=g(x)$에서

$x^2+2x+a=-x^2-2x+2-a$

$2x^2+4x+2a-2=0$

$x^2+2x+a-1=0$

이 이차방정식의 판별식을 D라 하면 $D=0$이어야 하므로

$\dfrac{D}{4}=1^2-(a-1)=2-a=0$

따라서 $a=2$

12 직선 $l:x+2y-12=0$을 직선 $y=x$에 대하여 대칭이동한 직선 l'의 방정식은

$y+2x-12=0$

즉, $2x+y-12=0$

두 직선의 방정식 $x+2y-12=0$, $2x+y-12=0$을 연립하여 풀면

$x=4,\ y=4$

이므로 두 직선 l, l'이 만나는 점의 좌표는 $(4,\ 4)$이다.

이때 직선 l의 y절편과 직선 l'의 x절편은 모두 6이다.

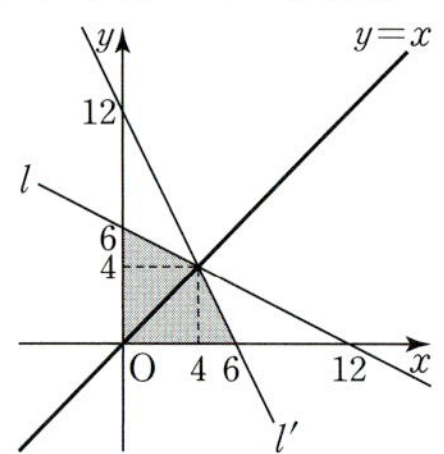

두 직선 l, l'과 x축 및 y축으로 둘러싸인 부분의 넓이는 밑변의 길이가 6, 높이가 4인 두 삼각형의 넓이의 합이므로 구하는 넓이는

$2\times\left(\dfrac{1}{2}\times6\times4\right)=24$

답 ⑤

두 직선 l, l'이 만나는 점은 직선 l이 직선 $y=x$와 만나는 점과 같다.

서술형 연습장

본문 30쪽

01 최댓값: 2, 최솟값: $\dfrac{1}{2}$ **02** $5\sqrt{2}$ **03** 8

01 점 P는 원점 $\mathrm{O}(0,\ 0)$을 x축의 방향으로 a만큼, y축의 방향으로 b만큼 평행이동한 점이므로

$\mathrm{P}(a,\ b)$

이때 a, b가 모두 양수이므로 점 P는 제1사분면 위의 점이다.

...... ❶

$\overline{AB}=|3-1|=2$이므로 세 점 $\mathrm{P}(a,\ b)$, $\mathrm{A}(1,\ 0)$, $\mathrm{B}(3,\ 0)$을 꼭짓점으로 하는 삼각형이 직각이등변삼각형이 되는 경우는 다음과 같다.

(i) $\angle\mathrm{A}=90°$인 경우

$\overline{AP}=\overline{AB}=2$이므로

점 P의 좌표는 $(1,\ 2)$이다.

따라서 $a=1$, $b=2$이므로

$\dfrac{b}{a}=\dfrac{2}{1}=2$

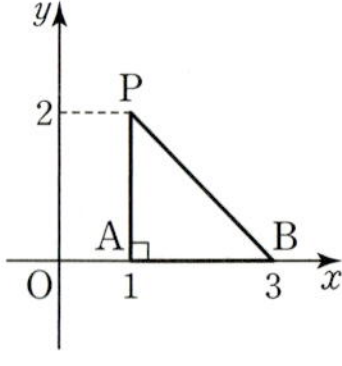

(ii) $\angle$B$=90^\circ$인 경우

$\overline{\text{BP}}=\overline{\text{AB}}=2$이므로

점 P의 좌표는 $(3, 2)$이다.

따라서 $a=3$, $b=2$이므로

$$\frac{b}{a}=\frac{2}{3}$$

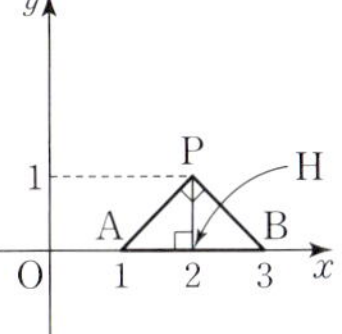

(iii) $\angle$P$=90^\circ$인 경우

점 P에서 x축에 내린 수선의 발을 H라

하면 점 H는 선분 AB의 중점이므로

점 P의 x좌표는 $\dfrac{1+3}{2}=2$이고

점 P의 y좌표는 선분 PH의 길이이다.

삼각형 PAH는 $\angle$H$=90^\circ$인 직각이등변삼각형이므로

$$\overline{\text{PH}}=\overline{\text{AH}}=\frac{1}{2}\overline{\text{AB}}=\frac{1}{2}\times 2=1$$

이므로 점 P의 좌표는 $(2, 1)$이다.

따라서 $a=2$, $b=1$이므로

$$\frac{b}{a}=\frac{1}{2} \qquad \text{❷}$$

(i), (ii), (iii)에서 $\dfrac{b}{a}$의 최댓값은 2, 최솟값은 $\dfrac{1}{2}$이다. …… ❸

日 최댓값: 2, 최솟값: $\dfrac{1}{2}$

단계	채점 기준	비율
❶	점 P의 좌표를 구한 경우	20 %
❷	$\angle$A$=90^\circ$ 또는 $\angle$B$=90^\circ$ 또는 $\angle$P$=90^\circ$인 경우의 $\dfrac{b}{a}$의 값을 각각 구한 경우	60 %
❸	$\dfrac{b}{a}$의 최댓값과 최솟값을 각각 구한 경우	20 %

02 점 A$(-1, 3)$을 x축에 대하여 대칭이동한 점을 A$'$이라 하면

$$\text{A}'(-1, -3) \qquad \text{❶}$$

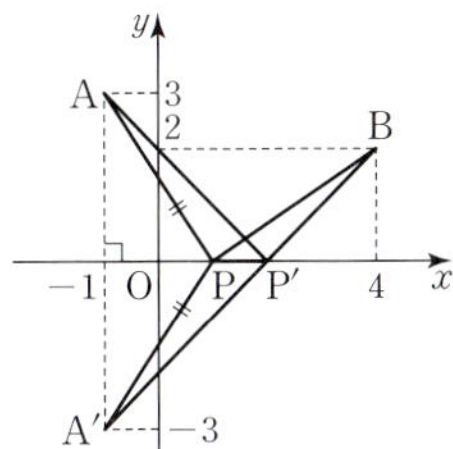

x축 위의 점 P에 대하여 $\overline{\text{AP}}=\overline{\text{A}'\text{P}}$이므로

$$\overline{\text{AP}}+\overline{\text{PB}}=\overline{\text{A}'\text{P}}+\overline{\text{PB}}$$

이때 선분 A$'$B가 x축과 만나는 점을 P$'$이라 하면

$\overline{\text{AP}}+\overline{\text{PB}}$는 점 P가 점 P$'$에 있을 때 최소이고, 최솟값은 선분 A$'$B의 길이이다.

즉, $\overline{\text{AP}}+\overline{\text{PB}}=\overline{\text{A}'\text{P}}+\overline{\text{PB}}\geq\overline{\text{A}'\text{B}}$ …… ❷

$$\overline{\text{A}'\text{B}}=\sqrt{\{4-(-1)\}^2+\{2-(-3)\}^2}=5\sqrt{2}$$

따라서 $\overline{\text{AP}}+\overline{\text{PB}}$의 최솟값은 $5\sqrt{2}$이다. …… ❸

日 $5\sqrt{2}$

단계	채점 기준	비율
❶	점 A를 x축에 대하여 대칭이동한 점 A$'$의 좌표를 구한 경우	20 %
❷	$\overline{\text{AP}}+\overline{\text{PB}}$의 최솟값이 선분 A$'$B의 길이임을 구한 경우	50 %
❸	$\overline{\text{AP}}+\overline{\text{PB}}$의 최솟값을 구한 경우	30 %

참고

점 B$(4, 2)$를 x축에 대하여 대칭이동한 점을 B$'$이라 하고

$$\overline{\text{AP}}+\overline{\text{PB}}\geq\overline{\text{AB}'}$$

임을 이용하여 $\overline{\text{AP}}+\overline{\text{PB}}$의 최솟값을 구할 수도 있다.

03 직선 $l : 2x-y+6=0$을 직선 $y=x$에 대하여 대칭이동한 직선 l'의 방정식은

$$2y-x+6=0, \ \text{즉} \ x-2y-6=0 \qquad \text{❶}$$

원 $x^2+(y-1)^2=n$이 직선 l과 만나야 하므로 원의 중심인 점 $(0, 1)$과 직선 l 사이의 거리가 반지름의 길이인 $\sqrt{n}$보다 작거나 같아야 한다. 즉,

$$\frac{|0-1+6|}{\sqrt{2^2+(-1)^2}}\leq\sqrt{n}$$

$$\sqrt{n}\geq\sqrt{5}$$

$$n\geq 5 \qquad \cdots\cdots\ \text{㉠} \qquad \text{❷}$$

또한 원 $x^2+(y-1)^2=n$이 직선 l'과 만나지 않아야 하므로 원의 중심인 점 $(0, 1)$과 직선 l' 사이의 거리가 반지름의 길이인 $\sqrt{n}$보다 커야 한다. 즉,

$$\frac{|0-2-6|}{\sqrt{1^2+(-2)^2}}>\sqrt{n}$$

$$\sqrt{n}<\frac{8}{\sqrt{5}}$$

$$n<\frac{64}{5}=12.8 \qquad \cdots\cdots\ \text{㉡} \qquad \text{❸}$$

㉠, ㉡에서 $5\leq n<12.8$

따라서 자연수 n의 값은 5, 6, 7, $\cdots$, 12이고 그 개수는 8이다. …… ❹

日 8

단계	채점 기준	비율
❶	직선 l'의 방정식을 구한 경우	20 %
❷	주어진 원과 직선 l이 만날 조건을 구한 경우	35 %
❸	주어진 원과 직선 l'이 만나지 않을 조건을 구한 경우	35 %
❹	자연수 n의 개수를 구한 경우	10 %

본문 31쪽

01 ④　　**02** ②　　**03** ③

01 주어진 규칙에 의해

점 A_2는 점 $A_1(1,\ 0)$을 직선 $y=x$에 대하여 대칭이동한 점이므로

$A_2(0,\ 1)$

점 A_3은 점 $A_2(0,\ 1)$을 x축의 방향으로 1만큼 평행이동한 점이므로

$A_3(1,\ 1)$

점 A_4는 점 $A_3(1,\ 1)$을 x축의 방향으로 1만큼 평행이동한 점이므로

$A_4(2,\ 1)$

점 A_5는 점 $A_4(2,\ 1)$을 직선 $y=x$에 대하여 대칭이동한 점이므로

$A_5(1,\ 2)$

점 A_6은 점 $A_5(1,\ 2)$를 x축의 방향으로 1만큼 평행이동한 점이므로

$A_6(2,\ 2)$

점 A_7는 점 $A_6(2,\ 2)$를 x축의 방향으로 1만큼 평행이동한 점이므로

$A_7(3,\ 2)$

…

따라서 점 A_n을 좌표평면에 나타내면 그림과 같다.

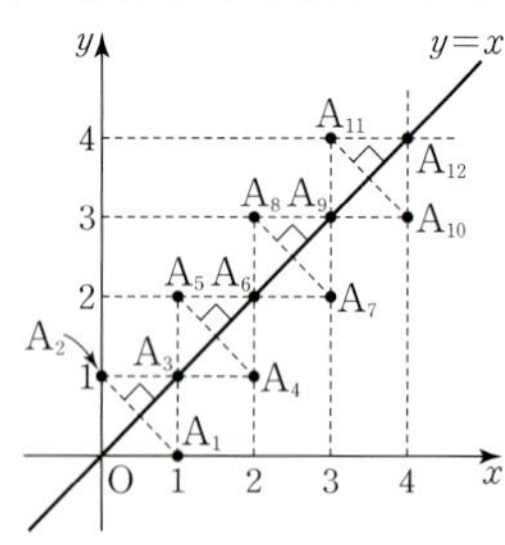

자연수 k에 대하여

$A_{3k-2}(k,\ k-1)$, $A_{3k-1}(k-1,\ k)$, $A_{3k}(k,\ k)$임을 알 수 있다.

따라서 점 A_{20}, 즉 점 $A_{3\times7-1}$의 좌표는 $(6,\ 7)$이므로

$c=6$, $d=7$이고

$c+d=6+7=13$

답 ④

02

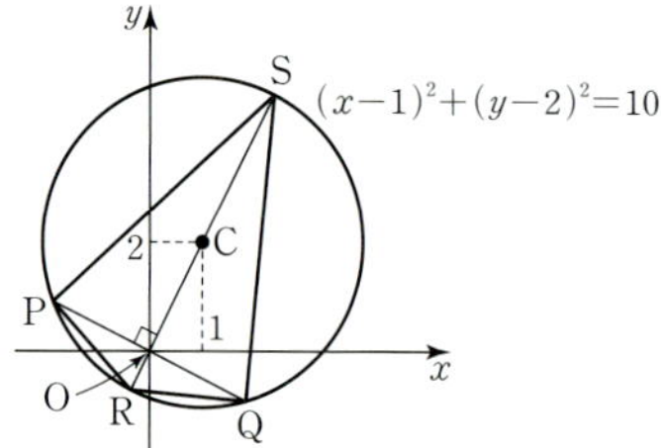

원 $(x-1)^2+(y-2)^2=10$의 중심을 점 C라 하면

$C(1,\ 2)$

원 $(x-1)^2+(y-2)^2=10$ 위의 서로 다른 두 점 P, Q가 원점에 대하여 서로 대칭이므로

점 P의 좌표를 $(a,\ b)\ (a<0)$라 하면 점 Q의 좌표는 $(-a,\ -b)$이다.

이때 선분 PQ의 중점은 원점 O이므로

원의 중심 C에서 현 PQ에 내린 수선의 발은 원점 O이다.

직선 OP의 기울기는 $\dfrac{b-0}{a-0}=\dfrac{b}{a}$, 직선 OC의 기울기는

$\dfrac{2-0}{1-0}=2$이고

두 직선 OP, OC가 서로 수직이므로

$\dfrac{b}{a}\times2=-1$

$a=-2b$

이때 점 $P(a,\ b)$, 즉 점 $P(-2b,\ b)$가 원 $(x-1)^2+(y-2)^2=10$ 위의 점이므로

$(-2b-1)^2+(b-2)^2=10$

$5b^2=5$

$b^2=1$

$b=-1$ 또는 $b=1$

$b=-1$이면

$a=-2b=-2\times(-1)=2$

$b=1$이면

$a=-2b=-2\times1=-2$

이때 $a<0$이므로 $a=-2$, $b=1$

따라서 $P(-2,\ 1)$, $Q(2,\ -1)$이고

$\overline{PQ}=\sqrt{\{2-(-2)\}^2+(-1-1)^2}=2\sqrt{5}$

한편, 두 점 R, S는 원 $(x-1)^2+(y-2)^2=10$ 위의 점이면서 동시에 원점 O와 원의 중심 C를 지나는 직선 $y=2x$ 위의 점이므로 선분 RS는 원 $(x-1)^2+(y-2)^2=10$의 지름이다.

즉, $\overline{RS}=2\sqrt{10}$

두 선분 PQ, RS가 서로 수직이므로 네 점 P, Q, R, S를 꼭짓점으로 하는 사각형의 넓이는

$\dfrac{1}{2}\times\overline{PQ}\times\overline{RS}=\dfrac{1}{2}\times2\sqrt{5}\times2\sqrt{10}=10\sqrt{2}$

답 ②

03 점 O를 원점, 반직선 OB를 x축의 양의 방향으로 잡고 점 A가 제1사분면에 있도록 부채꼴 OAB를 좌표평면에 나타내면 그림과 같다.

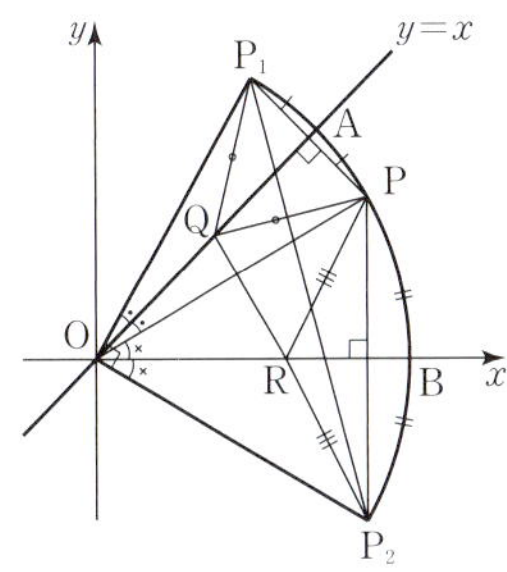

이때 부채꼴 OAB의 중심각의 크기가 $45°$이므로 직선 OA를 나타내는 방정식은 $y=x$이다.

점 P를 직선 OA, 즉 직선 $y=x$에 대하여 대칭이동한 점을 P_1이라 하고, 점 P를 x축에 대하여 대칭이동한 점을 P_2라 하면 선분 OA 위의 점 Q와 선분 OB 위의 점 R에 대하여

$\overline{PQ}=\overline{P_1Q}$, $\overline{RP}=\overline{RP_2}$

이므로 삼각형 PQR의 둘레의 길이는

$\overline{PQ}+\overline{QR}+\overline{RP}=\overline{P_1Q}+\overline{QR}+\overline{RP_2}\geq\overline{P_1P_2}$

즉, 삼각형 PQR의 둘레의 길이의 최솟값은 선분 P_1P_2의 길이이다.

이때 점 P가 호 AB를 삼등분하는 점 중 하나이고, 점 P를 직선 $y=x$와 x축에 대하여 대칭이동한 점이 각각 P_1, P_2이므로

$\angle P_1OA=\angle AOP=\left(\dfrac{1}{3}\times45\right)°=15°$

$\angle POB=\angle BOP_2=\left(\dfrac{2}{3}\times45\right)°=30°$

그러므로

$\angle P_1OP_2=(\angle P_1OA)+(\angle AOP)+(\angle POB)+(\angle BOP_2)$
$\qquad\quad=15°+15°+30°+30°=90°$

이고 삼각형 P_1OP_2는 $\overline{OP_1}=\overline{OP_2}=\overline{OA}=\sqrt{2}$인 직각이등변삼각형이다.

따라서 삼각형 PQR의 둘레의 길이의 최솟값인 선분 P_1P_2의 길이는

$\overline{P_1P_2}=\sqrt{2}\times\overline{OP_1}=\sqrt{2}\times\sqrt{2}=2$

답 ③

대단원 종합문제

01 ②	**02** ②	**03** ②	**04** 2	**05** ②
06 ④	**07** ④	**08** 6	**09** ③	**10** ⑤
11 3	**12** 제4사분면		**13** ④	**14** ①
15 $3+\sqrt{2}$	**16** ③	**17** ③	**18** 6	**19** ②
20 ③	**21** ②	**22** 6	**23** ②	
24 $\dfrac{13}{12}$	**25** 최댓값: 9, 최솟값: 1			

01 두 점 A$(1, 2)$, B$(2, 3)$에서
$\overline{AB}=\sqrt{(2-1)^2+(3-2)^2}=\sqrt{2}$
따라서 정삼각형의 한 변의 길이가 $\sqrt{2}$이므로 넓이는

$\dfrac{\sqrt{3}}{4}\times(\sqrt{2})^2=\dfrac{\sqrt{3}}{2}$

답 ②

참고

한 변의 길이가 a인 정삼각형의 높이를 h, 넓이를 S라 하면

$h=\dfrac{\sqrt{3}}{2}a$, $S=\dfrac{\sqrt{3}}{4}a^2$

02 점 P는 선분 AB를 $1:3$으로 내분하는 점이므로
$P\left(\dfrac{1\times2+3\times(-2)}{1+3}, \dfrac{1\times9+3\times1}{1+3}\right)$, 즉 $P(-1, 3)$
점 Q는 선분 AB의 중점이므로
$Q\left(\dfrac{-2+2}{2}, \dfrac{1+9}{2}\right)$, 즉 $Q(0, 5)$
따라서
$\overline{PQ}=\sqrt{\{0-(-1)\}^2+(5-3)^2}=\sqrt{5}$

답 ②

03 직선 $x+2y-3=0$, 즉 $y=-\dfrac{1}{2}x+\dfrac{3}{2}$의 기울기가 $-\dfrac{1}{2}$

이므로 이 직선과 평행한 직선의 기울기도 $-\dfrac{1}{2}$이다.

점 $(-1, 4)$를 지나고 기울기가 $-\dfrac{1}{2}$인 직선의 방정식은

$y-4=-\dfrac{1}{2}\{x-(-1)\}$

$y=-\dfrac{1}{2}x+\dfrac{7}{2}$

이고, 이 직선의 x절편은 7, y절편은 $\dfrac{7}{2}$이다.

따라서 x절편과 y절편의 합은

$$7+\frac{7}{2}=\frac{21}{2}$$

답 ②

04 점 $A(2, 1)$에서 직선 $y=x+1$에 내린 수선의 발을 H라 하면 직선 AH는 직선 $y=x+1$과 수직이다.
이때 직선 $y=x+1$의 기울기가 1이므로 직선 AH의 기울기는 -1이고, 직선 AH의 방정식은
$$y-1=-1\times(x-2)$$
$$y=-x+3$$
한편, 점 $H(a, b)$는 두 직선 $y=x+1$, $y=-x+3$이 만나는 점이므로
$$b=a+1$$
$$b=-a+3$$
즉, $a+1=-a+3$에서
$$a=1$$
$$b=a+1=1+1=2$$
따라서 $ab=1\times2=2$

답 2

05 직선 $y=3x+10$의 기울기는 3이므로 원 $x^2+y^2=r^2$에 접하고 기울기가 3인 직선의 방정식은
$$y=3x\pm r\sqrt{3^2+1}$$
$$y=3x\pm r\sqrt{10}$$
이때 $r>0$이므로 $r\sqrt{10}=10$
$$r=\frac{10}{\sqrt{10}}=\sqrt{10}$$
따라서 구하는 원의 넓이는
$$\pi\times(\sqrt{10})^2=10\pi$$

답 ②

06 직선 $y=2x-3$을 x축의 방향으로 a만큼, y축의 방향으로 $3a$만큼 평행이동한 직선의 방정식은
$$y-3a=2(x-a)-3$$
$$y=2x+a-3$$
$x^2+y^2-2x-6y=0$에서 $(x-1)^2+(y-3)^2=10$
이 원의 중심의 좌표는 $(1, 3)$이고, 직선 $y=2x+a-3$이 원의 넓이를 이등분하려면 원의 중심을 지나야 한다.
따라서 점 $(1, 3)$이 직선 $y=2x+a-3$ 위의 점이므로
$$3=2+a-3$$에서
$$a=4$$

답 ④

07 두 점 A', B'은 두 점 $A(2, 0)$, $B(0, 1)$을 각각 직선

$y=x$에 대하여 대칭이동한 점이므로
$$A'(0, 2),\ B'(1, 0)$$

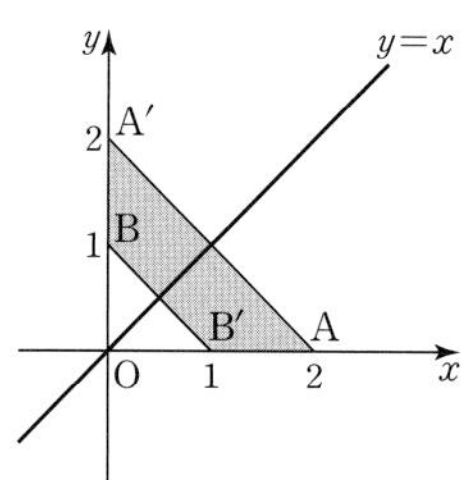

원점 O에 대하여 네 점 A, A', B, B'을 꼭짓점으로 하는 사각형의 넓이는 삼각형 OAA'의 넓이에서 삼각형 $OB'B$의 넓이를 뺀 것과 같다.
따라서 구하는 사각형의 넓이는
$$\frac{1}{2}\times\overline{OA}\times\overline{OA'}-\frac{1}{2}\times\overline{OB'}\times\overline{OB}$$
$$=\frac{1}{2}\times2\times2-\frac{1}{2}\times1\times1=\frac{3}{2}$$

답 ④

08 점 P가 직선 $y=x-1$ 위의 점이므로 점 P의 좌표를 $(a, a-1)$이라 하자.
두 점 $O(0, 0)$, $A(0, 2)$에 대하여
$$\overline{OP}^2=a^2+(a-1)^2=2a^2-2a+1$$
$$\overline{AP}^2=(a-0)^2+\{(a-1)-2\}^2=2a^2-6a+9$$
이므로
$$\overline{OP}^2+\overline{AP}^2=(2a^2-2a+1)+(2a^2-6a+9)$$
$$=4a^2-8a+10$$
$$=4(a-1)^2+6$$
따라서 $\overline{OP}^2+\overline{AP}^2$은 $a=1$일 때 최솟값 6을 갖는다.

답 6

09 정사각형 $OABC$의 두 대각선 OB, AC는 서로를 수직이등분하므로 두 선분 OB, AC의 중점이 같다.
선분 OB의 중점을 M이라 하면
$$M\left(\frac{0+3}{2},\ \frac{0+1}{2}\right)$$
즉, $M\left(\frac{3}{2},\ \frac{1}{2}\right)$
삼각형 ABC의 무게중심은 선분 BM을 $2:1$로 내분하는 점이므로 삼각형 ABC의 무게중심 G의 좌표는
$$\left(\frac{2\times\frac{3}{2}+1\times3}{2+1},\ \frac{2\times\frac{1}{2}+1\times1}{2+1}\right),\ 즉\left(2,\ \frac{2}{3}\right)이다.$$

따라서 $a=2$, $b=\dfrac{2}{3}$이므로

$$a+b=2+\dfrac{2}{3}=\dfrac{8}{3}$$

目 ③

10 점 P가 선분 AB를 $1:2$로 내분하는 점이므로

$$\overline{\text{AP}}=\dfrac{1}{3}\overline{\text{AB}}$$

점 Q가 선분 AB를 $3:1$로 내분하는 점이므로

$$\overline{\text{QB}}=\dfrac{1}{4}\overline{\text{AB}}$$

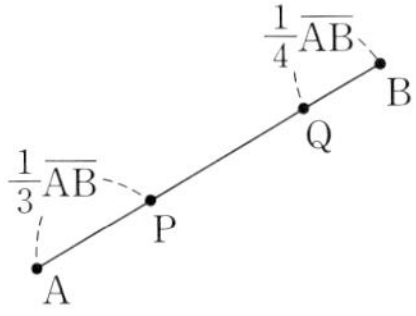

따라서
$$\overline{\text{PQ}}=\overline{\text{AB}}-(\overline{\text{AP}}+\overline{\text{QB}})$$
$$=\overline{\text{AB}}-\left(\dfrac{1}{3}\overline{\text{AB}}+\dfrac{1}{4}\overline{\text{AB}}\right)$$
$$=\overline{\text{AB}}-\dfrac{7}{12}\overline{\text{AB}}$$
$$=\dfrac{5}{12}\overline{\text{AB}}$$

이므로 $\dfrac{\overline{\text{PQ}}}{\overline{\text{AB}}}=\dfrac{5}{12}$

目 ⑤

11 $kx+(k+2)y-k+2=0$ $\quad\cdots\cdots$ ㉠

에서

$$k(x+y-1)+2y+2=0$$

이 식은 k의 값에 관계없이 $x+y-1=0$, $2y+2=0$일 때 항상
성립한다.

$2y+2=0$에서 $y=-1$이므로

$x+y-1=0$에서 $x=-y+1=-(-1)+1=2$

따라서 직선 ㉠은 k의 값에 관계없이 항상 점 $(2,\ -1)$을 지난다.

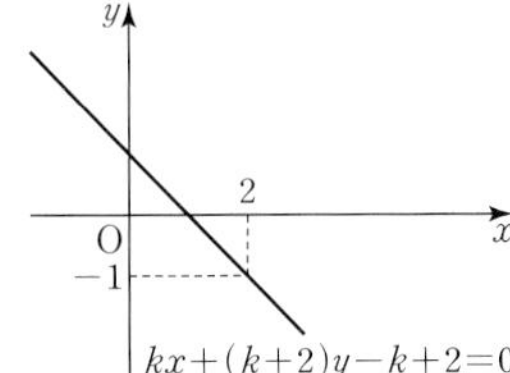

직선 ㉠이 제1사분면과 제2사분면을 모두 지나려면 이 직선의 y
절편이 양수이어야 한다.

자연수 k에 대하여 ㉠에서

$$y=-\dfrac{k}{k+2}x+\dfrac{k-2}{k+2}$$

이 직선의 y절편은 $\dfrac{k-2}{k+2}$이므로

$$\dfrac{k-2}{k+2}>0$$

이때 $k+2>0$이므로

$$k-2>0,\ k>2$$

따라서 자연수 k의 최솟값은 3이다.

目 3

12 직선 $ax+by+c=0$이 주어진 그림과 같으므로
세 상수 a, b, c는 모두 0이 아니다.

$ax+by+c=0$에서 $y=-\dfrac{a}{b}x-\dfrac{c}{b}$

이므로 이 직선의 기울기는 $-\dfrac{a}{b}$, y절편은 $-\dfrac{c}{b}$이다.

이때 주어진 그림의 직선의 기울기는 음수, y절편은 양수이므로

$$-\dfrac{a}{b}<0,\ -\dfrac{c}{b}>0,\ \text{즉}\ \dfrac{a}{b}>0,\ \dfrac{c}{b}<0$$

따라서 두 수 a, b의 부호는 서로 같고, 두 수 b, c의 부호는 서
로 다르므로 두 수 a, c의 부호는 서로 다르다.

$bx+cy+a=0$에서 $y=-\dfrac{b}{c}x-\dfrac{a}{c}$

이때 $-\dfrac{b}{c}>0$, $-\dfrac{a}{c}>0$이므로 직선

$bx+cy+a=0$의 기울기와 y절편이
모두 양수이다.

따라서 직선 $bx+cy+a=0$은 그림과
같이 제1사분면, 제2사분면, 제3사분면
을 지나고 제4사분면을 지나지 않는다.

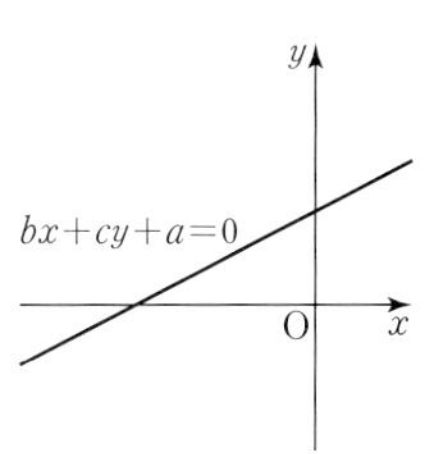

目 제4사분면

13 원 $(x-1)^2+(y+4)^2=5$ 위의 점 $(2,\ -2)$에서의 접선
의 기울기를 m이라 하자.

점 $(2,\ -2)$를 지나고 기울기가 m인 직선의 방정식은

$$y-(-2)=m(x-2)$$
$$mx-y-2m-2=0 \quad\cdots\cdots$$ ㉠

원 $(x-1)^2+(y+4)^2=5$의 중심인 점 $(1,\ -4)$와 직선 ㉠ 사
이의 거리가 원의 반지름의 길이인 $\sqrt{5}$와 같아야 하므로

$$\dfrac{|m\times1-(-4)-2m-2|}{\sqrt{m^2+(-1)^2}}=\dfrac{|-m+2|}{\sqrt{m^2+1}}=\sqrt{5}$$

$$|-m+2|=\sqrt{5(m^2+1)}$$

양변을 제곱하여 정리하면

$$(-m+2)^2=5(m^2+1)$$
$$4m^2+4m+1=0$$
$$(2m+1)^2=0$$
$$m=-\dfrac{1}{2}$$

$m=-\dfrac{1}{2}$을 ㉠에 대입하면 접선의 방정식은

$-\dfrac{1}{2}x-y+1-2=0$, $y=-\dfrac{1}{2}x-1$

이므로 구하는 접선의 x절편은 -2, y절편은 -1이다.

따라서 x절편과 y절편의 곱은

$-2\times(-1)=2$

답 ④

다른 풀이

원 $(x-1)^2+(y+4)^2=5$와 이 원 위의 점 $(2,\ -2)$는 원
$x^2+y^2=5$와 이 원 위의 점 $(1,\ 2)$를 각각 x축의 방향으로 1만큼, y축의 방향으로 -4만큼 평행이동한 것이다.

원 $x^2+y^2=5$ 위의 점 $(1,\ 2)$에서의 접선의 방정식은

$x+2y=5$ ······ ㉠

따라서 원 $(x-1)^2+(y+4)^2=5$ 위의 점 $(2,\ -2)$에서의 접선은 직선 ㉠을 x축의 방향으로 1만큼, y축의 방향으로 -4만큼 평행이동한 것이므로 이 접선의 방정식은

$(x-1)+2(y+4)=5$

$x+2y+2=0$

따라서 구하는 접선의 x절편은 -2, y절편은 -1이므로
x절편과 y절편의 곱은

$-2\times(-1)=2$

14 중심이 $C(a,\ b)$이고 반지름의 길이가 $\sqrt{13}$인 원의 방정식은

$(x-a)^2+(y-b)^2=13$

이 원이 두 점 $A(-1,\ 0)$, $B(3,\ 0)$을 지나므로

$(-1-a)^2+(0-b)^2=13$ ······ ㉠

$(3-a)^2+(0-b)^2=13$ ······ ㉡

㉠, ㉡에서

$(-1-a)^2+(0-b)^2=(3-a)^2+(0-b)^2$

$a^2+2a+1+b^2=a^2-6a+9+b^2$

$8a=8$

$a=1$

$a=1$을 ㉠에 대입하면

$(-1-1)^2+(0-b)^2=13$

$b^2=9$

따라서 $a^2+b^2=1+9=10$

답 ①

참고

$b^2=9$에서 $b=\pm3$이므로 주어진 조건을 만족시키는 원의 방정식은

$(x-1)^2+(y+3)^2=13$ 또는 $(x-1)^2+(y-3)^2=13$이다.

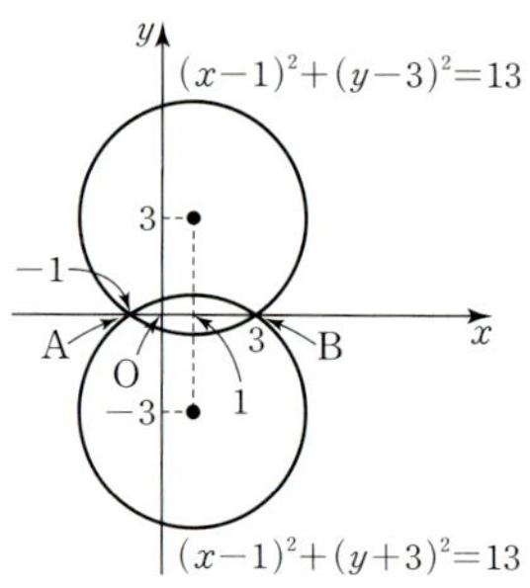

다른 풀이

두 점 $A(-1,\ 0)$, $B(3,\ 0)$의 중점의 좌표는 $\left(\dfrac{-1+3}{2},\ 0\right)$, 즉
$(1,\ 0)$이고 두 점 A, B를 지나는 직선은 x축(직선 $y=0$)이다.

두 점 A, B가 모두 원 위의 점이므로 이 원의 중심 $C(a,\ b)$는
두 점 A, B의 중점인 점 $(1,\ 0)$을 지나고 직선 AB, 즉 x축에
수직인 직선 $x=1$ 위에 있다.

즉, $a=1$

두 점 $C(1,\ b)$, $A(-1,\ 0)$을 이은 선분 CA의 길이가 원의 반
지름의 길이인 $\sqrt{13}$이어야 하므로

$\overline{CA}=\sqrt{(-1-1)^2+(0-b)^2}=\sqrt{b^2+4}=\sqrt{13}$

$b^2+4=13$

$b^2=9$

따라서 $a^2+b^2=1+9=10$

15 $x^2+y^2-4x+6y+12=0$에서

$(x-2)^2+(y+3)^2=1$

즉, 이 원은 중심이 점 $(2,\ -3)$이고 반지름의 길이가 1인 원이다.

이 원을 x축의 방향으로 a만큼, y축의 방향으로 b만큼 평행이동
한 원은 중심이 점 $(2+a,\ -3+b)$이고 반지름의 길이가 1인
원이다.

이때 평행이동한 원이 x축에 접하려면 중심의 y좌표의 절댓값이
1이어야 한다.

즉, $|-3+b|=1$이므로

$-3+b=-1$ 또는 $-3+b=1$

즉, $b=2$ 또는 $b=4$

(ⅰ) $b=2$일 때

평행이동한 원의 중심의 좌표는 $(2+a,\ -1)$

이 원이 직선 $y=x$와 접하려면 원의 중심인 점 $(2+a,\ -1)$
과 직선 $x-y=0$ 사이의 거리가 1이어야 하므로

$\dfrac{|(2+a)-(-1)|}{\sqrt{1^2+(-1)^2}}=\dfrac{|a+3|}{\sqrt{2}}=1$

$|a+3|=\sqrt{2}$

$a+3=-\sqrt{2}$ 또는 $a+3=\sqrt{2}$

$a=-3-\sqrt{2}$ 또는 $a=-3+\sqrt{2}$

따라서 $b=2$일 때 $a+b$의 값은 $-1-\sqrt{2}$ 또는 $-1+\sqrt{2}$이다.

(ii) $b=4$일 때

평행이동한 원의 중심의 좌표는 $(2+a, 1)$

이 원이 직선 $y=x$와 접하려면 원의 중심인 점 $(2+a, 1)$과

직선 $x-y=0$ 사이의 거리가 1이어야 하므로

$$\frac{|(2+a)-1|}{\sqrt{1^2+(-1)^2}}=\frac{|a+1|}{\sqrt{2}}=1$$

$|a+1|=\sqrt{2}$

$a+1=-\sqrt{2}$ 또는 $a+1=\sqrt{2}$

$a=-1-\sqrt{2}$ 또는 $a=-1+\sqrt{2}$

따라서 $b=4$일 때 $a+b$의 값은 $3-\sqrt{2}$ 또는 $3+\sqrt{2}$이다.

(i), (ii)에 의하여 $a+b$의 최댓값은 $3+\sqrt{2}$이다.

달 $3+\sqrt{2}$

16 곡선 $y=x^2+ax+a+1$을 x축의 방향으로 1만큼, y축의 방향으로 -1만큼 평행이동한 곡선의 방정식은

$y-(-1)=(x-1)^2+a(x-1)+a+1$

$y=x^2+(a-2)x+1$

이 방정식이 나타내는 곡선을 x축에 대하여 대칭이동한 곡선의 방정식은

$-y=x^2+(a-2)x+1$

$y=-x^2+(2-a)x-1$ $\qquad$ ...... ㉠

곡선 ㉠이 직선 $y=-x-\dfrac{3}{4}$과 접해야 하므로

이차방정식 $-x^2+(2-a)x-1=-x-\dfrac{3}{4}$, 즉

$x^2+(a-3)x+\dfrac{1}{4}=0$의 판별식을 D라 하면 $D=0$이어야 한다.

$D=(a-3)^2-4\times1\times\dfrac{1}{4}$

$\quad=a^2-6a+8$

$\quad=(a-2)(a-4)=0$

$a=2$ 또는 $a=4$

따라서 모든 상수 a의 값의 합은

$2+4=6$

답 ③

17 점 $A(3, 2)$를 직선 $y=x$에 대하여 대칭이동한 점을 A'이라 하면

$A'(2, 3)$

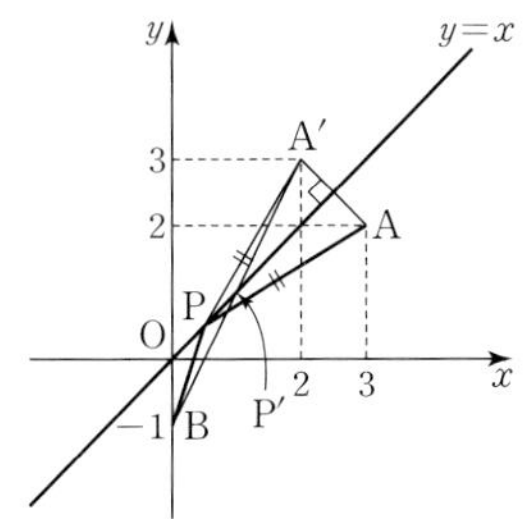

직선 $y=x$ 위의 점 P에 대하여 $\overline{AP}=\overline{A'P}$이므로

$\overline{AP}+\overline{PB}=\overline{A'P}+\overline{PB}$

이때 선분 $A'B$가 직선 $y=x$와 만나는 점을 P'이라 하면

$\overline{AP}+\overline{PB}$는 점 P가 점 P'에 있을 때 최소이고, 최솟값은 선분 $A'B$의 길이이다.

즉, $\overline{AP}+\overline{PB}=\overline{A'P}+\overline{PB}\geq\overline{A'B}$

이때

$\overline{A'B}=\sqrt{(0-2)^2+(-1-3)^2}=2\sqrt{5}$

따라서 $\overline{AP}+\overline{PB}$의 최솟값은 $2\sqrt{5}$이다.

답 ③

18 $A(x_1, y_1)$, $B(x_2, y_2)$, $C(x_3, y_3)$이라 하면 삼각형 ABC의 무게중심이 $G(a, b)$이므로

$$a=\frac{x_1+x_2+x_3}{3}, \ b=\frac{y_1+y_2+y_3}{3} \qquad ...... ㉠$$

한편, 세 점 P, Q, R이 각각 세 삼각형 GAB, GBC, GCA의 무게중심이므로

$$P\left(\frac{a+x_1+x_2}{3}, \frac{b+y_1+y_2}{3}\right)$$

$$Q\left(\frac{a+x_2+x_3}{3}, \frac{b+y_2+y_3}{3}\right)$$

$$R\left(\frac{a+x_3+x_1}{3}, \frac{b+y_3+y_1}{3}\right)$$

㉠에서 $x_1+x_2+x_3=3a$, $y_1+y_2+y_3=3b$이므로 삼각형 PQR의 무게중심의 x좌표는

$$\frac{1}{3}\times\frac{3a+2(x_1+x_2+x_3)}{3}=\frac{1}{3}\times\frac{3a+2\times3a}{3}=a$$

이고 y좌표는

$$\frac{1}{3}\times\frac{3b+2(y_1+y_2+y_3)}{3}=\frac{1}{3}\times\frac{3b+2\times3b}{3}=b$$

이때 삼각형 PQR의 무게중심의 x좌표와 y좌표의 합이 6이므로

$a+b=6$

답 6

19 직선 $y=m(x+2)$는 m의 값에 관계없이 점 $(-2, 0)$을 지나고 $0<m<2$이므로 세 직선 $y=m(x+2)$, $y=2x$, $y=-x$는 그림과 같다.

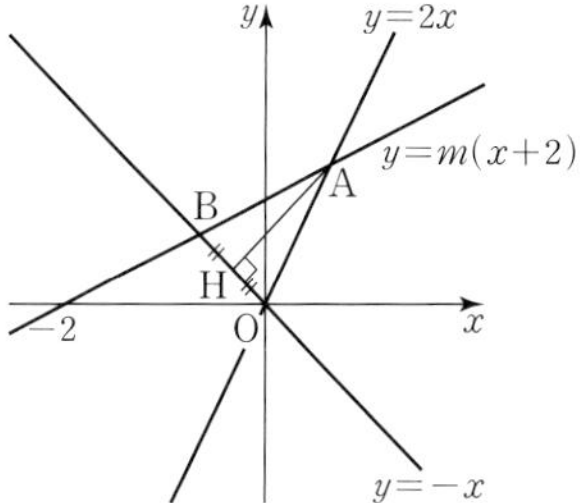

삼각형 OAB가 $\overline{OA}=\overline{AB}$인 이등변삼각형이므로 점 A에서 선

분 OB에 내린 수선의 발을 H라 하면 직선 AH는 선분 OB를 수직이등분한다.

즉, 점 H는 선분 OB의 중점이고, 직선 AH와 직선 $y=-x$는 수직이다.

두 직선 $y=m(x+2)$, $y=2x$가 만나는 점 A의 x좌표는

$$m(x+2)=2x$$
$$(2-m)x=2m$$
$$x=\frac{2m}{2-m}$$

이므로 $A\left(\dfrac{2m}{2-m}, \dfrac{4m}{2-m}\right)$

두 직선 $y=m(x+2)$, $y=-x$가 만나는 점 B의 x좌표는

$$m(x+2)=-x$$
$$(m+1)x=-2m$$
$$x=-\frac{2m}{m+1}$$

이므로 $B\left(-\dfrac{2m}{m+1}, \dfrac{2m}{m+1}\right)$

선분 OB의 중점 H의 좌표는 $\left(-\dfrac{m}{m+1}, \dfrac{m}{m+1}\right)$

이때 직선 $y=-x$와 수직인 직선 AH의 기울기는 1이므로

$$\frac{\dfrac{m}{m+1}-\dfrac{4m}{2-m}}{-\dfrac{m}{m+1}-\dfrac{2m}{2-m}}=1$$

$$\frac{m}{m+1}-\frac{4m}{2-m}=-\frac{m}{m+1}-\frac{2m}{2-m}$$

$$\frac{2m}{m+1}=\frac{2m}{2-m}$$

이때 $0<m<2$이므로

$$m+1=2-m$$
$$m=\frac{1}{2}$$

따라서 $A\left(\dfrac{2}{3}, \dfrac{4}{3}\right)$, $B\left(-\dfrac{2}{3}, \dfrac{2}{3}\right)$이므로

$$\overline{OA}=\sqrt{\left(\frac{2}{3}\right)^2+\left(\frac{4}{3}\right)^2}=\frac{2\sqrt{5}}{3}$$

답 ②

20 두 점 $A(5, 0)$, $B(7, 4)$를 지나는 직선의 기울기는 $\dfrac{4-0}{7-5}=2$이므로 직선 AB의 방정식은

$$y-0=2(x-5)$$
$$y=2x-10$$

이고, 이 직선에 수직이고 원점 O를 지나는 직선의 방정식은 $y=-\dfrac{1}{2}x$이다.

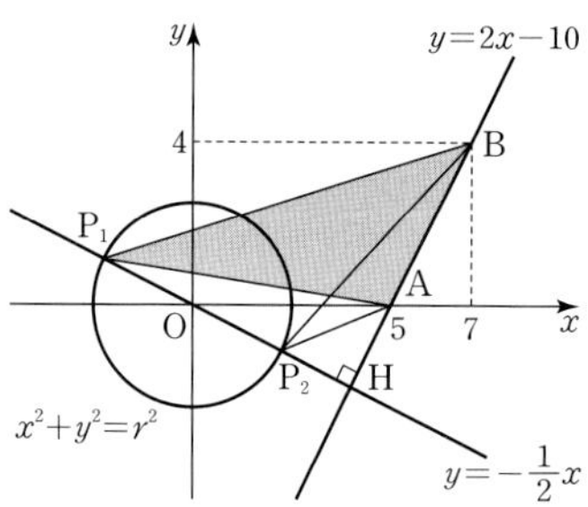

중심이 원점 O인 원이 직선 $y=-\dfrac{1}{2}x$와 만나는 점 중 제2사분면 위의 점을 P_1, 제4사분면 위의 점을 P_2라 하면 삼각형 PAB의 넓이 S는 점 P가 점 P_1에 있을 때 최대이고, 점 P_2에 있을 때 최소이다.

이때 $\overline{AB}=\sqrt{(7-5)^2+(4-0)^2}=2\sqrt{5}$

두 직선 $y=2x-10$, $y=-\dfrac{1}{2}x$가 만나는 점을 H라 할 때, 원점 O와 직선 $y=2x-10$, 즉 $2x-y-10=0$ 사이의 거리 $\overline{OH}$는

$$\overline{OH}=\frac{|-10|}{\sqrt{2^2+(-1)^2}}=\frac{10}{\sqrt{5}}=2\sqrt{5}$$

원의 반지름의 길이가 r이고 S의 최솟값, 즉 삼각형 P_2AB의 넓이가 5이므로

$$\overline{P_2H}=\overline{OH}-\overline{OP_2}=2\sqrt{5}-r$$

에서

$$\frac{1}{2}\times\overline{AB}\times\overline{P_2H}=\frac{1}{2}\times2\sqrt{5}\times(2\sqrt{5}-r)=\sqrt{5}(2\sqrt{5}-r)=5$$

$$2\sqrt{5}-r=\sqrt{5}$$
$$r=\sqrt{5}$$

따라서

$$\overline{P_1H}=\overline{P_1O}+\overline{OH}=r+2\sqrt{5}=\sqrt{5}+2\sqrt{5}=3\sqrt{5}$$

이므로 S의 최댓값, 즉 삼각형 P_1AB의 넓이는

$$\frac{1}{2}\times\overline{AB}\times\overline{P_1H}=\frac{1}{2}\times2\sqrt{5}\times3\sqrt{5}=15$$

답 ③

21 원 $(x-2)^2+(y-2)^2=1$은 중심이 점 $(2, 2)$이고 반지름의 길이가 1인 원이다.

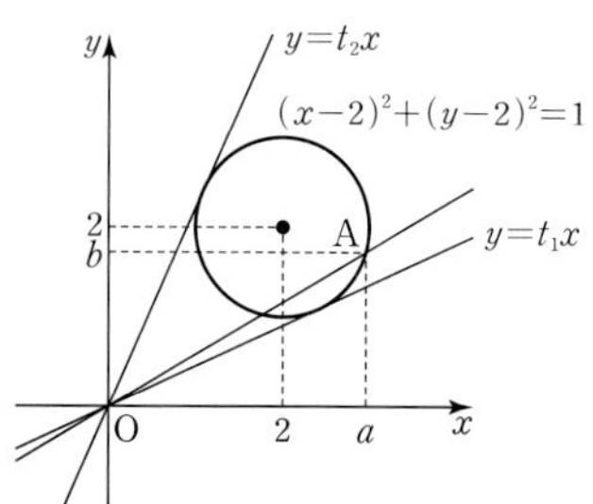

$\dfrac{b}{a}=\dfrac{b-0}{a-0}$은 원점 O와 점 $A(a, b)$를 지나는 직선의 기울기와 같다.

원점 O를 지나고 원 $(x-2)^2+(y-2)^2=1$에 접하는 직선의 기울기를 t라 하면

이 직선의 방정식은

$y=tx$, $tx-y=0$

원 $(x-2)^2+(y-2)^2=1$의 중심인 점 $(2, 2)$와 직선

$tx-y=0$ 사이의 거리가 원의 반지름의 길이인 1이어야 하므로

$$\dfrac{|2t-2|}{\sqrt{t^2+(-1)^2}}=1$$

$|2t-2|=\sqrt{t^2+1}$

양변을 제곱하면

$(2t-2)^2=t^2+1$

$3t^2-8t+3=0$

이 이차방정식의 판별식을 D라 하면

$$\dfrac{D}{4}=(-4)^2-3\times3=7>0$$

이므로 이 이차방정식은 서로 다른 두 실근을 갖는다.

두 실근을 t_1, t_2 $(t_1<t_2)$라 하면 근과 계수의 관계에 의하여

$t_1+t_2=\dfrac{8}{3}$, $t_1t_2=1$

따라서 $\dfrac{b}{a}$의 최댓값은 $M=t_2$, 최솟값은 $m=t_1$이므로

$$\begin{aligned}
M^2+m^2&=t_2{}^2+t_1{}^2\\
&=(t_1+t_2)^2-2t_1t_2\\
&=\left(\dfrac{8}{3}\right)^2-2\times1=\dfrac{46}{9}
\end{aligned}$$

답 ②

22 중심이 점 $(-5, 0)$이고 반지름의 길이가 1인 원을 x축의 방향으로 n만큼 평행이동한 원 C는 중심이 점 $(n-5, 0)$이고 반지름의 길이가 1인 원이다.

x축 위의 점 $A(a, 0)(a<0)$에 대하여 중심이 A이고 반지름의 길이가 1인 원이 직선 $y=-\dfrac{x}{2}$와 제2사분면에서 접하려면 점 A와 직선 $y=-\dfrac{x}{2}$, 즉 $x+2y=0$ 사이의 거리가 1이어야 하므로

$$\dfrac{|a+0|}{\sqrt{1^2+2^2}}=\dfrac{|a|}{\sqrt{5}}=1$$

$|a|=\sqrt{5}$

$a<0$에서 $a=-\sqrt{5}$

즉, 중심이 점 $(-\sqrt{5}, 0)$이고 반지름의 길이가 1인 원은 함수 $y=f(x)$의 그래프와 제2사분면에서 접한다.

또한 x축 위의 점 $B(b, 0)(b>0)$에 대하여 중심이 점 B이고 반지름의 길이가 1인 원이 직선 $y=\dfrac{x}{3}$와 제1사분면에서 접하려면

점 B와 직선 $y=\dfrac{x}{3}$, 즉 $x-3y=0$ 사이의 거리가 1이어야 하므로

$$\dfrac{|b-0|}{\sqrt{1^2+(-3)^2}}=\dfrac{|b|}{\sqrt{10}}=1$$

$|b|=\sqrt{10}$

$b>0$에서 $b=\sqrt{10}$

즉, 중심이 점 $(\sqrt{10}, 0)$이고 반지름의 길이가 1인 원은 함수 $y=f(x)$의 그래프와 제1사분면에서 접한다.

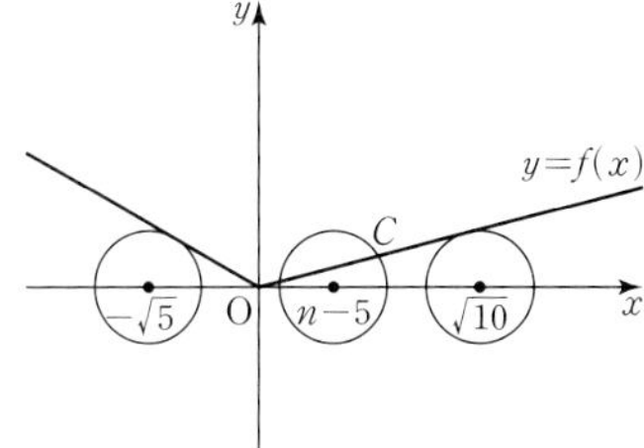

원 C가 함수 $y=f(x)$의 그래프와 만나려면 원 C의 중심 $(n-5, 0)$이 두 점 $(-\sqrt{5}, 0)$, $(\sqrt{10}, 0)$을 이은 선분 위에 있어야 하므로

$-\sqrt{5}\leq n-5\leq\sqrt{10}$

$5-\sqrt{5}\leq n\leq5+\sqrt{10}$

이때 $2<\sqrt{5}<3<\sqrt{10}<4$이므로

자연수 n의 값은 3, 4, 5, 6, 7, 8이다.

따라서 구하는 자연수 n의 개수는 6이다.

답 6

23

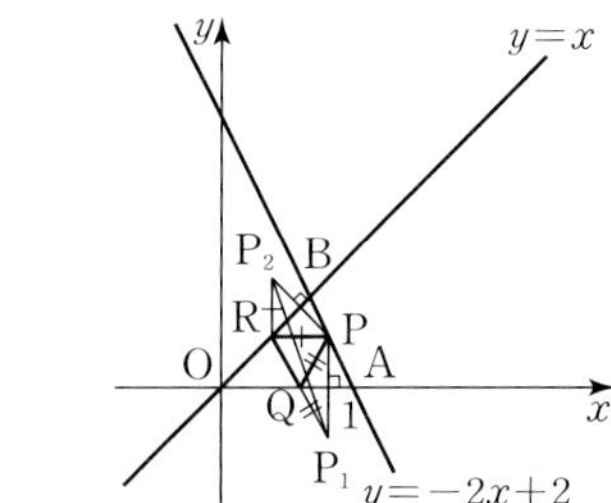

직선 $y=-2x+2$의 x절편은 1이므로

$A(1, 0)$

두 직선 $y=-2x+2$, $y=x$가 만나는 점 B의 좌표는

$-2x+2=x$에서 $x=\dfrac{2}{3}$이므로

$B\left(\dfrac{2}{3}, \dfrac{2}{3}\right)$

점 P의 좌표를 $(a, -2a+2)$ $\left(\dfrac{2}{3}\leq a\leq1\right)$라 하자.

점 $P(a, -2a+2)$를 x축과 직선 $y=x$에 대하여 대칭이동한 점을 각각 P_1, P_2라 하면

$P_1(a, 2a-2)$, $P_2(-2a+2, a)$

이고

$\overline{PQ}=\overline{P_1Q}$, $\overline{RP}=\overline{RP_2}$

이므로

$\overline{PQ}+\overline{QR}+\overline{RP}=\overline{P_1Q}+\overline{QR}+\overline{RP_2}\geq\overline{P_1P_2}$

삼각형 PRQ의 둘레의 길이의 최솟값은 선분 P_1P_2의 길이이다.
이때
$$\overline{P_1P_2}=\sqrt{\{(-2a+2)-a\}^2+\{a-(2a-2)\}^2}$$
$$=\sqrt{10a^2-16a+8}$$
$$=\sqrt{10\left(a-\frac{4}{5}\right)^2+\frac{8}{5}}$$

따라서 삼각형 PRQ의 둘레의 길이는 $a=\frac{4}{5}$일 때 최솟값

$\sqrt{\dfrac{8}{5}}=\dfrac{2\sqrt{10}}{5}$을 갖는다.

답 ②

24 두 점 A$(-1, 1)$, B$(2, -1)$을 지나는 직선의 기울기는

$$\frac{-1-1}{2-(-1)}=-\frac{2}{3}$$ ...... ❶

직선 l이 직선 AB와 평행하므로 직선 l의 기울기는 $-\dfrac{2}{3}$이다.

이때 직선 l이 점 C$(1, 1)$을 지나므로 직선 l의 방정식은

$$y-1=-\frac{2}{3}(x-1), \; y=-\frac{2}{3}x+\frac{5}{3}$$

이고, y절편은 $\dfrac{5}{3}$이다. ...... ❷

직선 m이 직선 AB와 수직이므로 직선 m의 기울기는 $\dfrac{3}{2}$이고,

이때 직선 m이 점 C$(1, 1)$을 지나므로 직선 m의 방정식은

$$y-1=\frac{3}{2}(x-1), \; y=\frac{3}{2}x-\frac{1}{2}$$

이고, y절편은 $-\dfrac{1}{2}$이다. ...... ❸

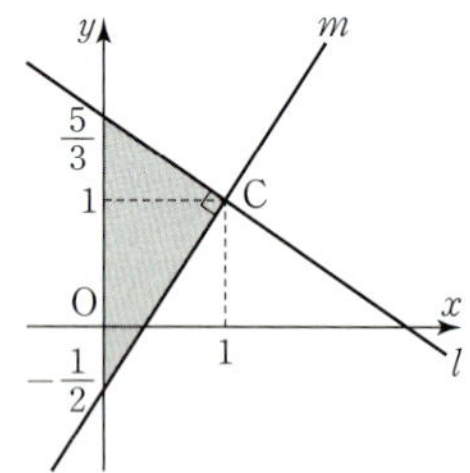

따라서 두 직선 l, m과 y축으로 둘러싸인 부분의 넓이는

$$\frac{1}{2}\times\left\{\frac{5}{3}-\left(-\frac{1}{2}\right)\right\}\times 1=\frac{13}{12}$$ ...... ❹

답 $\dfrac{13}{12}$

단계	채점 기준	비율
❶	직선 AB의 기울기를 구한 경우	20 %
❷	직선 l의 y절편을 구한 경우	30 %
❸	직선 m의 y절편을 구한 경우	30 %
❹	두 직선 l, m과 y축으로 둘러싸인 부분의 넓이를 구한 경우	20 %

25 $x^2+y^2+2x-4y+1=0$에서
$$(x+1)^2+(y-2)^2=4$$
이므로 원 C_1은 중심의 좌표가 $(-1, 2)$, 반지름의 길이가 2인
원이다. ...... ❶
원 C_1을 x축의 방향으로 3만큼 평행이동한 원의 방정식은
$$\{(x-3)+1\}^2+(y-2)^2=4에서$$
$$(x-2)^2+(y-2)^2=4$$
이 원을 x축에 대하여 대칭이동한 원 C_2의 방정식은
$$(x-2)^2+(-y-2)^2=4에서$$
$$(x-2)^2+(y+2)^2=4$$
따라서 원 C_2는 중심의 좌표가 $(2, -2)$, 반지름의 길이가 2인
원이다. ...... ❷
두 원 C_1, C_2의 중심을 각각 A, B라 하면
A$(-1, 2)$, B$(2, -2)$이므로
$$\overline{AB}=\sqrt{\{2-(-1)\}^2+(-2-2)^2}=5$$ ...... ❸

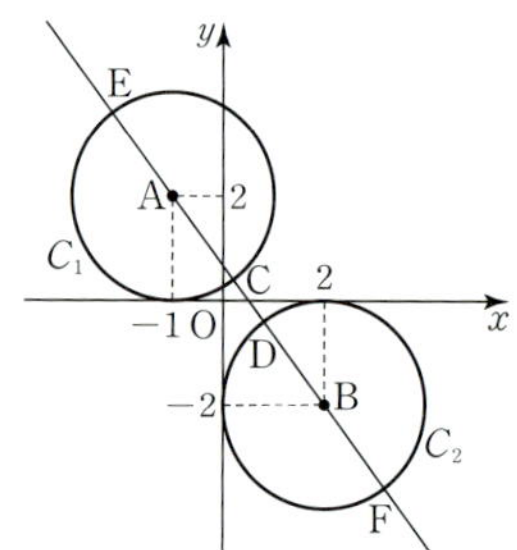

그림과 같이 선분 AB가 두 원 C_1, C_2와 만나는 점을 각각 C, D
라 하고, 선분 AB의 연장선이 두 원 C_1, C_2와 만나는 점을 각각
E, F라 하면 선분 PQ의 길이의 최댓값은 $\overline{EF}$이고, 최솟값은
$\overline{CD}$이다.
두 원 C_1, C_2의 반지름의 길이가 모두 2이므로
$$\overline{EF}=\overline{EA}+\overline{AB}+\overline{BF}=2+5+2=9$$
$$\overline{CD}=\overline{AB}-(\overline{AC}+\overline{BD})=5-(2+2)=1$$
따라서 선분 PQ의 길이의 최댓값은 9, 최솟값은 1이다. ...... ❹

답 최댓값: 9, 최솟값: 1

단계	채점 기준	비율
❶	원 C_1의 중심의 좌표와 반지름의 길이를 각각 구한 경우	10 %
❷	원 C_2의 중심의 좌표와 반지름의 길이를 각각 구한 경우	30 %
❸	두 원 C_1, C_2의 중심 사이의 거리를 구한 경우	20 %
❹	선분 PQ의 길이의 최댓값과 최솟값을 각각 구한 경우	40 %

04 집합

기본 유형 익히기 유제

본문 39~42쪽

1 13	**2** 4	**3** 18	**4** 8	**5** 13
6 32	**7** 14	**8** 5		

1 $9 \in A$이므로 자연수 n은 9의 약수이다.
따라서 n의 값은 1, 3, 9이므로 그 합은
$1+3+9=13$

답 13

2 $3^1=3$, $3^2=9$, $3^3=27$, $3^4=81$, $3^5=243$, $3^6=729$, $\cdots$
이므로 $A=\{1, 3, 7, 9\}$
따라서 $n(A)=4$

답 4

3 $A=B$이므로 $A \subset B$이고 $B \subset A$
$b>0$에서 $a-b \neq a+b$이므로
$3a=a+b$, $a-b=-6$
$2a=b$, $a-b=-6$
두 식을 연립하여 풀면 $a=6$, $b=12$
따라서 $a+b=6+12=18$

답 18

4 $A=\{2, 3, 5, 7, 11\}$이므로 집합 A의 부분집합 중 두 원소 2, 3을 반드시 포함하는 부분집합의 개수는
$2^{5-2}=2^3=8$

답 8

5 $U=\{1, 2, 3, 4, 5, 6, 7, 8, 9, 10\}$이므로
$A=\{2, 3, 4, 6, 8, 9, 10\}$
$A^C=\{1, 5, 7\}$이므로 집합 A^C의 모든 원소의 합은
$1+5+7=13$

답 13

6 $\{1, 2, 3\} \cup X=X$이므로 $\{1, 2, 3\} \subset X$
따라서 집합 X는 세 원소 1, 2, 3을 반드시 포함하는 전체집합 U의 부분집합이므로 집합 X의 개수는
$2^{8-3}=2^5=32$

답 32

7 $A^C \cap B^C=(A \cup B)^C=\{2, 4, 8\}$이므로
$A \cup B=\{1, 3, 5, 6, 7\}$
따라서 $(A \cup B)-(A \cap B)=\{3, 5, 6\}$이므로
집합 $(A \cup B)-(A \cap B)$의 모든 원소의 합은
$3+5+6=14$

답 14

8 $n(A \cup B)=n(A)+n(B)-n(A \cap B)$
$\qquad\qquad\quad =10+8-3=15$
따라서
$n(A^C \cap B^C)=n((A \cup B)^C)$
$\qquad\qquad\quad =n(U)-n(A \cup B)$
$\qquad\qquad\quad =20-15=5$

답 5

유형 확인

본문 43~45쪽

01 ②	**02** ④	**03** 11	**04** ⑤	**05** ④
06 ③	**07** -2	**08** ③	**09** ②	**10** ④
11 16	**12** 2	**13** ④	**14** ②	**15** ③
16 8	**17** ④	**18** ④	**19** 15	**20** ③
21 10	**22** ①			

01 ㄱ. '6 이하의 자연수의 모임'은 그 대상을 분명히 알 수 있다. 즉, '6 이하의 자연수의 모임'은 집합이다.
ㄴ. '수학을 잘하는 학생들의 모임'은 그 대상을 분명하게 결정할 수 없으므로 집합이 아니다.
ㄷ. '큰 수들의 모임'은 그 대상을 분명하게 결정할 수 없으므로 집합이 아니다.
ㄹ. '짝수인 소수의 모임'은 그 대상을 분명히 알 수 있다. 즉, '짝수인 소수의 모임'은 집합이다.
ㅁ. '예쁜 꽃들의 모임'은 그 대상을 분명하게 결정할 수 없으므로 집합이 아니다.
따라서 집합인 것은 ㄱ, ㄹ이다.

답 ②

02 $A=\{2, 3, 5, 7, 11, 13, 17, 19\}$
④ 15는 집합 A의 원소가 아니므로 $15 \not\in A$

답 ④

03 소수를 작은 수부터 크기순으로 나타내면
2, 3, 5, 7, 11, $\cdots$

$n(A)=3$이므로 $A=\{2, 3, 5\}$
집합 A는 5를 포함하고 7을 포함하지 않아야 하므로 구하는 모든 자연수 k의 값의 합은
$5+6=11$

답 11

04 $A=\{1, 3, 5, 15\}$이므로 $n(A)=4$
3의 양의 배수를 작은 수부터 크기순으로 나열하면
$3, 6, 9, 12, 15, \cdots$
$n(B)=n(A)=4$이므로 $B=\{3, 6, 9, 12\}$
따라서 구하는 자연수 k의 값은 12, 13, 14이므로 그 합은
$12+13+14=39$

답 ⑤

05 집합 A의 모든 원소가 집합 B의 원소일 때, 집합 A는 집합 B의 부분집합이다.
따라서 $\varnothing$, $\{1\}$, $\{1, 3\}$, $\{1, 2, 3\}$은 모두 집합 $\{1, 2, 3\}$의 부분집합이다.
④ $4\notin\{1, 2, 3\}$이므로 집합 $\{2, 4\}$는 집합 $\{1, 2, 3\}$의 부분집합이 아니다.

답 ④

06 $A\subset B$이려면 $a-3<1$, $3\leq 2a+7$이어야 하므로
$-2\leq a<4$
따라서 구하는 모든 정수 a의 값의 합은
$(-2)+(-1)+0+1+2+3=3$

답 ③

07 $A=B$이므로 $A\subset B$이고 $B\subset A$
$2\in A$이므로 $2\in B$, 즉 $a^2+a=2$
$a^2+a-2=0$, $(a-1)(a+2)=0$
$a=1$ 또는 $a=-2$
(i) $a=1$일 때
　$A=\{1, 2, 7\}$, $B=\{-2, 2, 4\}$이므로 $A\neq B$
(ii) $a=-2$일 때
　$A=\{-2, 2, 4\}$, $B=\{-2, 2, 4\}$이므로 $A=B$
(i), (ii)에서 $a=-2$

답 -2

08 집합 A의 부분집합 중 두 원소 1, 3은 반드시 포함하고 원소 5는 포함하지 않는 부분집합 X의 개수는
$2^{6-2-1}=2^3=8$

답 ③

09 집합 $\{1, 2, 3, 4\}$의 부분집합 중 두 원소 1, 2를 반드시 포함하는 부분집합 X의 개수는
$2^{4-2}=2^2=4$

답 ②

10 $A=\{1, 2, 3, 4, 5, 6, 7, 8, 9, 10\}$의 원소 중 소수는
2, 3, 5, 7이므로 4개의 원소로 만들 수 있는 부분집합의 개수는
$2^4=16$
이 중에서 공집합은 제외해야 하므로 구하는 부분집합의 개수는
$16-1=15$

답 ④

11 집합 $\{4, 5\}$와 서로소이므로 구하는 집합은 두 원소 4, 5를 포함하지 않는다.
집합 A의 부분집합 중 두 원소 4, 5를 포함하지 않는 부분집합의 개수는
$2^{6-2}=2^4=16$

답 16

12 $A\cap B=\{1, 6\}$이므로 $6\in A$
즉, $a^2+a=6$에서 $a^2+a-6=0$
$(a+3)(a-2)=0$
$a=-3$ 또는 $a=2$
(i) $a=-3$일 때,
　$A=\{1, 2, 6\}$, $B=\{-4, 5, 6\}$이므로 $A\cap B=\{6\}$
(ii) $a=2$일 때,
　$A=\{1, 2, 6\}$, $B=\{0, 1, 6\}$이므로 $A\cap B=\{1, 6\}$
(i), (ii)에서 $a=2$

답 2

13 $A=\{2, 3, 5, 7\}$, $B=\{2, 5, 8\}$이므로
$A\cup B=\{2, 3, 5, 7, 8\}$, $A\cap B=\{2, 5\}$
$(A\cup B)-(A\cap B)=\{3, 7, 8\}$
따라서 집합 $(A\cup B)-(A\cap B)$의 모든 원소의 합은
$3+7+8=18$

답 ④

14
$$\begin{aligned}(A-B)\cup B&=(A\cap B^C)\cup B\\&=(A\cup B)\cap(B^C\cup B)\\&=(A\cup B)\cap U\\&=A\cup B\end{aligned}$$
$A\cup B=A$이므로 $B\subset A$

답 ②

15 $A \subset B$를 벤 다이어그램으로 나타내면 그림과 같다.

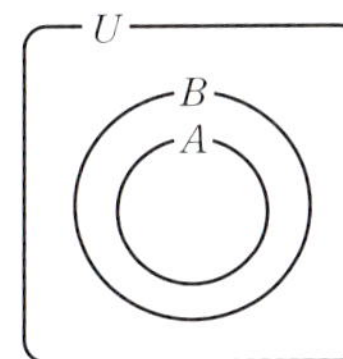

ㄱ. $A \cap B = A$ (참)
ㄴ. $A \cup B = B$ (참)
ㄷ. 집합 A가 공집합이 아닌 경우 $B \not\subset A^C$이다.
따라서 옳은 것은 ㄱ, ㄴ이다.

탭 ③

16 $\{1, 3, 5, 7\} \cap X = \{3, 7\}$이므로 집합 X는 두 원소 3, 7
을 반드시 포함하고 두 원소 1, 5를 포함하지 않는다.
따라서 집합 U의 부분집합 중 두 원소 3, 7을 반드시 포함하고
두 원소 1, 5를 포함하지 않는 부분집합 X의 개수는
$2^{7-2-2} = 2^3 = 8$

탭 8

17 $A^C \cap B = B - A = \varnothing$이므로 $B \subset A$
$$(A \cap C^C) \cup C = (A \cup C) \cap (C^C \cup C)$$
$$= (A \cup C) \cap U$$
$$= A \cup C$$
에서 $A \cup C = C$이므로 $A \subset C$
따라서 $B \subset A \subset C$

탭 ④

18 $\{(A^C \cap B) \cup (A^C \cap B^C)\}^C \cap B$
$$= \{A^C \cap (B \cup B^C)\}^C \cap B$$
$$= (A^C \cap U)^C \cap B$$
$$= (A^C)^C \cap B$$
$$= A \cap B$$

탭 ④

19 $U = \{1, 2, 3, 4, 5, 6, 7, 8, 9, 10\}$
$A^C \cap B^C = (A \cup B)^C = \{3, 6, 9\}$이므로
$A \cup B = \{1, 2, 4, 5, 7, 8, 10\}$
$A^C \cap B = B - A = \{1, 4, 7, 10\}$이므로
$A = (A \cup B) - (B - A) = \{2, 5, 8\}$
따라서 집합 A의 모든 원소의 합은
$2 + 5 + 8 = 15$

탭 15

20 $n(A \cup B) = n(B) + n(A - B)$
$$= 7 + 8 = 15$$

탭 ③

21 $n(A \cup B) = n(A) + n(B) - n(A \cap B)$에서
$n(A \cap B) = n(A) + n(B) - n(A \cup B)$
$$= 12 + 9 - n(A \cup B)$$
$$= 21 - n(A \cup B)$$
이때 $n(A \cup B)$의 최댓값이 20, 최솟값이 12이므로
$n(A \cap B)$의 최댓값은 9, 최솟값은 1이다.
따라서 $n(A \cap B)$의 최댓값과 최솟값의 합은
$9 + 1 = 10$

탭 10

22 25명의 학생 전체의 집합을 U, 축구와 농구를 좋아하는 학
생의 집합을 각각 A, B라 하면
$n(U) = 25$, $n(A) = 17$, $n(A^C \cap B^C) = 3$
$n(A \cup B) = n(U) - n((A \cup B)^C)$
$$= n(U) - n(A^C \cap B^C)$$
$$= 25 - 3 = 22$$
농구만 좋아하는 학생의 집합은 $B - A$이므로
$n(B - A) = n(A \cup B) - n(A) = 22 - 17 = 5$

탭 ①

📝 서술형 연습장

본문 46쪽

01 9 　　**02** 12 　　**03** 48

01 $3 \in B$이므로 $3 \in (A \cup B)$
$3 \notin (A \cup B) - (A \cap B)$이므로 $3 \in (A \cap B)$
$-a + 4 = 3$ 또는 $2a - 1 = 3$이므로
$a = 1$ 또는 $a = 2$ 　　❶
(ⅰ) $a = 1$일 때
　　$A = \{1, 3, 5\}$, $B = \{-1, 1, 3\}$이므로
　　$(A \cup B) - (A \cap B) = \{-1, 5\}$
(ⅱ) $a = 2$일 때
　　$A = \{2, 3, 5\}$, $B = \{0, 3, 4\}$이므로
　　$(A \cup B) - (A \cap B) = \{0, 2, 4, 5\}$
(ⅰ), (ⅱ)에 의하여 $A = \{1, 3, 5\}$ 　　❷

따라서 집합 A의 모든 원소의 합은
$1+3+5=9$　　　　　　　　　　❸

달 9

단계	채점 기준	비율
❶	$3{\in}(A{\cap}B)$임을 구한 경우	40 %
❷	집합 A를 구한 경우	50 %
❸	집합 A의 모든 원소의 합을 구한 경우	10 %

02 $(A{\cap}B^C){\cup}(B{\cap}A^C)=(A-B){\cup}(B-A)$
$=\{1, 2, 5\}$

$A=\{1, 2, 3, 4\}$이므로
$3{\in}(A{\cap}B)$, $4{\in}(A{\cap}B)$, $5{\in}B$
즉, $B=\{3, 4, 5\}$　　　　　　　　❶
따라서 집합 B의 모든 원소의 합은
$3+4+5=12$　　　　　　　　　　❷

달 12

단계	채점 기준	비율
❶	집합 B를 구한 경우	70 %
❷	집합 B의 모든 원소의 합을 구한 경우	30 %

03 $A=\{1, 2, 3, 4, 6, 12\}$이므로 $n(A)=6$
집합 A의 부분집합 중 원소 2를 반드시 포함하는 부분집합의 개수는
$2^{6-1}=2^5=32$　　　　　　　　❶
집합 A의 부분집합 중 원소 3을 반드시 포함하는 부분집합의 개수는
$2^{6-1}=2^5=32$　　　　　　　　❷
집합 A의 부분집합 중 두 원소 2, 3을 반드시 포함하는 부분집합의 개수는
$2^{6-2}=2^4=16$　　　　　　　　❸
따라서 구하는 부분집합의 개수는
$32+32-16=48$　　　　　　　　❹

달 48

단계	채점 기준	비율
❶	원소 2를 반드시 포함하는 부분집합의 개수를 구한 경우	30 %
❷	원소 3을 반드시 포함하는 부분집합의 개수를 구한 경우	30 %
❸	두 원소 2, 3을 반드시 포함하는 부분집합의 개수를 구한 경우	30 %
❹	답을 구한 경우	10 %

01 22　　　**02** ②　　　**03** 34

01 $A=\{2, 3, 5\}$이고 $n(A{\cap}B)=2$이므로 집합 $A{\cap}B$는
$\{2, 3\}$ 또는 $\{2, 5\}$ 또는 $\{3, 5\}$이다.
(i) $A{\cap}B=\{2, 3\}$일 때
　2, 3은 k의 약수이고 5는 k의 약수가 아닌 15 이하의 자연수
　k의 값은 6, 12이다.
　① $k=6$이면 $B=\{1, 2, 3, 6\}$이므로
　　$A{\cup}B=\{1, 2, 3, 5, 6\}$
　　집합 $A{\cup}B$의 모든 원소의 합이
　　$1+2+3+5+6=17$
　　이므로 조건 (나)를 만족시키지 않는다.
　② $k=12$이면 $B=\{1, 2, 3, 4, 6, 12\}$이므로
　　$A{\cup}B=\{1, 2, 3, 4, 5, 6, 12\}$
　　집합 $A{\cup}B$의 모든 원소의 합이
　　$1+2+3+4+5+6+12=33$
　　이므로 조건 (나)를 만족시킨다.
(ii) $A{\cap}B=\{2, 5\}$일 때
　2, 5는 k의 약수이고 3은 k의 약수가 아닌 15 이하의 자연수
　k의 값은 10이다.
　즉, $B=\{1, 2, 5, 10\}$이므로 $A{\cup}B=\{1, 2, 3, 5, 10\}$
　집합 $A{\cup}B$의 모든 원소의 합이
　$1+2+3+5+10=21$
　이므로 조건 (나)를 만족시킨다.
(iii) $A{\cap}B=\{3, 5\}$일 때
　3, 5는 k의 약수이고 2는 k의 약수가 아닌 15 이하의 자연수
　k의 값은 15이다.
　즉, $B=\{1, 3, 5, 15\}$이므로 $A{\cup}B=\{1, 2, 3, 5, 15\}$
　집합 $A{\cup}B$의 모든 원소의 합이
　$1+2+3+5+15=26$
　이므로 조건 (나)를 만족시키지 않는다.
(i), (ii), (iii)에서 구하는 모든 k의 값은 10, 12이므로 그 합은
$10+12=22$

달 22

02 ㄱ. $A=\{1, 2\}$, $B=\{3, 4\}$이면 $S(A)<S(B)$이지만
　　　$A{\subset}B$가 성립하지 않는다. (거짓)
ㄴ. $S(A{\cup}B)=S(A)+S(B)-S(A{\cap}B)$이므로
　　$S(A{\cup}B)=S(A)+S(B)$에서 $S(A{\cap}B)=0$

$A\cap B=\varnothing$이므로 집합 B는 집합 A의 모든 원소를 포함하지 않고 원소의 개수가 2 이상인 집합 U의 부분집합이다.

집합 A의 모든 원소를 포함하지 않는 집합 U의 부분집합의 개수는

$2^{9-4}=2^5=32$

집합 A의 모든 원소를 포함하지 않고 원소의 개수가 0인 집합 U의 부분집합의 개수는 1이고,

집합 A의 모든 원소를 포함하지 않고 원소의 개수가 1인 집합 U의 부분집합의 개수는 5이다.

따라서 조건을 만족시키는 집합 B의 개수는

$32-1-5=26$ (참)

ㄷ. $S(A)=p$, $S(B)=q$라 하면

$A\cup B=U$, $A\cap B=\{1,\ 3,\ 5\}$이므로

$9\leq p\leq 45$, $9\leq q\leq 45$

$p+q=1+2+3+\cdots+9+1+3+5=54$

$$S(A)\times S(B)=p(54-p)$$
$$=-p^2+54p$$
$$=-(p-27)^2+729$$

$S(A)=27$인 경우가 존재하므로 $S(A)\times S(B)$의 최댓값은 729이다. (거짓)

이상에서 옳은 것은 ㄴ이다.

🖪 ②

---

03 수학 난제 동호회 회원 60명의 집합을 U, P−NP 문제, 리만 가설, 푸앵카레 추측을 연구해 본 회원의 집합을 각각 A, B, C라 하자.

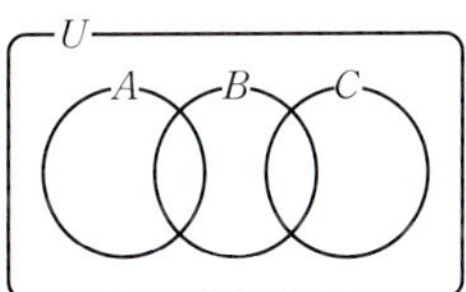

$n(U)=60$이고 모든 회원이 세 가지 중 한 가지 이상 연구해 본 적이 있으므로

$n(A\cup B\cup C)=60$

$n(A\cup B\cup C)$
$=n(A\cup B)+n(C)-n((A\cup B)\cap C)$
$=n(A)+n(B)-n(A\cap B)+n(C)-n(B\cap C)$

이므로

$60=21+37-n(A\cap B)+28-n(B\cap C)$

즉, $n(A\cap B)+n(B\cap C)=26$

따라서

$n(A\cup B\cup C)-n(A\cap B)-n(B\cap C)=60-26=34$

🖪 34

---

05 명제

기본 유형 익히기 　유제

1 9	**2** 풀이 참조	**3** -2	**4** 풀이 참조　**5** 2
6 -3	**7** 풀이 참조	**8** 4	

1 $x^2-9x+14=0$에서 $(x-2)(x-7)=0$이므로

$x=2$ 또는 $x=7$

따라서 조건 p의 진리집합을 P라 하면 $P=\{2,\ 7\}$이므로 집합 P의 모든 원소의 합은

$2+7=9$

🖪 9

2 조건 '두 실수 $x,\ y$에 대하여 $xy=0$이다.'의 부정은

'두 실수 $x,\ y$에 대하여 $xy\neq 0$이다.'이다.

🖪 풀이 참조

3 두 조건을 각각

$p:\ -2<x<1,\ q:\ x>k$

라 하고, 두 조건 p, q의 진리집합을 각각 P, Q라 하면

$P=\{x\,|\,-2<x<1\}$, $Q=\{x\,|\,x>k\}$

이때 명제 $p\longrightarrow q$가 참이 되기 위해서는 $P\subset Q$이어야 하므로

$k\leq -2$

따라서 실수 k의 최댓값은 -2이다.

🖪 -2

4 주어진 명제의 부정은

'어떤 실수 x에 대하여 $x\leq -1$ 또는 $x\geq 1$이다.'이다.

이때 $x\leq -1$ 또는 $x\geq 1$인 실수 x가 존재하므로 이 명제는 참이다.

🖪 풀이 참조

5 두 조건을 각각

$p:\ x^2+ax-24\neq 0,\ q:\ x-4\neq 0$

이라 하면 주어진 명제는 $p\longrightarrow q$이다.

명제 $p\longrightarrow q$가 참이면 대우 $\sim q\longrightarrow \sim p$도 참이므로

$x=4$이면 $x^2+ax-24=0$이다.

즉, $16+4a-24=0$, $4a=8$

따라서 $a=2$

🖪 2

6 두 조건 p, q의 진리집합을 각각 P, Q라 하면
$P=\{x\,|\,x>a\}$, $Q=\{x\,|-3<x<4\}$
p가 q이기 위한 필요조건이므로 $P\supset Q$
즉, $\{x\,|-3<x<4\}\subset\{x\,|\,x>a\}$이므로
$a\leq-3$
따라서 실수 a의 최댓값은 -3이다.

답 -3

7 $\sqrt{5}$가 유리수라 가정하면
$\sqrt{5}=\dfrac{n}{m}$ (m, n은 서로소인 자연수)
로 놓을 수 있으므로 $n^2=5m^2$이다.
이때 n^2이 5의 배수이고 5는 소수이므로 n은 5의 배수이다.
따라서 $n=5k$로 나타낼 수 있으므로
$(5k)^2=5m^2$, 즉 $5k^2=m^2$
이때 m^2은 5의 배수이므로 m도 5의 배수이다.
즉, m, n이 모두 5의 배수이므로 m, n이 서로소라는 가정에 모순이다.
따라서 $\sqrt{5}$는 무리수이다.

답 풀이 참조

8 $a>0$이므로 $\dfrac{4}{a}>0$
산술평균과 기하평균의 관계에 의하여
$a+\dfrac{4}{a}\geq2\sqrt{a\times\dfrac{4}{a}}=4$

$\left(\text{단, 등호는 } a=\dfrac{4}{a}, \text{ 즉 } a=2\text{일 때 성립한다.}\right)$

따라서 구하는 최솟값은 4이다.

답 4

유형 확인

본문 55~57쪽

01 ④	**02** 7	**03** ②	**04** ④	**05** ③
06 3	**07** 7	**08** ④	**09** ⑤	**10** 16
11 ②	**12** ①	**13** ④	**14** ②	
15 (1) 충분 (2) 필요		**16** ⑤	**17** 16	**18** ⑤
19 ④	**20** ③			

01 ①, ②, ③은 x의 값이 정해져 있지 않아 참, 거짓을 판별할 수 없으므로 명제가 아니다.
④ 소수 중 짝수인 2가 있으므로 거짓인 명제이다.

⑤ '편리하다'에 대한 기준이 명확하지 않아 참, 거짓을 판별할 수 없으므로 명제가 아니다.
따라서 명제인 것은 ④이다.

답 ④

02 두 조건 p, q의 진리집합을 각각 P, Q라 하면
$P=\{3,\ 4,\ 5\}$, $Q=\{1,\ 2,\ 3,\ 4\}$
조건 'p이고 q'의 진리집합은 $P\cap Q$이므로
$P\cap Q=\{3,\ 4\}$
따라서 구하는 모든 원소의 합은
$3+4=7$

답 7

03 $x^2+4x-12=0$에서 $(x+6)(x-2)=0$이므로
$x=-6$ 또는 $x=2$
따라서 조건 p의 진리집합을 P라 하면
$P=\{-6,\ 2\}$
이므로 조건 $\sim p$의 진리집합은
$P^C=\{x\,|\,x\text{는 }-6\text{ 또는 }2\text{가 아닌 정수}\}$
따라서 조건 $\sim p$의 진리집합의 원소가 아닌 것은 ② 2이다.

답 ②

04 두 조건 p, q의 진리집합을 각각 P, Q라 하면
$P=\{x\,|\,1<x\leq8\}$, $Q=\{x\,|\,3\leq x<6\}$
조건 '$\sim p$ 또는 q'의 부정은 'p이고 $\sim q$'이고
조건 'p이고 $\sim q$'의 진리집합은 $P\cap Q^C$이다.
이때 $Q^C=\{x\,|\,x<3$ 또는 $x\geq6\}$
이므로 $P\cap Q^C=\{x\,|\,1<x<3$ 또는 $6\leq x\leq8\}$
따라서 조건 '$\sim p$ 또는 q'의 부정은
$1<x<3$ 또는 $6\leq x\leq8$이다.

답 ④

05 ① $x=3$이면 x는 3의 배수이지만 x는 6의 배수가 아니다.

(거짓)

② $x=1$, $y=-1$이면 $x+y=0$이지만 $x\neq0$이고 $y\neq0$이다.

(거짓)

③ $x\leq2$이고 $y\leq2$이면 $x+y\leq4$이다. (참)
④ $x=-3$이면 $x^2=9$이지만 $x^3=-27$이다. (거짓)
⑤ $x=-1$, $y=-2$이면 $xy>1$이지만 $x<1$이고 $y<1$이다.

(거짓)

따라서 참인 명제는 ③이다.

답 ③

06 명제 'p이면 $\sim q$이다.'가 거짓임을 보이려면 P의 원소 중에서 Q^C의 원소가 아닌 것을 찾으면 된다.

따라서 반례는 집합 $P\cap(Q^C)^C=P\cap Q$의 원소인 3이다.

답 3

07 $|x-a|<2$이므로 $a-2<x<a+2$

두 조건 p, q의 진리집합을 각각 P, Q라 하면

$P=\{x\,|\,a-2<x<a+2\}$, $Q=\{x\,|\,-3\le x\le 7\}$

명제 $p \longrightarrow q$가 참이 되려면 $P\subset Q$이어야 하므로

$a-2\ge -3$, $a+2\le 7$

따라서 $-1\le a\le 5$이므로

구하는 정수 a의 개수는 7이다.

답 7

08 명제 $p \longrightarrow q$가 참이므로 $P\subset Q$이고, 명제 $q \longrightarrow p$가 거짓이므로 $Q\not\subset P$이다.

두 집합 P, Q의 포함 관계를 벤 다이어그램으로 나타내면 그림과 같다.

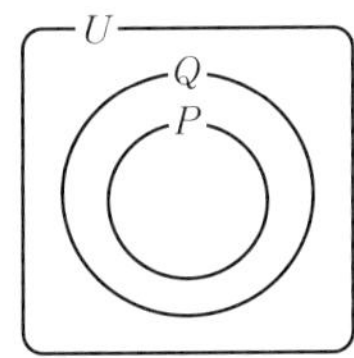

ㄱ. $P\cap Q=P$ (참)

ㄴ. $P-Q=\varnothing$ (참)

ㄷ. $P^C\cup Q^C=(P\cap Q)^C=P^C\ne Q^C$ (거짓)

따라서 옳은 것은 ㄱ, ㄴ이다.

답 ④

09 명제 '모든 학생은 올림포스 공통수학으로 학습한다.'의 부정은

'어떤 학생은 올림포스 공통수학으로 학습하지 않는다.'이다.

답 ⑤

10 명제 '어떤 실수 x에 대하여 $x^2-8x+a<0$이다.'의 부정은 '모든 실수 x에 대하여 $x^2-8x+a\ge 0$이다.'이다.

$x^2-8x+a\ge 0$에서 이차방정식 $x^2-8x+a=0$의 판별식을 D라 하면

$\dfrac{D}{4}=16-a\le 0$

$a\ge 16$

따라서 실수 a의 최솟값은 16이다.

답 16

11 명제 $\sim p \longrightarrow q$의 역인 $q \longrightarrow \sim p$가 참이므로 대우인 $p \longrightarrow \sim q$도 참이다.

답 ②

12 p: $a-2\le x\le a+2$, q: $x\ge 3a-7$

이라 하고, 두 조건 p, q의 진리집합을 각각 P, Q라 하면

$P=\{x\,|\,a-2\le x\le a+2\}$, $Q=\{x\,|\,x\ge 3a-7\}$

이때 명제 $p \longrightarrow q$의 대우가 참이 되려면 명제 $p \longrightarrow q$가 참이어야 하므로

$P\subset Q$

즉, $3a-7\le a-2$에서 $a\le\dfrac{5}{2}$

따라서 구하는 모든 자연수 a의 값의 합은

$1+2=3$

답 ①

13 ① $x^2=y^2$에서 $(x-y)(x+y)=0$이므로

$x=y$ 또는 $x=-y$

즉, $p\Longrightarrow q$, $q\not\Longrightarrow p$이므로 p는 q이기 위한 충분조건이다.

② $x^3>y^3$에서 $(x-y)(x^2+xy+y^2)>0$이므로 $x>y$

즉, $p\Longrightarrow q$, $q\Longrightarrow p$이므로 p는 q이기 위한 필요충분조건이다.

③ $x^2+y^2=0$에서 $x=y=0$이고 $xy=0$에서 $x=0$ 또는 $y=0$

즉, $p\Longrightarrow q$, $q\not\Longrightarrow p$이므로 p는 q이기 위한 충분조건이다.

④ $xy=|xy|$에서 $xy\ge 0$이므로 $x\ge 0$, $y\ge 0$ 또는 $x\le 0$, $y\le 0$

즉, $p\not\Longrightarrow q$, $q\Longrightarrow p$이므로 p는 q이기 위한 필요조건이다.

⑤ $x+yi=0$에서 $x=0$, $y=0$

즉, $p\Longrightarrow q$, $q\Longrightarrow p$이므로 p는 q이기 위한 필요충분조건이다.

따라서 p가 q이기 위한 필요조건이지만 충분조건이 아닌 것은 ④이다.

답 ④

14 $\sim p$가 q이기 위한 충분조건이므로

$P^C\subset Q$

따라서 $P\cup Q=U$

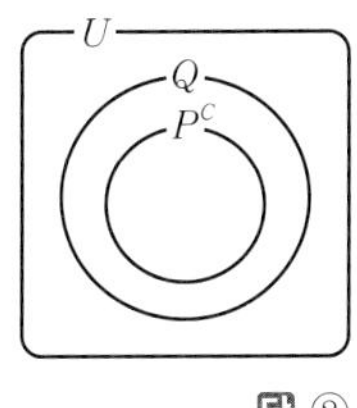

답 ②

15 ⑴ 명제 $\sim r \longrightarrow \sim q$가 참이므로 대우 $q \longrightarrow r$도 참이다.

두 명제 $p \longrightarrow q$와 $q \longrightarrow r$이 모두 참이므로 명제 $p \longrightarrow r$도 참이다.

명제 $p \longrightarrow r$이 참이고 명제 $r \longrightarrow p$가 거짓이므로 p는 r이 기 위한 충분조건이다.

(2) p는 q이기 위한 필요조건이므로 $p \Longleftarrow q$

p는 $\sim r$이기 위한 충분조건이므로 $p \Longrightarrow \sim r$

즉, $q \Longrightarrow p$, $p \Longrightarrow \sim r$이므로 $q \Longrightarrow \sim r$

명제가 참이면 그 대우도 참이므로 $r \Longrightarrow \sim q$

따라서 $\sim q$는 r이기 위한 필요조건이다.

$\boxed{\text{답}}$ (1) 충분 (2) 필요

16 명제와 그 대우는 참, 거짓이 일치한다.

따라서 주어진 명제 대신 대우

'a, b가 모두 홀수이면 ab가 홀수이다.'

를 증명하면 된다.

$\boxed{\text{답}}$ ⑤

17 $\sqrt{n^2+1}$이 유리수라 가정하면

$\sqrt{n^2+1} = \dfrac{q}{p}$ (p와 q는 서로소인 자연수)

로 놓을 수 있다.

$n^2+1 = \left(\dfrac{q}{p}\right)^2$이므로 $p^2(n^2+1)=q^2$

p는 q^2의 약수이고, p와 q는 서로소인 자연수이므로 $p=1$이다.

즉, $n^2 = \boxed{q^2-1}$

$q^2 = n^2+1 \geq 2$이므로 $q \geq 2$

자연수 k에 대하여

(ⅰ) $q=2k$일 때

$n^2 = 4k^2-1$이므로 $(\boxed{2k}-1)^2 < n^2 < (\boxed{2k})^2$인 자연수 n이 존재하지 않는다.

(ⅱ) $q=2k+1$일 때

$n^2 = (2k+1)^2-1 = 4k^2+4k$이므로 $(\boxed{2k})^2 < n^2 < (\boxed{2k}+1)^2$인 자연수 n이 존재하지 않는다.

(ⅰ), (ⅱ)에서 $\sqrt{n^2+1} = \dfrac{q}{p}$ (p와 q는 서로소인 자연수)인 자연수 n은 존재하지 않는다.

따라서 $\sqrt{n^2+1}$은 무리수이다.

이상에서 $f(q)=q^2-1$, $g(k)=2k$이므로

$f(3)+g(4) = (3^2-1) + 2 \times 4 = 8+8=16$

$\boxed{\text{답}}$ 16

18 ㄱ. $a^2+b^2-ab = \left(a-\dfrac{b}{2}\right)^2 + \dfrac{3b^2}{4} \geq 0$이므로

$a^2+b^2 \geq ab$ (참)

ㄴ. $\left(\sqrt{\dfrac{a^2-ab+b^2}{3}}\right)^2 - \left(\dfrac{a-b}{2}\right)^2$

$= \dfrac{a^2-ab+b^2}{3} - \dfrac{a^2-2ab+b^2}{4}$

$= \dfrac{(a+b)^2}{12} \geq 0$

이고 $\sqrt{\dfrac{a^2-ab+b^2}{3}} \geq 0$이므로

$\sqrt{\dfrac{a^2-ab+b^2}{3}} \geq \dfrac{a-b}{2}$ (참)

ㄷ. $(|a-b|)^2 - (||a|-|b||)^2$

$= (a^2-2ab+b^2) - (|a|^2-2|a||b|+|b|^2)$

$= -2ab+2|a||b|$

$= 2(|ab|-ab) \geq 0$

이고 $|a-b| \geq 0$, $||a|-|b|| \geq 0$이므로

$|a-b| \geq ||a|-|b||$ (참)

따라서 옳은 것은 ㄱ, ㄴ, ㄷ이다.

$\boxed{\text{답}}$ ⑤

19 $\left(a+\dfrac{1}{a}\right)\left(a+\dfrac{16}{a}\right) = a^2+\dfrac{16}{a^2}+17$

$a^2 \geq 0$이므로 산술평균과 기하평균의 관계에 의하여

$a^2+\dfrac{16}{a^2} \geq 2\sqrt{a^2 \times \dfrac{16}{a^2}}$ (단, 등호는 $a^2=\dfrac{16}{a^2}$일 때 성립한다.)

$= 2 \times 4 = 8$

즉, $m = 8+17 = 25$

$a^2 = \dfrac{16}{a^2}$에서 $a^4=16$이므로 $a=-2$ 또는 $a=2$

$a>0$이므로 $a=2$, 즉 $k=2$

따라서 $m+k = 25+2 = 27$

$\boxed{\text{답}}$ ④

20 $a+b=4$이므로 $\dfrac{1}{a}+\dfrac{1}{b} = \dfrac{a+b}{ab} = \dfrac{4}{ab}$ ...... ㉠

$a>0$, $b>0$이므로 산술평균과 기하평균의 관계에 의하여

$a+b \geq 2\sqrt{ab}$

그런데 $a+b=4$에서 $4 \geq 2\sqrt{ab}$이므로 $ab \leq 4$

즉, $\dfrac{4}{ab} \geq 1$ (단, 등호는 $a=b=2$일 때 성립한다.)

따라서 ㉠에서 $\dfrac{1}{a}+\dfrac{1}{b}$의 최솟값은 1이다.

$\boxed{\text{답}}$ ③

📝 서술형 연습장

본문 58쪽

01 $\{1, 3\}$, $\{3, 5\}$, $\{1, 3, 5\}$　　**02** 9　　**03** 풀이 참조

01 두 조건 p, q의 진리집합 각각 P, Q라 하면

$x^2-4x+3=0$에서 $(x-1)(x-3)=0$이므로

$x=1$ 또는 $x=3$

즉, $P=\{1, 3\}$ ...... ❶

$x^2-8x+15=0$에서 $(x-3)(x-5)=0$이므로

$x=3$ 또는 $x=5$

즉, $Q=\{3, 5\}$ ...... ❷

조건 'p 또는 q'의 진리집합은 $P\cup Q$이므로

$P\cup Q=\{1, 3, 5\}$ ...... ❸

🅐 $\{1, 3\}$, $\{3, 5\}$, $\{1, 3, 5\}$

단계	채점 기준	비율
❶	조건 p의 진리집합을 구한 경우	30 %
❷	조건 q의 진리집합을 구한 경우	30 %
❸	조건 p 또는 q의 진리집합을 구한 경우	40 %

02 명제 '$x^2-ax>0$이면 $x<-3$ 또는 $x>5$이다.'의 역은

'$x<-3$ 또는 $x>5$이면 $x^2-ax>0$이다.'이다. ...... ❶

두 조건을 각각

p: $x<-3$ 또는 $x>5$, q: $x^2-ax>0$

이라 하면 명제 $p \longrightarrow q$가 참이므로

$\{x\,|\,x<-3$ 또는 $x>5\}\subset\{x\,|\,x(x-a)>0\}$ ...... ❷

(ⅰ) $a<0$일 때

　$\{x\,|\,x<-3$ 또는 $x>5\}\subset\{x\,|\,x<a$ 또는 $x>0\}$

　이므로 $-3\le a<0$

(ⅱ) $a=0$일 때

　$\{x\,|\,x<-3$ 또는 $x>5\}\subset\{x\,|\,x$는 0이 아닌 실수$\}$

　이므로 $a=0$일 때 성립한다.

(ⅲ) $a>0$일 때

　$\{x\,|\,x<-3$ 또는 $x>5\}\subset\{x\,|\,x<0$ 또는 $x>a\}$

　이므로 $0<a\le 5$

(ⅰ), (ⅱ), (ⅲ)에서 $-3\le a\le 5$ ...... ❸

따라서 구하는 정수 a의 개수는 9이다. ...... ❹

🅐 9

단계	채점 기준	비율
❶	명제의 역을 구한 경우	20 %
❷	진리집합의 포함 관계를 구한 경우	30 %
❸	a의 값의 범위를 구한 경우	40 %
❹	정수 a의 개수를 구한 경우	10 %

03 $3m^2-n^2=1$을 만족시키는 두 정수 m, n이 존재한다고 가정하자. ...... ❶

$3m^2-n^2=1$에서 $3m^2=n^2+1$이므로 n^2+1은 3의 배수이다.

...... ㉠

...... ❷

그런데 임의의 정수 k에 대하여

$n=3k$일 때, $n^2=9k^2=3(3k^2)$

$n=3k+1$일 때,

$n^2=9k^2+6k+1=3(3k^2+2k)+1$

$n=3k+2$일 때,

$n^2=9k^2+12k+4=3(3k^2+4k+1)+1$

이므로 n^2을 3으로 나누었을 때의 나머지는 0 또는 1이다.

즉, n^2+1을 3으로 나누었을 때의 나머지는 1 또는 2이므로

n^2+1은 3의 배수가 아니고, 이는 ㉠에 모순이다. ...... ❸

따라서 $3m^2-n^2=1$을 만족시키는 두 정수 m, n은 존재하지 않는다. ...... ❹

🅐 풀이 참조

단계	채점 기준	비율
❶	결론의 부정을 바르게 기술한 경우	20 %
❷	n^2+1이 3의 배수임을 구한 경우	30 %
❸	n^2+1이 3의 배수가 아님을 구하여 모순을 보인 경우	40 %
❹	결론을 바르게 기술한 경우	10 %

🐾 내신 + 수능 고난도 문항

본문 59쪽

01 ② 　　**02** 296 　　**03** ⑤

01 조건 (가)에서 집합 P의 모든 원소가 집합 Q의 원소이므로 $P\subset Q$이다.

조건 (나)에서 집합 Q의 원소 중 집합 R의 원소가 존재하지 않으므로 $Q\cap R=\varnothing$, 즉 두 집합 Q와 R은 서로소이다.

명제 '$\sim r$이면 $\sim p$이고 $\sim q$이다.'가 거짓임을 보이는 원소는

집합 R^C에 속하면서 $P^C\cap Q^C$에 속하지 않아야 하므로

$R^C\cap(P^C\cap Q^C)^C=R^C\cap(P\cup Q)$

$\qquad\qquad\qquad\quad=(P\cup Q)\cap R^C$

$\qquad\qquad\qquad\quad=Q\cap R^C=Q$

🅐 ②

02 명제 '집합 A의 어떤 원소 x에 대하여 $x^2-6x+8>0$이다.'의 부정은

'집합 A의 모든 원소 x에 대하여 $x^2-6x+8\le 0$이다.'이다.

$x^2-6x+8\leq0$에서 $(x-2)(x-4)\leq0$이므로

$2\leq x\leq4$

명제 '집합 A의 모든 원소 x에 대하여 $x^2-6x+8\leq0$이다.'가
참이므로

$A\subset\{2,\ 3,\ 4\}$

명제 '집합 B의 모든 원소 x에 대하여 $x\not\in A$이다.'의 부정은
'집합 B의 어떤 원소 x에 대하여 $x\in A$이다.'이다.

명제 '집합 B의 어떤 원소에 대하여 $x\in A$이다.'가 참이므로

$A\cap B\neq\varnothing$

(i) $A=\{2,\ 3,\ 4\}$일 때,

집합 B는 전체집합 U의 모든 부분집합에서 집합 $U-A$의
모든 부분집합을 제외하면 되므로 집합 B의 개수는

$2^6-2^3=64-8=56$

즉, 순서쌍 $(A,\ B)$의 개수는 56

(ii) $n(A)=2$일 때,

집합 B는 전체집합 U의 모든 부분집합에서 집합 $U-A$의
모든 부분집합을 제외하면 되므로 집합 B의 개수는

$2^6-2^4=64-16=48$

이때 집합 A의 개수는 3이므로 순서쌍 $(A,\ B)$의 개수는

$3\times48=144$

(iii) $n(A)=1$일 때,

집합 B는 전체집합 U의 모든 부분집합에서 집합 $U-A$의
모든 부분집합을 제외하면 되므로 집합 B의 개수는

$2^6-2^5=64-32=32$

이때 집합 A의 개수는 3이므로 순서쌍 $(A,\ B)$의 개수는

$3\times32=96$

(i), (ii), (iii)에서 구하는 모든 순서쌍 $(A,\ B)$의 개수는

$56+144+96=296$

답 296

03 p는 q이기 위한 충분조건이므로 $p\Longrightarrow q$

q는 r이기 위한 필요조건이므로 $r\Longrightarrow q$

s는 q이기 위한 필요조건이므로 $q\Longrightarrow s$

s는 r이기 위한 충분조건이므로 $s\Longrightarrow r$

ㄱ. $p\Longrightarrow q$, $q\Longrightarrow s$에서 $p\Longrightarrow s$이므로

p는 s이기 위한 충분조건이다. (참)

ㄴ. $q\Longrightarrow s$, $s\Longrightarrow r$에서 $q\Longrightarrow r$이고, 명제가 참이면 대우가 참
이므로

$\sim r\Longrightarrow\sim q$

즉, $\sim q$는 $\sim r$이기 위한 필요조건이다. (참)

ㄷ. $s\Longrightarrow r$, $r\Longrightarrow q$, $q\Longrightarrow s$에서 $s\Longleftrightarrow q$이므로

q는 s이기 위한 필요충분조건이다. (참)

이상에서 옳은 것은 ㄱ, ㄴ, ㄷ이다.

답 ⑤

대단원 종합문제 본문 60~63쪽

01 ①	**02** 4	**03** ④	**04** ①	**05** ③
06 ④	**07** 7	**08** ④	**09** ④	**10** ⑤
11 ③	**12** 13	**13** ⑤	**14** 5	**15** ②
16 ⑤	**17** 29	**18** ④	**19** ⑤	**20** ③
21 ④	**22** ⑤	**23** 25	**24** 12	

01 집합 A의 원소가 1, 2, 4, a이고 집합 A의 모든 원소의 합
이 12이므로

$1+2+4+a=12$

따라서 $a=5$

답 ①

02 $A\subset B$이므로 집합 A의 모든 원소가 집합 B의 원소이다.

즉, $1\in A$이므로 $1\in B$

(i) $a-5=1$일 때,

$a=6$이므로 $A=\{-3,\ 1\}$, $B=\{1,\ 3,\ 5\}$

즉, $A\not\subset B$

(ii) $2a-7=1$일 때,

$a=4$이므로 $A=\{-1,\ 1\}$, $B=\{-1,\ 1,\ 3\}$

즉, $A\subset B$

(i), (ii)에서 $a=4$

답 4

03 주어진 벤 다이어그램의 색칠한 부분을 집합으로 나타내면

$A\cap(B\cup C)$

답 ④

04 $n(A^C\cap B^C)=n((A\cup B)^C)$

$\qquad\qquad\quad=n(U)-n(A\cup B)$

$\qquad\qquad\quad=n(U)-\{n(A)+n(B)-n(A\cap B)\}$

이므로

$3=20-\{11+8-n(A\cap B)\}$

따라서 $n(A\cap B)=2$

답 ①

05 두 조건을 각각

p: n은 12의 양의 약수이다. q: n은 8의 양의 약수이다.

라 하고, 두 조건 p, q의 진리집합을 각각 P, Q라 하면

$P=\{1,\ 2,\ 3,\ 4,\ 6,\ 12\}$, $Q=\{1,\ 2,\ 4,\ 8\}$

명제 $p \longrightarrow q$가 거짓임을 보이는 반례는 집합 $P \cap Q^C$, 즉
집합 $P-Q$의 원소이므로 구하는 반례는 3, 6, 12이다.

답 ③

06 ① $x=-1$이면 $x^2=1$이지만 $x \neq 1$이므로 이 명제는 거짓
이다.

② $x=\dfrac{3}{2}$이면 $x>1$이지만 $x<2$이므로 이 명제는 거짓이다.

③ $x=2$이면 $(x-1)(x-2)=0$이지만 $(x-1)^2=1 \neq 0$이므로
이 명제는 거짓이다.

④ 두 조건 'p: x는 4의 양의 약수이다.', 'q: x는 8의 양의 약수
이다.'의 진리집합을 각각 P, Q라 하면
$$P=\{1,\ 2,\ 4\},\ Q=\{1,\ 2,\ 4,\ 8\}$$
따라서 $P \subset Q$이므로 이 명제는 참이다.

⑤ $x=1+\sqrt{2}$이면 x는 무리수이지만 $x^2=3+2\sqrt{2}$에서 x^2이 무
리수이므로 이 명제는 거짓이다.

따라서 참인 명제는 ④이다.

답 ④

07 p가 q이기 위한 충분조건이므로 명제 $p \longrightarrow q$가 참이다.
대우 $\sim q \longrightarrow \sim p$도 참이므로 $x=3$이면 $x^2-ax+12=0$이다.
즉, $9-3a+12=0$
따라서 $a=7$

답 7

08 산술평균과 기하평균의 관계에 의하여
$$a+4b \geq 2\sqrt{a \times 4b}=2\sqrt{4 \times 9}=12$$
(단, 등호는 $a=4b$일 때 성립한다.)
따라서 $a+4b$의 최솟값은 12이다.

답 ④

09 집합 Y의 원소는 2^m+2^n (m, n은 자연수)의 꼴이다.
① $64=32+32=2^5+2^5$
② $80=64+16=2^6+2^4$
③ $96=64+32=2^6+2^5$
④ $64+32<112<64+64$
⑤ $128=64+64=2^6+2^6$
따라서 집합 Y의 원소가 아닌 것은 ④ 112이다.

답 ④

10 $A \lozenge B=(A \cup B) \cap (A \cap B)^C=(A \cup B)-(A \cap B)$
이므로
$B \lozenge C=(B \cup C)-(B \cap C)$이고, 이를 벤 다이어그램으로 나
타내면 [그림 1]과 같다.

따라서 집합 $A \lozenge (B \lozenge C)$는 [그림 2]와 같다.

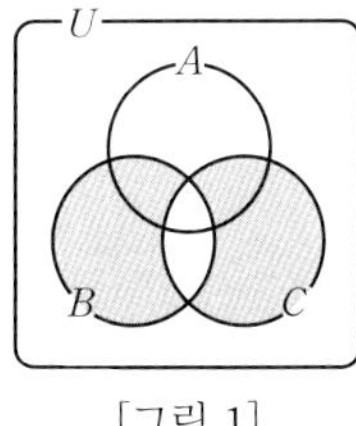
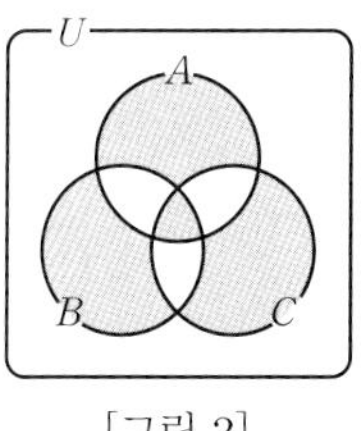

[그림 1]　　　　[그림 2]

답 ⑤

11 $\{1,\ 2\} \subset X$, $\{3\} \not\subset X$이므로 $1 \in X$, $2 \in X$, $3 \notin X$
따라서 집합 X는 집합 A의 부분집합 중 두 원소 1, 2는 반드시
포함하고 원소 3은 포함하지 않으므로 집합 X의 개수는
$$2^{5-2-1}=2^2=4$$

답 ③

12 학생 전체의 집합을 U, 태블릿 PC를 가진 학생의 집합을
A, 노트북을 가진 학생의 집합을 B라 하면
$$n(U)=30,\ n(A)=23,\ n(B)=18,\ n(A^C \cap B^C)=2$$
$$n(A^C \cap B^C)=n((A \cup B)^C)=n(U)-n(A \cup B)$$
에서
$$n(A \cup B)=30-2=28$$
$$n(A \cup B)=n(A)+n(B)-n(A \cap B)$$
에서
$$28=23+18-n(A \cap B)$$
$$n(A \cap B)=13$$
따라서 태블릿 PC와 노트북을 모두 갖고 있는 학생의 수는 13
이다.

답 13

13 명제 '모든 정수는 유리수이다.'의 부정은
'어떤 정수는 유리수가 아니다.'이다.
따라서 '유리수가 아닌 정수가 있다.'이다.

답 ⑤

14 명제 $q \longrightarrow p$가 참이 되려면 그 대우 $\sim p \longrightarrow \sim q$도 참이어
야 한다.
$\sim p$: $|x-1|<3$에서 $-3<x-1<3$이므로
$-2<x<4$
$\sim q$: $|x-a|<5$에서 $-5<x-a<5$이므로
$a-5<x<a+5$
두 조건 p, q의 진리집합을 각각 P, Q라 하면
$$P^C=\{x \mid -2<x<4\},\ Q^C=\{x \mid a-5<x<a+5\}$$
이고 $\sim p \longrightarrow \sim q$가 참이 되려면 $P^C \subset Q^C$이어야 하므로

$a-5\le-2$, $4\le a+5$
따라서 $-1\le a\le3$이므로 구하는 모든 정수 a의 값의 합은
$-1+0+1+2+3=5$

답 5

15 $a\le x\le8$은 $1\le x\le6$이기 위한 필요조건이므로
$\{x\,|\,a\le x\le8\}\supset\{x\,|\,1\le x\le6\}$
즉, $a\le1$
$b\le x\le5$는 $1\le x\le6$이기 위한 충분조건이므로
$\{x\,|\,b\le x\le5\}\subset\{x\,|\,1\le x\le6\}$
즉, $1\le b\le5$
따라서 실수 a의 최댓값은 1이고 실수 b의 최솟값은 1이므로 그 합은
$1+1=2$

답 ②

16 $a>0$, $b>0$이므로
산술평균과 기하평균의 관계에 의하여
$$(8a+2b)\left(\frac{4}{a}+\frac{1}{b}\right)=32+\frac{8a}{b}+\frac{8b}{a}+2$$
$$\ge34+2\sqrt{\frac{8a}{b}\times\frac{8b}{a}}$$
$$\left(\text{단, 등호는 } \frac{8a}{b}=\frac{8b}{a}\text{일 때 성립한다.}\right)$$
$$=34+2\times8=50$$
따라서 구하는 최솟값은 50이다.

답 ⑤

17 (i) $n=2k-1$ (k는 자연수)일 때
집합 A의 원소 중 홀수는 1, 3, 5, $\cdots$, $2k-3$이므로
$(k-1)$개의 원소로 만들 수 있는 부분집합의 개수는 2^{k-1}이고 이중에서 공집합은 제외해야 하므로 부분집합의 개수는
$2^{k-1}-1$
즉, $2^{k-1}-1=127$
$2^{k-1}=128=2^7$, $k=8$
따라서 $n=15$
(ii) $n=2k$ (k는 자연수)일 때
집합 A의 원소 중 홀수는 1, 3, 5, $\cdots$, $2k-1$이므로
k개의 원소로 만들 수 있는 부분집합의 개수는 2^k이고 이중에서 공집합은 제외해야 하므로 부분집합의 개수는
2^k-1
즉, $2^k-1=127$
$2^k=128=2^7$, $k=7$
따라서 $n=14$

(i), (ii)에서 구하는 모든 자연수 n의 값의 합은
$15+14=29$

답 29

18 $\{1, 2, 3\}\cup X=\{3, 4\}\cup X$이므로
집합 X는 세 원소 1, 2, 4를 반드시 포함해야 한다.
집합 $\{1, 2, 3, 4, 5, 6, 7\}$의 부분집합 중 세 원소 1, 2, 4를 반드시 포함하는 집합 X의 개수는
$2^{7-3}=2^4=16$

답 ④

19 ㄱ. $(A-B^C)-C=\{A\cap(B^C)^C\}\cap C^C$
$\qquad\qquad\qquad\quad=(A\cap B)\cap C^C$
$\qquad\qquad\qquad\quad=A\cap(B\cap C^C)$
$\qquad\qquad\qquad\quad=A\cap(B-C)$ (거짓)
ㄴ. $A-(B\cap C)=A\cap(B\cap C)^C$
$\qquad\qquad\qquad=A\cap(B^C\cup C^C)$
$\qquad\qquad\qquad=(A\cap B^C)\cup(A\cap C^C)$
$\qquad\qquad\qquad=(A-B)\cup(A-C)$ (참)
ㄷ. $(A\cap B)\cap(A\cap C)^C$
$\quad=(A\cap B)\cap(A^C\cup C^C)$
$\quad=\{(A\cap B)\cap A^C\}\cup\{(A\cap B)\cap C^C\}$
$\quad=\varnothing\cup\{(A\cap B)\cap C^C\}$
$\quad=(A\cap B)-C$ (참)
따라서 옳은 것은 ㄴ, ㄷ이다.

답 ⑤

20 p는 q이기 위한 필요조건이므로 $q\Longrightarrow p$
r은 q이기 위한 충분조건이므로 $r\Longrightarrow q$
명제가 참이면 그 대우가 참이므로
$\sim p\Longrightarrow\sim q$, $\sim q\Longrightarrow\sim r$ (ㄴ은 참)
$r\Longrightarrow q$, $q\Longrightarrow p$이므로 $r\Longrightarrow p$ (ㄷ은 참)
이상에서 항상 참인 명제는 ㄴ, ㄷ이다.

답 ③

21 명제 '$x^2-3x-28>0$이면 $x^2-3ax+2a^2>0$이다.'의 대우는 '$x^2-3ax+2a^2\le0$이면 $x^2-3x-28\le0$이다.'이다.
두 조건을 각각
p: $x^2-3ax+2a^2\le0$, q: $x^2-3x-28\le0$
이라 하고, 두 조건 p, q의 진리집합을 각각 P, Q라 하면
$x^2-3ax+2a^2\le0$에서 $(x-a)(x-2a)\le0$이므로
$P=\{x\,|\,(x-a)(x-2a)\le0\}$
$x^2-3x-28\le0$에서 $(x+4)(x-7)\le0$이므로

$-4 \leq x \leq 7$

즉, $Q=\{x \mid -4 \leq x \leq 7\}$

이때 명제 $p \longrightarrow q$가 참이므로 $P \subset Q$이다.

(i) $a<0$일 때

$P=\{x \mid 2a \leq x \leq a\}$이고 $P \subset Q$이므로

$-4 \leq 2a$, $a \leq 7$

즉, $-2 \leq a < 0$

(ii) $a=0$일 때

$P=\{0\}$이므로 $P \subset Q$가 성립한다.

(iii) $a>0$일 때

$P=\{x \mid a \leq x \leq 2a\}$이고 $P \subset Q$이므로

$-4 \leq a$, $2a \leq 7$

즉, $0 < a \leq \dfrac{7}{2}$

(i), (ii), (iii)에서 $-2 \leq a \leq \dfrac{7}{2}$이므로 구하는 정수 a의 개수는 6

이다.

🅐 ④

22 A의 발언이 참이면 C는 장학생이고, B의 발언이 거짓이므로 B는 장학생이다.

즉, 장학생이 한 명이라는 사실에 모순이다.

B의 발언이 참이면 D는 거짓이고, C의 발언이 참이므로 옳은 발언이 하나라는 사실에 모순이다.

C의 발언이 참이면 D는 장학생이고, B의 발언이 거짓이므로 B는 장학생이다.

즉, 장학생이 한 명이라는 사실에 모순이다.

D의 발언이 참이면 C, D는 모두 장학생이 아니고 B는 장학생이다.

따라서 옳은 발언을 한 학생은 D이고, 이때 장학생은 B이다.

🅐 ⑤

23 $A_2 \cap (A_4 \cup A_8) = (A_2 \cap A_4) \cup (A_2 \cap A_8)$
$= A_4 \cup A_8$
$= A_4$ ······ ❶

따라서 100 이하의 4의 배수는 25개이므로 구하는 원소의 개수는 25이다. ······ ❷

🅐 25

단계	채점 기준	비율
❶	A_4를 구한 경우	50 %
❷	원소의 개수를 구한 경우	50 %

24 $x>3$에서 $x-3>0$이므로

산술평균과 기하평균의 관계에 의하여

$x+\dfrac{4}{x-3}=x-3+\dfrac{4}{x-3}+3$

$\geq 2\sqrt{(x-3) \times \dfrac{4}{x-3}}+3$

$\left(\text{단, 등호는 } x-3=\dfrac{4}{x-3} \text{일 때 성립한다.}\right)$ ······ ❶

$=2 \times 2+3=7$

따라서 $x+\dfrac{4}{x-3}$의 최솟값은 7이므로

$a=7$ ······ ❷

$x-3=\dfrac{4}{x-3}$에서

$(x-3)^2=4$

$x-3=-2$ 또는 $x-3=2$

$x>3$이므로 $x=5$, 즉 $b=5$ ······ ❸

따라서 $a+b=7+5=12$ ······ ❹

🅐 12

단계	채점 기준	비율
❶	산술평균과 기하평균의 관계를 구한 경우	30 %
❷	a의 값을 구한 경우	30 %
❸	b의 값을 구한 경우	30 %
❹	$a+b$의 값을 구한 경우	10 %

Ⅲ. 함수와 그래프

06 함수

기본 유형 익히기 유제

본문 67~70쪽

1 5　　**2** 11　　**3** 풀이 참조　**4** $\dfrac{33}{16}$　　**5** -7

6 3　　**7** 4　　**8** $-\dfrac{3}{2}$

---

1 $f(x)=(x^2$을 5로 나눈 나머지)에서

$f(1)=1$, $f(2)=4$, $f(3)=4$, $f(4)=1$, $f(5)=0$

이므로 치역은 $\{0,\ 1,\ 4\}$

따라서 함수 f의 치역의 모든 원소의 합은 $0+1+4=5$

달 5

2 $f=g$에서 $f(-1)=g(-1)$, $f(1)=g(1)$

$f(-1)=g(-1)$에서

$2+4+a=b|-1-2|+1$

$a+6=3b+1$

$a-3b=-5$　……　㉠

$f(1)=g(1)$에서

$2-4+a=b|1-2|+1$

$a-2=b+1$

$a-b=3$　……　㉡

㉠, ㉡을 연립하여 풀면

$a=7$, $b=4$

따라서 $a+b=7+4=11$

달 11

3 $f(x)=(x-1)^2$에서

$f(0)=(0-1)^2=1$

$f(1)=(1-1)^2=0$

$f(2)=(2-1)^2=1$

$f(3)=(3-1)^2=4$

따라서 함수 $f(x)=(x-1)^2$의 그래프를 좌표평면 위에 나타내면 그림과 같다.

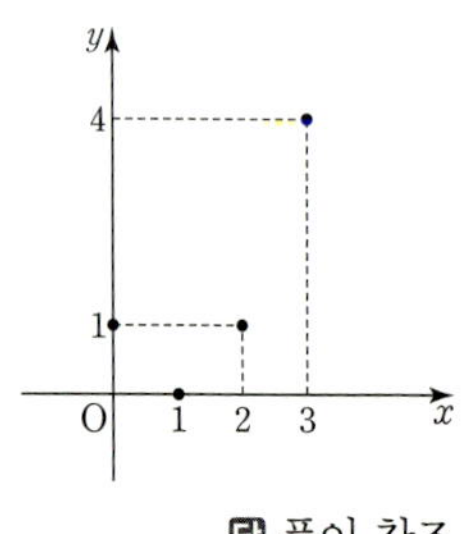

달 풀이 참조

4 $a>0$이므로 함수 $f(x)$의 그래프는 기울기가 양수인 직선의 일부이고, $f(x)$가 일대일대응이 되려면 치역과 공역이 같아야 한다.

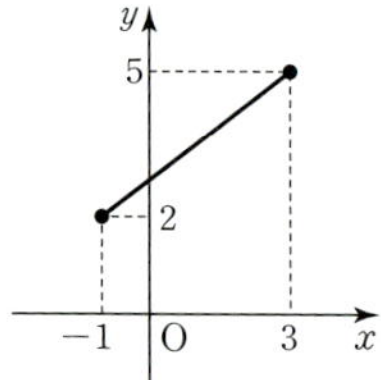

즉, 일차함수 $f(x)$의 그래프는 두 점 $(-1,\ 2)$, $(3,\ 5)$를 지나야 하므로

$f(-1)=2$에서 $-a+b=2$

$f(3)=5$에서 $3a+b=5$

두 식을 연립하여 풀면

$a=\dfrac{3}{4}$, $b=\dfrac{11}{4}$

따라서 $ab=\dfrac{3}{4}\times\dfrac{11}{4}=\dfrac{33}{16}$

달 $\dfrac{33}{16}$

5 $f(x)=2x-3$에서

$f(1)=2\times1-3=-1$이므로

$(f\circ f)(1)=f(f(1))=f(-1)=2\times(-1)-3=-5$

$f(3)=2\times3-3=3$이므로

$(g\circ f)(3)=g(f(3))=g(3)=3-5=-2$

따라서

$(f\circ f)(1)+(g\circ f)(3)=-5+(-2)=-7$

달 -7

6 합성함수의 성질에 의하여 결합법칙이 성립하므로

$((h\circ f)\circ g)(3)=(h\circ(f\circ g))(3)$

$(f\circ g)(x)=2x-5$에서

$(f\circ g)(3)=2\times3-5=1$

이므로

$(h\circ(f\circ g))(3)=h((f\circ g)(3))$

$\qquad\qquad\qquad=h(1)$

$\qquad\qquad\qquad=4+2-3=3$

달 3

7 $f(-1)=2$에서

$-a+b=2$　……　㉠

$f^{-1}(7)=4$에서 $f(4)=7$이므로

$4a+b=7$　……　㉡

㉠, ㉡을 연립하여 풀면

$a=1$, $b=3$

따라서 $a+b=1+3=4$

答 4

8 $(f \circ (g \circ f)^{-1} \circ f)(1) = (f \circ f^{-1} \circ g^{-1} \circ f)(1)$
$$= (g^{-1} \circ f)(1)$$
$$= g^{-1}(f(1))$$

$f(1)=\dfrac{1}{2}\times 1-4=-\dfrac{7}{2}$ 이고

$g^{-1}\left(-\dfrac{7}{2}\right)=a$ 라 하면

$g(a)=-\dfrac{7}{2}$ 에서

$3a+1=-\dfrac{7}{2}$, $3a=-\dfrac{9}{2}$

$a=-\dfrac{3}{2}$

따라서 $g^{-1}(f(1))=g^{-1}\left(-\dfrac{7}{2}\right)=-\dfrac{3}{2}$

答 $-\dfrac{3}{2}$

유형 확인

본문 71~73쪽

01 ⑤	**02** ④	**03** ③	**04** ②	**05** 7
06 ㄱ, ㄹ	**07** ②	**08** ④	**09** 28	**10** 8
11 ⑤	**12** ③	**13** ②	**14** ③	**15** ③
16 $-\dfrac{5}{16}$	**17** ②	**18** ②		

01 ① $f(-1)=1$, $f(1)=3$, $f(2)=4$

② $f(-1)=3$, $f(1)=3$, $f(2)=4$

③ $f(-1)=2$, $f(1)=2$, $f(2)=4$

④ $f(-1)=1$, $f(1)=1$, $f(2)=4$

⑤ $f(-1)=4$, $f(2)=1$ 이지만 $f(1)=(1-1)^2=0 \notin Y$

따라서 집합 X에서 집합 Y로의 함수가 아닌 것은 ⑤이다.

答 ⑤

02 6의 양의 약수는 1, 2, 3, 6이므로 $f(x)=3x-2$에서

$f(1)=1$, $f(2)=4$, $f(3)=7$, $f(6)=16$

즉, 치역은 $\{1, 4, 7, 16\}$이다.

따라서 함수 f의 치역의 모든 원소의 합은

$1+4+7+16=28$

答 ④

03 $f(x)=ax+2a-3$에서

$a=0$이면 $f(x)=-3\in Y$

$a\neq 0$이면 $y=a(x+2)-3$은 기울기가 0이 아닌 직선의 방정식이므로 $f(0)$과 $f(2)$가 공역에 속하면 f는 X에서 Y로의 함수가 된다.

$f(0)=2a-3$, $f(2)=4a-3$

이므로

$-5\leq 2a-3\leq 5$에서 $-1\leq a\leq 4$ ······ ㉠

$-5\leq 4a-3\leq 5$에서 $-\dfrac{1}{2}\leq a\leq 2$ ······ ㉡

㉠, ㉡에서 $-\dfrac{1}{2}\leq a\leq 2$

따라서 $f(x)=a(x+2)-3$이 X에서 Y로의 함수가 정의되도록 하는 모든 정수 a의 값은 0, 1, 2이므로 그 개수는 3이다.

答 ③

04 $f=g$에서 $f(1)=g(1)$, $f(a)=g(a)$를 만족시킨다.

$f(1)=g(1)$에서

$1+1+b=-1+5$

$2+b=4$

$b=2$

$f(a)=g(a)$에서

$a^2+a+2=-a+5$

$a^2+2a-3=0$

$(a+3)(a-1)=0$

$a\neq 1$이므로 $a=-3$

따라서 $a+b=-3+2=-1$

答 ②

05 $f(x)=x^3$, $g(x)=4x$에서

$x^3=4x$

$x(x^2-4)=0$

$x(x+2)(x-2)=0$

$x=0$ 또는 $x=-2$ 또는 $x=2$

따라서 집합 X는 집합 $\{-2, 0, 2\}$의 공집합이 아닌 부분집합이므로 구하는 집합 X의 개수는

$2^3-1=7$

答 7

06 함수의 그래프는 정의역의 모든 원소 a에 대하여 직선 $x=a$와 오직 한 점에서만 만나야 한다.

ㄴ. $a>0$일 때 직선 $x=a$와 주어진 곡선이 서로 다른 두 점에서 만나므로 함수의 그래프가 아니다.

정답과 풀이 **47**

ㄷ. x축에 수직인 직선으로 하나의 x의 값에 대응하는 y의 값이 무수히 많으므로 함수의 그래프가 아니다.

ㄱ, ㄹ. 모든 실수 a에 대하여 직선 $x=a$와 주어진 도형이 오직 한 점에서만 만난다.

따라서 함수의 그래프인 것은 ㄱ, ㄹ이다.

답 ㄱ, ㄹ

07 두 범위에서 각각 x에 대한 일차식, 즉 직선의 일부로 표현되는 주어진 함수가 일대일대응이 되려면 각각의 범위에서 일차항의 계수인 직선의 기울기의 부호가 같아야 하므로

$(2-a)(1+a)>0$

$(a+1)(a-2)<0$

$-1<a<2$

따라서 정수 a의 값은 0, 1이므로 그 개수는 2이다.

답 ②

08 f는 항등함수이므로 $f(1)=1$

$f(1)+g(2)=5$에서

$g(2)=4$

g는 상수함수이므로

$g(x)=4$

따라서 $f(3)=3$, $g(3)=4$이므로

$f(3)+g(3)=3+4=7$

답 ④

09 일대일함수는 정의역 X의 각 원소가 공역 Y의 서로 다른 원소와 대응해야 하므로

$a={}_4\mathrm{P}_3=4\times3\times2=24$

공역 Y의 원소의 개수가 4이므로 상수함수의 개수 b는

$b=4$

따라서 $a+b=24+4=28$

답 28

10 $(f\circ g)(2)=f(g(2))=f(4)=5$

$(g\circ f)(2)=g(f(2))=g(3)=3$

따라서

$(f\circ g)(2)+(g\circ f)(2)=5+3=8$

답 8

11 $(h\circ f)(x)=h(f(x))$

$\qquad\qquad\ =h(2x-1)$

$\qquad\qquad\ =b(2x-1)+4$

$\qquad\qquad\ =2bx-b+4$

$g(x)=-\dfrac{1}{2}x+a$이므로 모든 실수 x에 대하여

$2bx-b+4=-\dfrac{1}{2}x+a$

에서

$2b=-\dfrac{1}{2}$, $-b+4=a$

즉, $b=-\dfrac{1}{4}$, $a=\dfrac{17}{4}$

따라서

$ab=\dfrac{17}{4}\times\left(-\dfrac{1}{4}\right)=-\dfrac{17}{16}$

답 ⑤

12 합성함수의 성질에 의하여 결합법칙이 성립하므로

$(h\circ(g\circ f))(x)=((h\circ g)\circ f)(x)$

$\qquad\qquad\qquad\ =(h\circ g)(f(x))$

$\qquad\qquad\qquad\ =(h\circ g)(2x+a)$

$\qquad\qquad\qquad\ =3(2x+a)-1=6x+3a-1$

모든 실수 x에 대하여

$6x+3a-1=bx+5$

가 성립하므로

$6=b$, $3a-1=5$

에서

$a=2$, $b=6$

따라서 $a+b=2+6=8$

답 ③

13 $(f\circ g)(x)=x$가 성립하므로 $g=f^{-1}$

또한 $g(2)=a$라 하면 $f(a)=2$이므로

$3a+4=2$

$a=-\dfrac{2}{3}$

따라서 $g(2)=-\dfrac{2}{3}$

답 ②

14 함수 f의 역함수가 존재하려면 함수 f가 일대일대응이어야 하고, 두 범위에서 각각 x에 대한 일차식, 즉 직선의 일부로 표현되는 주어진 함수가 일대일대응이 되려면 각각의 범위에서 일차항의 계수인 직선의 기울기의 부호가 같아야 하므로

$(2a-1)(1-a)>0$

$(2a-1)(a-1)<0$

에서

$\dfrac{1}{2}<a<1$

답 ③

15 $f(x)=\begin{cases} x^2 & (x<0) \\ -2x & (x\geq0) \end{cases}$ 에서

$x<0$일 때 $y>0$, $x\geq0$일 때 $y\leq0$이다.

$(f^{-1}\circ f^{-1})(4)=(f\circ f)^{-1}(4)=a$로 놓으면

$(f\circ f)(a)=f(f(a))=4$

$f(-2)=(-2)^2=4$이므로

$f(a)=-2$

$f(a)<0$에서 $a\geq0$

따라서 $-2a=-2$이므로

$a=1$

답 ③

16 $(f^{-1}\circ g^{-1})=(g\circ f)^{-1}$이므로 함수 $g\circ f$의 역함수를 구하면

$(g\circ f)(x)=g(f(x))=g(2x-1)$
$\qquad\qquad\quad=-2(2x-1)+3=-4x+5$

즉, $(g\circ f)(x)=-4x+5$

$y=-4x+5$에서 $4x=-y+5$

$x=-\dfrac{1}{4}y+\dfrac{5}{4}$

x와 y를 서로 바꾸면

$y=-\dfrac{1}{4}x+\dfrac{5}{4}$

그러므로

$(f^{-1}\circ g^{-1})(x)=-\dfrac{1}{4}x+\dfrac{5}{4}$

에서 $a=-\dfrac{1}{4}$, $b=\dfrac{5}{4}$

따라서 $ab=-\dfrac{1}{4}\times\dfrac{5}{4}=-\dfrac{5}{16}$

답 $-\dfrac{5}{16}$

17 $(g^{-1})^{-1}=g$이므로

$(g^{-1}\circ f)^{-1}=f^{-1}\circ g$

에서 함수 $f^{-1}\circ g$는 함수 $g^{-1}\circ f$의 역함수이다.

$(f^{-1}\circ g)(-2)=a$로 놓으면

$(g^{-1}\circ f)(a)=-2$

$2a+7=-2$

$a=-\dfrac{9}{2}$

따라서

$(f^{-1}\circ g)(-2)=-\dfrac{9}{2}$

답 ②

$(g^{-1})^{-1}=g$이므로

$(g^{-1}\circ f)^{-1}=f^{-1}\circ g$

에서 함수 $f^{-1}\circ g$는 함수 $g^{-1}\circ f$의 역함수이다.

$y=2x+7$로 놓고 x를 y에 대한 식으로 나타내면

$2x=y-7$

$x=\dfrac{1}{2}y-\dfrac{7}{2}$

x와 y를 서로 바꾸면

$y=\dfrac{1}{2}x-\dfrac{7}{2}$

따라서

$(f^{-1}\circ g)(x)=\dfrac{1}{2}x-\dfrac{7}{2}$

이므로

$(f^{-1}\circ g)(-2)=\dfrac{1}{2}\times(-2)-\dfrac{7}{2}=-\dfrac{9}{2}$

18 함수 $f(x)=x^2-4x+6 \ (x\geq2)$에 대하여 함수 $y=f(x)$의 그래프와 그 역함수의 그래프가 만나는 점은 그림과 같이 함수 $y=f(x)$의 그래프와 직선 $y=x$가 만나는 점과 일치한다.

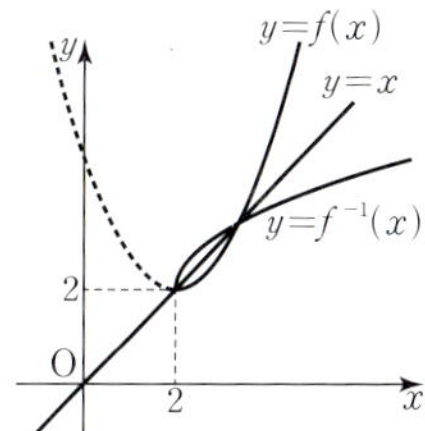

$x^2-4x+6=x$

에서

$x^2-5x+6=0$, $(x-2)(x-3)=0$

이므로 $x=2$ 또는 $x=3$

따라서 두 점 P, Q의 좌표는

P$(2, 2)$, Q$(3, 3)$ 또는 P$(3, 3)$, Q$(2, 2)$

이므로 선분 PQ의 길이는

$\sqrt{(3-2)^2+(3-2)^2}=\sqrt{2}$

답 ②

본문 74쪽

01 3 **02** $h(x)=\dfrac{3}{2}x+\dfrac{11}{2}$ **03** -10

01 함수 $f(x)=ax-2|x-1|+1$에서

(ⅰ) $x \geq 1$일 때,

$$f(x) = ax - 2(x-1) + 1 = (a-2)x + 3$$

(ⅱ) $x < 1$일 때,

$$f(x) = ax + 2(x-1) + 1 = (a+2)x - 1 \quad \cdots\cdots ❶$$

함수 f의 역함수가 존재하려면 함수 f가 일대일대응이어야 하고, 두 범위에서 각각 x에 대한 일차식, 즉 직선의 일부로 표현되는 주어진 함수가 일대일대응이 되려면 각각의 범위에서 일차항의 계수인 직선의 기울기의 부호가 같아야 하므로 $\quad \cdots\cdots ❷$

$(a-2)(a+2) > 0$에서

$a < -2$ 또는 $a > 2$

따라서 자연수 a의 최솟값은 3이다. $\quad \cdots\cdots ❸$

답 3

단계	채점 기준	비율
❶	함수의 식을 절댓값이 없는 식으로 나타낸 경우	40 %
❷	역함수를 가질 조건을 구한 경우	30 %
❸	자연수 a의 최솟값을 구한 경우	30 %

02 $(h \circ f)(x) = g(x)$에서 $h(f(x)) = g(x)$

즉, $h(2x-3) = 3x + 1$ $\quad \cdots\cdots ❶$

$2x - 3 = t$라 하면 $x = \dfrac{t+3}{2}$ $\quad \cdots\cdots ❷$

$h(t) = 3 \times \dfrac{t+3}{2} + 1 = \dfrac{3}{2}t + \dfrac{11}{2}$

따라서 $h(x) = \dfrac{3}{2}x + \dfrac{11}{2}$ $\quad \cdots\cdots ❸$

답 $h(x) = \dfrac{3}{2}x + \dfrac{11}{2}$

단계	채점 기준	비율
❶	합성함수를 이용하여 식을 구한 경우	30 %
❷	치환하여 x에 대한 식을 구한 경우	30 %
❸	$h(x)$를 구한 경우	40 %

03 $g^{-1} \circ f^{-1} = (f \circ g)^{-1}$이므로

$(g \circ f)^{-1} = g^{-1} \circ f^{-1}$가 성립하려면

$(g \circ f)^{-1} = (f \circ g)^{-1}$에서

$g \circ f = f \circ g$ $\quad \cdots\cdots ❶$

$(g \circ f)(x) = g(f(x))$

$\qquad\qquad = g(2x+5)$

$\qquad\qquad = -(2x+5) + k$

$\qquad\qquad = -2x - 5 + k$

$(f \circ g)(x) = f(g(x))$

$\qquad\qquad = f(-x+k)$

$\qquad\qquad = 2(-x+k) + 5$

$\qquad\qquad = -2x + 2k + 5 \quad \cdots\cdots ❷$

모든 실수 x에 대하여 $-2x - 5 + k = -2x + 2k + 5$이어야 하므로

$-5 + k = 2k + 5$

따라서 $k = -10$ $\quad \cdots\cdots ❸$

답 -10

단계	채점 기준	비율
❶	식이 성립할 조건을 구한 경우	40 %
❷	합성함수를 구한 경우	40 %
❸	k의 값을 구한 경우	20 %

🐾 내신 ＋ 수능 고난도 문항

본문 75쪽

01 ②　　　**02** 25　　　**03** $\dfrac{45}{8}$

01 40을 소인수분해하면 $40 = 2^3 \times 5$

$f(40) = f(2^3) + f(5)$이고

2, 5가 소수이므로

$f(2) = 2 \times 2 = 4$, $f(5) = 2 \times 5 = 10$

$f(2^3) = f(2^2) + f(2)$

$\qquad = f(2) + f(2) + f(2)$

$\qquad = 3f(2)$

$\qquad = 3 \times 4$

$\qquad = 12$

따라서 $f(40) = 12 + 10 = 22$

답 ②

02 $f(2) + f(5) = f(4)$에서

$1 + 4 = 4 + 1 = 5$이므로

$f(4) = 5$

$f(2) = 1$, $f(5) = 4$ 또는 $f(2) = 4$, $f(5) = 1$

이고 $f(4) = 5$에서 $f^{-1}(5) = 4$

(ⅰ) $f(2) = 1$, $f(5) = 4$인 경우

$f^{-1}(1) = 2$, $f^{-1}(4) = 5$, $f^{-1}(5) = 4$이므로

$f^{-1}(2) = 1$

이때 $f^{-1}(1)+f^{-1}(2)=2+1=3$이므로 주어진 식을 만족
시키지 않는다.

(ii) $f(2)=4$, $f(5)=1$인 경우
$f^{-1}(4)=2$, $f^{-1}(1)=5$, $f^{-1}(5)=4$이므로
$f^{-1}(2)=1$

이때 $f^{-1}(1)+f^{-1}(2)=5+1=6$이므로 주어진 식을 만족
시킨다.

(i), (ii)에서
$f(1)=2$, $f(2)=4$, $f(4)=5$, $f(5)=1$
따라서
$(f \circ f)(2)=f(f(2))=f(4)=5$
이므로
$10 \times f(1)+(f \circ f)(2)=10 \times 2+5=25$

$$\boxdot\ 25$$

03 $f(x)=\begin{cases} 2x+3 & (x<-1) \\ x+2 & (x\geq-1) \end{cases}$ 에서

$f(f(x))=\begin{cases} 2(2x+3)+3 & (x<-2) \\ (2x+3)+2 & (-2\leq x<-1) \\ (x+2)+2 & (x\geq-1) \end{cases}$

$=\begin{cases} 4x+9 & (x<-2) \\ 2x+5 & (-2\leq x<-1) \\ x+4 & (x\geq-1) \end{cases}$

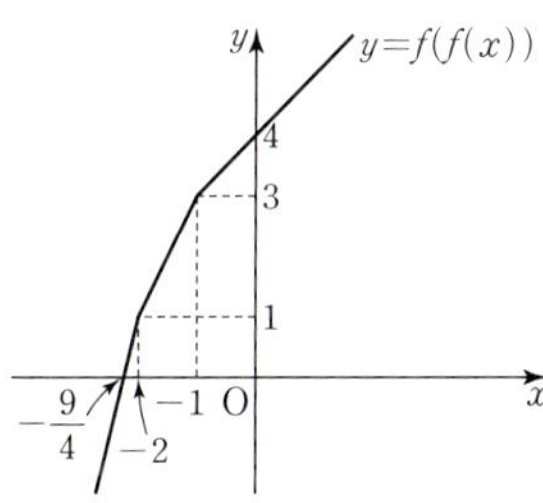

$f(f(x))=0$에서
$4x+9=0$, $x=-\dfrac{9}{4}$

$f(f(-2))=1$
$f(f(-1))=3$
$f(f(0))=4$
이므로
함수 $y=(f \circ f)(x)$의 그래프와 x축 및 y축으로 둘러싸인 도
형의 넓이는
$\dfrac{1}{2} \times \left(\dfrac{9}{4}+2\right) \times 1+\dfrac{1}{2} \times (2+1) \times 2+\dfrac{1}{2} \times 1 \times 1$
$=\dfrac{17}{8}+3+\dfrac{1}{2}=\dfrac{45}{8}$

$$\boxdot\ \dfrac{45}{8}$$

07 유리함수와 무리함수

기본 유형 익히기 유제

본문 80~83쪽

1 $\dfrac{2x-1}{(x-1)(x-3)}$	**2** $\dfrac{2}{5}$	**3** 27	**4** -2
5 $\dfrac{4}{x-4}$	**6** 4	**7** 15	**8** $\dfrac{4}{3}$

1 $\dfrac{1}{x-1}+\dfrac{x+2}{x^2-4x+3}=\dfrac{1}{x-1}+\dfrac{x+2}{(x-1)(x-3)}$

$\qquad\qquad=\dfrac{(x-3)+(x+2)}{(x-1)(x-3)}$

$\qquad\qquad=\dfrac{2x-1}{(x-1)(x-3)}$

$$\boxdot\ \dfrac{2x-1}{(x-1)(x-3)}$$

2 정의역이 $\{x \mid -4\leq x<-3$ 또는 $-3<x\leq2\}$인 함수
$f(x)=\dfrac{2}{x+3}+1$의 그래프는 그림과 같다.

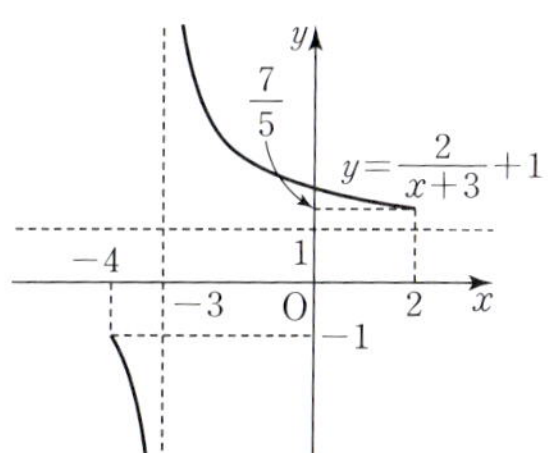

치역은 $\{y \mid y\geq a$ 또는 $y\leq b\}$이므로
$a=f(2)$, $b=f(-4)$
$f(2)=\dfrac{2}{2+3}+1=\dfrac{7}{5}$
에서 $a=\dfrac{7}{5}$
$f(-4)=\dfrac{2}{-4+3}+1=-2+1=-1$
에서 $b=-1$
따라서 $a+b=\dfrac{7}{5}+(-1)=\dfrac{2}{5}$

$$\boxdot\ \dfrac{2}{5}$$

3 점근선의 방정식이 $x=3$, $y=1$이므로 구하는 함수의 식을
$y=\dfrac{k}{x-3}+1\ (k\neq0)$로 놓을 수 있다.
이 함수의 그래프가 점 $(5, -2)$를 지나므로

$-2=\dfrac{k}{2}+1,\ k=-6$

즉, $y=\dfrac{-6}{x-3}+1=\dfrac{x-9}{x-3}$ 이므로

$a=1,\ b=-9,\ c=-3$

따라서 $abc=1\times(-9)\times(-3)=27$

답 27

4 두 함수 $y=f(x),\ y=g(x)$의 그래프가 직선 $y=x$에 대하여 대칭이므로 함수 g는 함수 f의 역함수이다.

$f(x)=\dfrac{2x+1}{x+a}$에서 $y=\dfrac{2x+1}{x+a}$로 놓으면

$y(x+a)=2x+1$

$(y-2)x=-ay+1$

$x=\dfrac{-ay+1}{y-2}$

x와 y를 서로 바꾸면

$y=\dfrac{-ax+1}{x-2}$

즉, $g(x)=\dfrac{-ax+1}{x-2}$ 이므로

$\dfrac{-ax+1}{x-2}=\dfrac{3x+1}{bx-2}$에서

$a=-3,\ b=1$

따라서 $a+b=-3+1=-2$

답 -2

다른 풀이

두 함수 $y=f(x),\ y=g(x)$의 그래프가 직선 $y=x$에 대하여 대칭이므로 두 함수 $f,\ g$는 서로 역함수 관계이다.

함수 $y=f(x)$의 그래프에서 점근선의 방정식이 $x=-a,\ y=2$이므로 함수 $y=g(x)$의 그래프에서 점근선의 방정식은 $x=2,\ y=-a$이다.

함수

$g(x)=\dfrac{3x+1}{bx-2}=\dfrac{3\left(x-\dfrac{2}{b}\right)+\dfrac{6}{b}+1}{b\left(x-\dfrac{2}{b}\right)}$

$=\dfrac{\dfrac{6+b^2}{b^2}}{x-\dfrac{2}{b}}+\dfrac{3}{b}$

의 그래프에서 점근선의 방정식은

$x=\dfrac{2}{b},\ y=\dfrac{3}{b}$ 이므로

$\dfrac{2}{b}=2,\ \dfrac{3}{b}=-a$

따라서 $b=1,\ a=-3$ 이므로

$a+b=-3+1=-2$

5 $\dfrac{1}{\sqrt{x}-2}-\dfrac{1}{\sqrt{x}+2}=\dfrac{(\sqrt{x}+2)-(\sqrt{x}-2)}{(\sqrt{x}-2)(\sqrt{x}+2)}$

$\qquad\qquad\qquad\qquad\quad=\dfrac{4}{x-4}$

답 $\dfrac{4}{x-4}$

6 함수 $y=-\sqrt{x-a}+b$에서 함숫값이 실수가 되려면

$x-a\geq0,\ x\geq a$이므로

정의역은 $\{x\,|\,x\geq a\}=\{x\,|\,x\geq1\}$

에서 $a=1$

$-\sqrt{x-a}\leq0$에서

$y=-\sqrt{x-a}+b\leq b$

이므로 함수 $y=-\sqrt{x-a}+b$의 치역은

$\{y\,|\,y\leq b\}=\{y\,|\,y\leq3\}$

에서 $b=3$

따라서 $a+b=1+3=4$

답 4

7 함수 $y=\sqrt{2x}$의 그래프를 x축의 방향으로 -5만큼, y축의 방향으로 3만큼 평행이동하면

$y=\sqrt{2(x+5)}+3=\sqrt{2x+10}+3$이므로

$a=2,\ b=10,\ c=3$

따라서 $a+b+c=2+10+3=15$

답 15

8 무리함수 $y=\sqrt{3x+1}-2$의 치역은 $\{y\,|\,y\geq-2\}$이고,

$y=\sqrt{3x+1}-2$에서 $y+2=\sqrt{3x+1}$

양변을 제곱하면

$(y+2)^2=3x+1$

$x=\dfrac{1}{3}(y+2)^2-\dfrac{1}{3}$

x와 y를 서로 바꾸면

$y=\dfrac{1}{3}(x+2)^2-\dfrac{1}{3}$

그러므로 주어진 함수의 역함수는

$y=\dfrac{1}{3}(x+2)^2-\dfrac{1}{3}$ (단, $x\geq-2$)

따라서 $a=2,\ b=-\dfrac{1}{3},\ c=-2$이므로

$abc=2\times\left(-\dfrac{1}{3}\right)\times(-2)=\dfrac{4}{3}$

답 $\dfrac{4}{3}$

01 $\dfrac{4x^2}{1-x^4}$ **02** ② **03** ④ **04** ③ **05** ⑤

06 $\dfrac{7}{4}$ **07** ⑤ **08** ④

09 $-4-2\sqrt{3}<m<-4+2\sqrt{3}$ **10** ② **11** $\dfrac{1}{3}$

12 ② **13** ③ **14** ① **15** $2+\dfrac{4}{x}$ **16** ③

17 제2, 3, 4사분면 **18** ③ **19** ⑤

20 $-\dfrac{8}{3}$ **21** 19 **22** ⑤ **23** ④ **24** ①

01
$$\frac{1}{1-x}+\frac{1}{1+x}-\frac{2}{1+x^2}=\frac{(1+x)+(1-x)}{1-x^2}-\frac{2}{1+x^2}$$
$$=\frac{2}{1-x^2}-\frac{2}{1+x^2}$$
$$=\frac{2(1+x^2)-2(1-x^2)}{1-x^4}$$
$$=\frac{4x^2}{1-x^4}$$

달 $\dfrac{4x^2}{1-x^4}$

02
$$\frac{6}{x(x+1)(x-2)}=\frac{a}{x(x-2)}+\frac{b}{x(x+1)}$$
$$=\frac{a(x+1)+b(x-2)}{x(x+1)(x-2)}$$
$$=\frac{(a+b)x+a-2b}{x(x+1)(x-2)}$$

이 등식이 $x\neq-1$, $x\neq0$, $x\neq2$인 모든 실수 x에 대하여 성립하므로

$a+b=0$, $a-2b=6$

두 식을 연립하여 풀면

$a=2$, $b=-2$

따라서 $a-b=2-(-2)=4$

달 ②

03 함수 $y=\dfrac{3}{x-3}-2$의 그래프는 함수 $y=\dfrac{3}{x}$의 그래프를 x축의 방향으로 3만큼, y축의 방향으로 -2만큼 평행이동한 것으로 그 그래프는 그림과 같다.

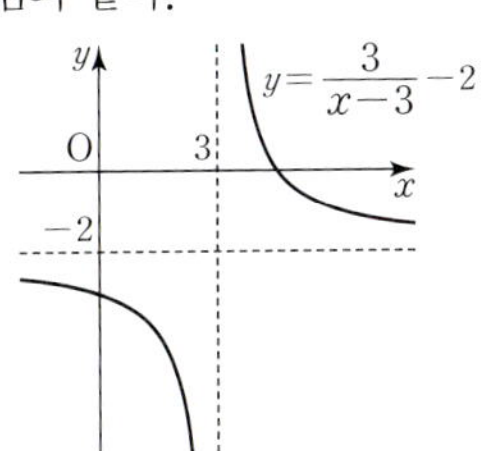

따라서 그래프는 제1, 3, 4사분면을 지난다.

달 ④

04 ㄱ. 함수 $y=\dfrac{1}{x+2}-3$의 그래프를 x축의 방향으로 1만큼, y축의 방향으로 5만큼 평행이동하면 $y-5=\dfrac{1}{(x-1)+2}-3$에서 함수 $y=\dfrac{1}{x+1}+2$의 그래프와 일치한다.

ㄴ. 함수 $y=-\dfrac{1}{x+1}+2$의 그래프를 x축에 대하여 대칭이동하면 $y=\dfrac{1}{x+1}-2$이고, 이 그래프를 y축의 방향으로 4만큼 평행이동하면 $y-4=\dfrac{1}{x+1}-2$에서 함수 $y=\dfrac{1}{x+1}+2$의 그래프와 일치한다.

ㄷ. 함수 $y=\dfrac{2}{x-1}+3$의 그래프는 함수 $y=\dfrac{2}{x}$의 그래프를 평행이동한 것이므로 함수 $y=\dfrac{1}{x+1}+2$의 그래프와 일치시킬 수 없다.

따라서 구하는 함수는 ㄱ, ㄴ이다.

달 ③

05
$$y=\frac{3x+5}{x+4}=\frac{3(x+4)-7}{x+4}=-\frac{7}{x+4}+3$$

이므로 함수 $y=\dfrac{3x+5}{x+4}$의 그래프는 함수 $y=-\dfrac{7}{x}$의 그래프를 x축의 방향으로 -4만큼, y축의 방향으로 3만큼 평행이동한 것이고, 점 $\left(0, \dfrac{5}{4}\right)$를 지나므로 그림과 같다.

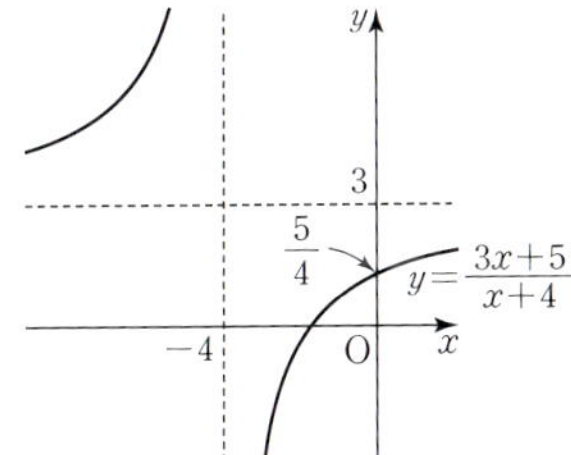

따라서 옳지 않은 것은 ⑤이다.

달 ⑤

06
$$y=\frac{2x+4}{x-5}=\frac{2(x-5)+14}{x-5}=\frac{14}{x-5}+2$$

에서 $14>0$이므로

$x<5$일 때 유리함수 $y=\dfrac{2x+4}{x-5}$는 x의 값이 커질수록 y의 값은 작아진다.

그러므로 $x=-3$일 때 최대, $x=1$일 때 최소이다. 즉,

최댓값 $M = \dfrac{-6+4}{-3-5} = \dfrac{1}{4}$

최솟값 $m = \dfrac{2+4}{1-5} = -\dfrac{3}{2}$

따라서 $M - m = \dfrac{1}{4} - \left(-\dfrac{3}{2}\right) = \dfrac{7}{4}$

답 $\dfrac{7}{4}$

07 함수 $y = \dfrac{bx+5}{x+a} = \dfrac{b(x+a)-ab+5}{x+a} = \dfrac{-ab+5}{x+a} + b$

의 그래프의 점근선의 방정식이 $x = -a$, $y = b$이므로

$a = 2$, $b = 1$

따라서 $a + b = 2 + 1 = 3$

답 ⑤

08 함수 $y = \dfrac{ax+b}{x+c}$의 그래프의 점근선의 방정식이

$x = 2$, $y = -3$이므로 주어진 함수를

$y = \dfrac{k}{x-2} - 3 \ (k \neq 0) \quad \cdots\cdots \ \bigcirc$

으로 놓으면 $\bigcirc$의 그래프가 점 $(0, -1)$을 지나므로

$-1 = \dfrac{k}{-2} - 3$

에서 $k = -4$

$k = -4$를 $\bigcirc$에 대입하면

$y = \dfrac{-4}{x-2} - 3 = \dfrac{-3x+2}{x-2}$

따라서 $a = -3$, $b = 2$, $c = -2$이므로

$a + b + c = -3 + 2 + (-2) = -3$

답 ④

09

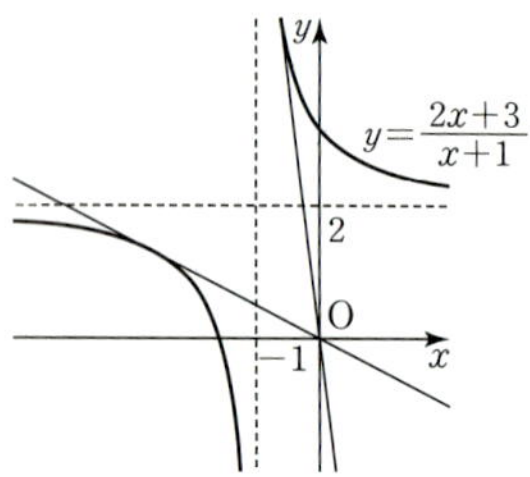

함수 $y = \dfrac{2x+3}{x+1}$의 그래프와 직선 $y = mx$가 접하는 경우는

$\dfrac{2x+3}{x+1} = mx$에서

$mx^2 + (m-2)x - 3 = 0$

이 이차방정식의 판별식을 D라 하면

$D = (m-2)^2 - 4 \times m \times (-3)$

$ = m^2 + 8m + 4 = 0$

에서 $m = -4 - 2\sqrt{3}$ 또는 $m = -4 + 2\sqrt{3}$

따라서 유리함수 $y = \dfrac{2x+3}{x+1}$의 그래프와 직선 $y = mx$가 만나지

않기 위한 실수 m의 값의 범위는

$-4 - 2\sqrt{3} < m < -4 + 2\sqrt{3}$

답 $-4 - 2\sqrt{3} < m < -4 + 2\sqrt{3}$

10 $f(x) = \dfrac{ax+1}{2x+b}$에서

$y = \dfrac{ax+1}{2x+b}$로 놓으면

$y(2x+b) = ax+1$

$(2y-a)x = -by+1$

$x = \dfrac{-by+1}{2y-a}$

x와 y를 서로 바꾸면

$y = \dfrac{-bx+1}{2x-a}$

그러므로

$f^{-1}(x) = \dfrac{-bx+1}{2x-a} = \dfrac{3x+c}{2x+5}$

에서 $a = -5$, $b = -3$, $c = 1$

따라서 $a + b + c = -5 + (-3) + 1 = -7$

답 ②

11 $f(x) = \dfrac{ax+3}{x+b}$에서

$f(0) = \dfrac{3}{b} = \dfrac{3}{2}$이므로 $b = 2$

함수 $f(x) = \dfrac{ax+3}{x+2}$의 그래프가 직선 $y = x$에 대하여 대칭이면

역함수는 자기 자신과 같다.

함수 $f(x)$의 역함수를 구하면

$y = \dfrac{ax+3}{x+2}$에서 $y(x+2) = ax+3$

$(y-a)x = -2y+3$, $x = \dfrac{-2y+3}{y-a}$

x와 y를 서로 바꾸면

$y = \dfrac{-2x+3}{x-a}$

그러므로

$f^{-1}(x) = \dfrac{-2x+3}{x-a} = \dfrac{ax+3}{x+2}$에서 $a = -2$

따라서 $f(x) = \dfrac{-2x+3}{x+2}$이므로

$f(1) = \dfrac{-2+3}{1+2} = \dfrac{1}{3}$

답 $\dfrac{1}{3}$

다른 풀이

$f(x) = \dfrac{ax+3}{x+b}$에서

$$f(0)=\frac{3}{b}=\frac{3}{2}\text{이므로 } b=2$$

$$f(x)=\frac{ax+3}{x+2}=\frac{a(x+2)-2a+3}{x+2}$$

$$=\frac{-2a+3}{x+2}+a$$

이므로 함수 $y=f(x)$의 그래프의 점근선의 방정식은 $x=-2$, $y=a$이다.

두 점근선의 교점 $(-2, a)$가 직선 $y=x$ 위에 있어야 하므로

$$a=-2$$

따라서 $f(x)=\dfrac{-2x+3}{x+2}$이므로

$$f(1)=\frac{-2+3}{1+2}=\frac{1}{3}$$

12 $(f\circ f)(x)=x$를 만족시키므로 $f=f^{-1}$이다.

$y=\dfrac{x+4}{x+a}$에서

$$y(x+a)=x+4$$

$$(y-1)x=-ay+4$$

$$x=\frac{-ay+4}{y-1}$$

x와 y를 서로 바꾸면

$$y=\frac{-ax+4}{x-1}$$

따라서 $f^{-1}(x)=\dfrac{-ax+4}{x-1}=\dfrac{x+4}{x+a}$에서

$$a=-1$$

답 ②

함수 $y=\dfrac{x+4}{x+a}=\dfrac{(x+a)-a+4}{x+a}=\dfrac{-a+4}{x+a}+1$의 그래프의

점근선의 방정식은 $x=-a$, $y=1$이므로 그 역함수의 점근선의

방정식은 $x=1$, $y=-a$이다.

이때 $(f\circ f)(x)=x$를 만족시키므로 $f=f^{-1}$에서 두 점근선의

방정식이 각각 서로 같으므로 $a=-1$

13 $\sqrt{5-x}-3$의 값이 실수가 되려면

$5-x\geq0$이어야 하므로 $x\leq5$

따라서 모든 자연수 x의 개수는 5이다.

답 ③

14 $(\sqrt{2x}+\sqrt{x+1})(\sqrt{2x}-\sqrt{x+1})$

$$=(\sqrt{2x})^2-(\sqrt{x+1})^2$$

$$=2x-(x+1)$$

$$=x-1$$

답 ①

15 $\dfrac{\sqrt{x+1}-1}{\sqrt{x+1}+1}+\dfrac{\sqrt{x+1}+1}{\sqrt{x+1}-1}$

$$=\frac{(\sqrt{x+1}-1)^2+(\sqrt{x+1}+1)^2}{(\sqrt{x+1}+1)(\sqrt{x+1}-1)}$$

$$=\frac{x+1-2\sqrt{x+1}+1+x+1+2\sqrt{x+1}+1}{x+1-1}$$

$$=\frac{2x+4}{x}$$

$$=2+\frac{4}{x}$$

답 $2+\dfrac{4}{x}$

16 함수 $y=\sqrt{x+3}-1$의 그래프는 함수 $y=\sqrt{x}$의 그래프를 x축의 방향으로 -3만큼, y축의 방향으로 -1만큼 평행이동한 것이므로 그림과 같다.

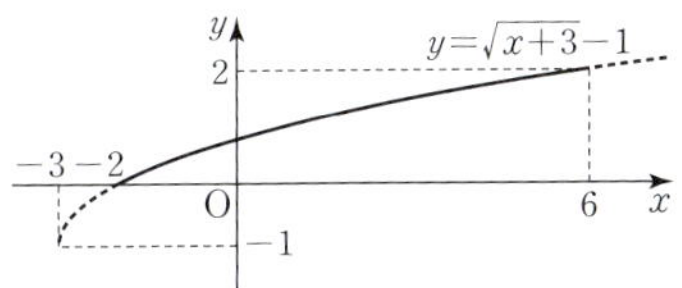

치역이 $\{y\,|\,0\leq y\leq2\}$이므로

$\sqrt{x+3}-1=0$에서

$$\sqrt{x+3}=1$$

$$x+3=1$$

$$x=-2$$

$\sqrt{x+3}-1=2$에서

$$\sqrt{x+3}=3$$

$$x+3=9$$

$$x=6$$

따라서 정의역은 $\{x\,|\,-2\leq x\leq6\}$이므로

$a=-2$, $b=6$이고

$$b-a=6-(-2)=8$$

답 ③

17 주어진 그래프에서 무리함수 $y=-a\sqrt{bx}$의 정의역이 $x\leq0$ 이므로

$bx\geq0$에서 $b<0$

치역이 $y\geq0$이므로

$y=-a\sqrt{bx}\geq0$에서 $-a>0$, 즉 $a<0$

유리함수 $y=-\dfrac{1}{x-a}+b$의 그래프는 함수 $y=-\dfrac{1}{x}$의 그래프를

x축의 방향으로 a만큼, y축의 방향으로 b만큼 평행이동시킨 것 이므로 그래프는 그림과 같이 제2, 3, 4사분면을 지난다.

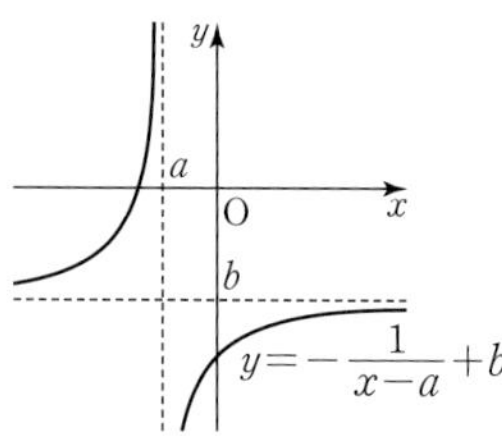

답 제2, 3, 4사분면

18 함수 $y=-\sqrt{3x-6}+2=-\sqrt{3(x-2)}+2$의 그래프는 그림과 같다.

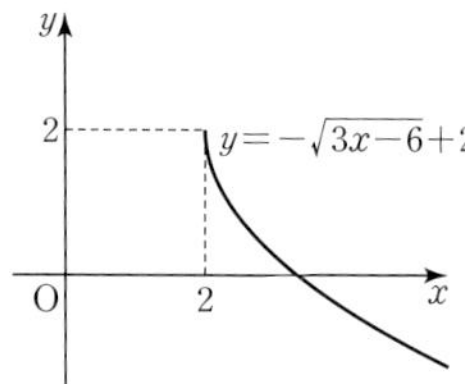

ㄱ. 정의역은 $\{x\,|\,x\geq2\}$, 치역은 $\{y\,|\,y\leq2\}$이다. (참)

ㄴ. 함수 $y=-\sqrt{3x}$의 그래프를 x축의 방향으로 2만큼, y축의 방향으로 2만큼 평행이동시킨 것이다. (참)

ㄷ. 제1, 4사분면을 지난다. (거짓)

따라서 옳은 것은 ㄱ, ㄴ이다.

답 ③

19 ㄱ. 함수 $y=2\sqrt{-x+1}$의 그래프를 y축에 대하여 대칭이동한 그래프의 식은 $y=2\sqrt{x+1}$이고, 이 함수의 그래프를 x축의 방향으로 1만큼 평행이동하면 함수 $y=2\sqrt{x}$의 그래프와 일치한다.

ㄴ. 함수 $y=-2\sqrt{x}+1$의 그래프를 x축에 대하여 대칭이동한 그래프의 식은 $y=2\sqrt{x}-1$이고, 이 함수의 그래프를 y축의 방향으로 1만큼 평행이동하면 함수 $y=2\sqrt{x}$의 그래프와 일치한다.

ㄷ. 함수 $y=-\sqrt{1-4x}$의 그래프를 원점에 대하여 대칭이동한 그래프의 식은 $y=\sqrt{1+4x}$이고

$y=\sqrt{1+4x}=\sqrt{4\left(x+\dfrac{1}{4}\right)}=2\sqrt{x+\dfrac{1}{4}}$이므로 이 함수의 그래프를 x축의 방향으로 $\dfrac{1}{4}$만큼 평행이동하면 함수 $y=2\sqrt{x}$의 그래프와 일치한다.

따라서 함수 $y=2\sqrt{x}$의 그래프와 일치시킬 수 있는 함수는 ㄱ, ㄴ, ㄷ이다.

답 ⑤

20 함수 $y=\sqrt{ax+b}+c$의 그래프는 $y=\sqrt{ax}\ (a>0)$의 그래프를 x축의 방향으로 -3만큼, y축의 방향으로 -1만큼 평행이동한 것이므로

$y=\sqrt{a(x+3)}-1=\sqrt{ax+3a}-1$

즉, $b=3a$, $c=-1$ $\cdots\cdots$ ㉠

이 그래프가 점 $(0,\ 2)$를 지나므로

$2=\sqrt{b}+c=\sqrt{b}-1$

$\sqrt{b}=3$, $b=9$

㉠에서 $a=3$

한편, $y=\sqrt{3x+9}-1$의 그래프가 x축과 만나는 점의 x좌표는

$0=\sqrt{3x+9}-1$

에서

$\sqrt{3x+9}=1$, $3x+9=1$

$3x=-8$

따라서 $x=-\dfrac{8}{3}$

답 $-\dfrac{8}{3}$

21 $4\leq x\leq a$에서 함수 $y=\sqrt{2x-4}-3$은

$x=4$일 때 최솟값, $x=a$일 때 최댓값을 갖는다.

최솟값이 m이므로

$m=\sqrt{2\times4-4}-3=2-3=-1$

최댓값이 3이므로

$\sqrt{2a-4}-3=3$에서 $\sqrt{2a-4}=6$

$2a-4=36$, $2a=40$

$a=20$

따라서 $a+m=20+(-1)=19$

답 19

22 $f(2)=\dfrac{2+1}{4}=\dfrac{3}{4}$이므로

$(g^{-1}\circ f)(2)=g^{-1}(f(2))=g^{-1}\left(\dfrac{3}{4}\right)$

$g^{-1}\left(\dfrac{3}{4}\right)=a$라 하면 $g(a)=\dfrac{3}{4}$이므로

$\sqrt{2a-1}=\dfrac{3}{4}$

양변을 제곱하면

$2a-1=\dfrac{9}{16}$

$a=\dfrac{25}{32}$

따라서 $(g^{-1}\circ f)(2)=\dfrac{25}{32}$

답 ⑤

23 함수 $y=f(x)$의 그래프와 역함수 $y=f^{-1}(x)$의 그래프가 점 $(1,\ 2)$에서 만나므로

$f(1)=2$

이고 $f^{-1}(1)=2$에서

$f(2)=1$

$f(1)=2$에서 $\sqrt{a+b}=2$

$a+b=4$ $\quad$ …… ㉠

$f(2)=1$에서 $\sqrt{2a+b}=1$

$2a+b=1$ $\quad$ …… ㉡

㉠, ㉡을 연립하여 풀면

$a=-3$, $b=7$

따라서 $b-a=7-(-3)=10$

답 ④

24 그림과 같이 함수 $y=\sqrt{x-2}+2$의 그래프와 이 함수의 역함수의 그래프가 만나는 점은 함수 $y=\sqrt{x-2}+2$의 그래프와 직선 $y=x$가 만나는 점과 같다.

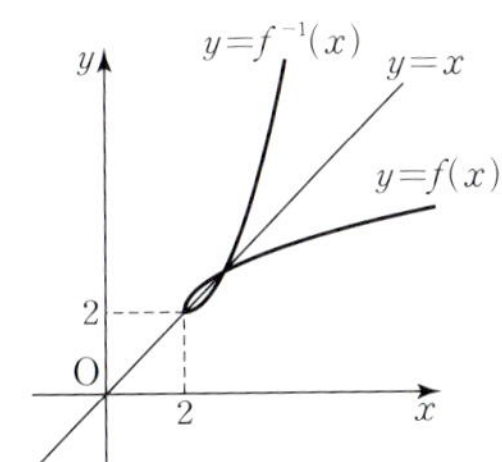

$\sqrt{x-2}+2=x$에서

$\sqrt{x-2}=x-2$

양변을 제곱하면

$x-2=x^2-4x+4$

$x^2-5x+6=0$

$(x-2)(x-3)=0$

$x=2$ 또는 $x=3$

즉, 함수 $y=\sqrt{x-2}+2$의 그래프와 이 함수의 역함수의 그래프가 만나는 서로 다른 두 점의 좌표는 $(2, 2)$, $(3, 3)$이므로 두 점 사이의 거리는

$\sqrt{(3-2)^2+(3-2)^2}=\sqrt{2}$

답 ①

01 함수 $y=\dfrac{b}{x+a}+c$의 그래프가 점 $(3, 4)$에 대하여 대칭이므로 점근선의 방정식은

$x=3$, $y=4$ $\quad$ …… ❶

그러므로 $a=-3$, $c=4$ $\quad$ …… ❷

또한, 역함수의 그래프가 점 $(-1, 2)$를 지나므로

함수 $y=\dfrac{b}{x+a}+c$의 그래프는 점 $(2, -1)$을 지난다. 즉,

$-1=\dfrac{b}{2+a}+c=\dfrac{b}{2-3}+4$

에서 $b=5$ $\quad$ …… ❸

따라서 $a+b+c=-3+5+4=6$ $\quad$ …… ❹

답 6

단계	채점 기준	비율
❶	점근선의 방정식을 구한 경우	40 %
❷	a, c의 값을 구한 경우	20 %
❸	b의 값을 구한 경우	30 %
❹	$a+b+c$의 값을 구한 경우	10 %

02 두 함수 $y=\sqrt{2x+1}$, $x=\sqrt{2y+1}$은 서로 역함수 관계이므로 두 함수의 그래프는 직선 $y=x$에 대하여 대칭이다. $\quad$ …… ❶

그러므로 그림과 같이 두 함수의 그래프의 교점은 함수 $y=\sqrt{2x+1}$의 그래프와 직선 $y=x$의 교점과 같다.

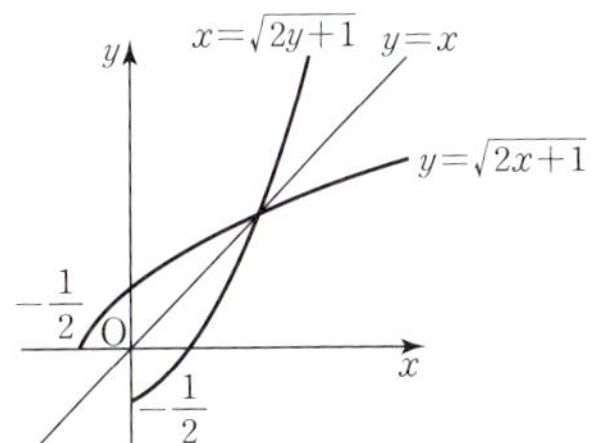

$\sqrt{2x+1}=x$에서

$x^2-2x-1=0$

$x=1\pm\sqrt{2}$

이때 $x=\sqrt{2y+1}\geq0$이므로 구하는 교점의 좌표는

$(1+\sqrt{2}, 1+\sqrt{2})$ $\quad$ …… ❷

따라서 $a=1+\sqrt{2}$, $b=1+\sqrt{2}$이므로

$a+b=2+2\sqrt{2}$ $\quad$ …… ❸

답 $2+2\sqrt{2}$

단계	채점 기준	비율
❶	직선 $y=x$에 대하여 대칭임을 안 경우	20 %
❷	교점의 좌표를 구한 경우	60 %
❸	$a+b$의 값을 구한 경우	20 %

03 주어진 함수의 그래프는 함수 $y=-\sqrt{ax}$ $(a<0)$의 그래프를 x축의 방향으로 4만큼, y축의 방향으로 1만큼 평행이동한 것이므로

$y=-\sqrt{a(x-4)}+1$ $\quad$ …… ㉠

㉠의 그래프가 점 $(0, -1)$을 지나므로
$$-1=-\sqrt{-4a}+1$$
$$\sqrt{-4a}=2$$
$$-4a=4$$
$$a=-1$$
$a=-1$을 ㉠에 대입하면
$$y=-\sqrt{-(x-4)}+1=-\sqrt{-x+4}+1$$
즉, $a=-1$, $b=4$, $c=1$ ...... ❶

$$y=\frac{-x+4}{x+1}=\frac{-(x+1)+5}{x+1}=\frac{5}{x+1}-1$$에서

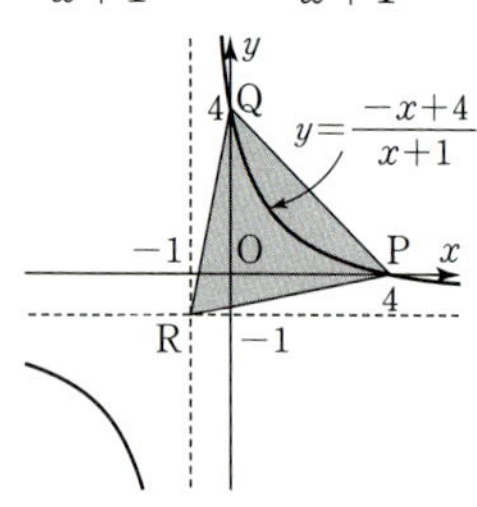

$y=0$일 때 $-x+4=0$에서 $x=4$이므로
$$P(4, 0)$$
$x=0$일 때 $y=4$이므로
$$Q(0, 4)$$
점근선의 방정식은 $x=-1$, $y=-1$이므로
$$R(-1, -1)$$ ...... ❷
$$\overline{PQ}=\sqrt{(0-4)^2+(4-0)^2}=4\sqrt{2}$$
직선 PQ의 방정식은 $y=-x+4$에서
$$x+y-4=0$$
점 $R(-1, -1)$과 직선 PQ 사이의 거리는
$$\frac{|-1-1-4|}{\sqrt{1^2+1^2}}=\frac{6}{\sqrt{2}}$$
따라서 삼각형 PQR의 넓이는
$$\frac{1}{2}\times 4\sqrt{2}\times\frac{6}{\sqrt{2}}=12$$ ...... ❸

답 12

단계	채점 기준	비율
❶	a, b, c의 값을 구한 경우	30 %
❷	세 점 P, Q, R의 좌표를 구한 경우	40 %
❸	삼각형 PQR의 넓이를 구한 경우	30 %

🥾 내신 + 수능 고난도 문항

본문 89쪽

01 ④　　**02** ⑤　　**03** -4

01 점 $A(a, b)$는 함수 $y=\dfrac{3}{2x-4}+1$의 그래프 위의 점이므로
$$b=\frac{3}{2a-4}+1$$
$$a+b=a+\frac{3}{2a-4}+1$$
$$=a-2+\frac{3}{2(a-2)}+3$$
$a>2$에서 $a-2>0$, $2(a-2)>0$이므로
$$a-2+\frac{3}{2(a-2)}\geq 2\sqrt{(a-2)\times\frac{3}{2(a-2)}}$$
$$=\sqrt{6}$$
$$\left(단, 등호는 a-2=\frac{3}{2(a-2)}일 때, 즉\right.$$
$$\left.(a-2)^2=\frac{3}{2}, a=2+\frac{\sqrt{6}}{2}일 때 성립\right)$$
이므로
$$a+b=a-2+\frac{3}{2(a-2)}+3\geq\sqrt{6}+3$$
따라서 $a+b$의 최솟값은 $3+\sqrt{6}$이다.

답 ④

02 $f(x)=\dfrac{3}{x}+k=0$에서
$$\frac{3}{x}=-k, \quad x=-\frac{3}{k}$$
즉, $f\left(-\dfrac{3}{k}\right)=0$이므로
$$f^{-1}(0)=-\frac{3}{k}$$
그러므로 $a=k+f^{-1}(0)=k-\dfrac{3}{k}$

함수 $f(x)=\dfrac{3}{x}+k$에서 점근선의 방정식은 $x=0$, $y=k$이므로
곡선 $y=|f(x)|$와 직선 $y=2$가 오직 한 점에서만 만나려면
(i) $k>0$일 때

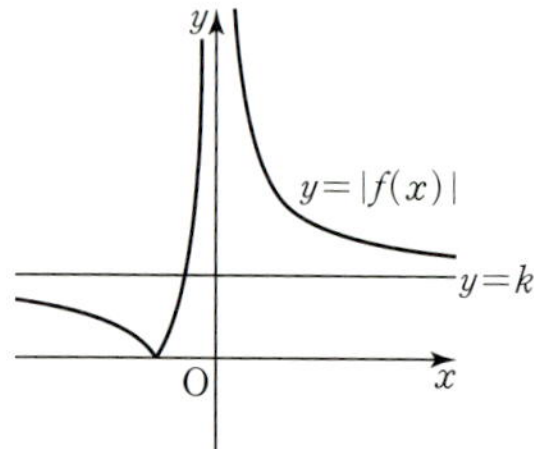

직선 $y=k$가 곡선 $y=|f(x)|$의 점근선이므로 곡선
$y=|f(x)|$와 직선 $y=2$가 한 점에서만 만나려면
$$k=2$$
그러므로
$$a=k-\frac{3}{k}=2-\frac{3}{2}=\frac{1}{2}$$

(ii) $k<0$일 때

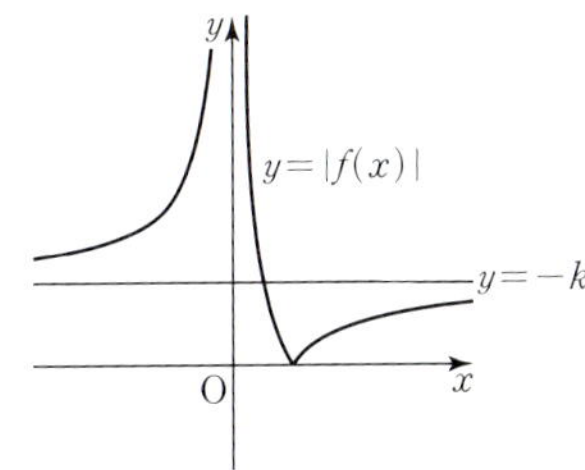

직선 $y=-k$가 곡선 $y=|f(x)|$의 점근선이므로
$-k=2$, $k=-2$
그러므로
$$a=k-\frac{3}{k}=-2+\frac{3}{2}=-\frac{1}{2}$$
(i), (ii)에서 모든 실수 a의 값의 곱은
$$\frac{1}{2}\times\left(-\frac{1}{2}\right)=-\frac{1}{4}$$

답 ⑤

03 함수 $y=\sqrt{3x+k}+1$의 그래프는 함수 $y=\sqrt{3x}$의 그래프를 평행이동한 것이므로 그림과 같이 두 함수 $y=f(x)$와 $y=g(x)$의 그래프가 만나는 점은 직선 $y=x$ 위에 있다.

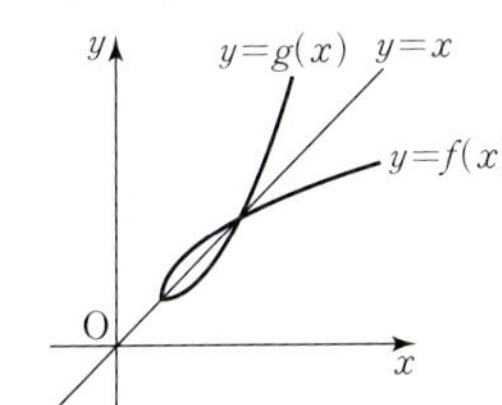

$\sqrt{3x+k}+1=x$에서
$\sqrt{3x+k}=x-1$
양변을 제곱하면
$3x+k=x^2-2x+1$
$x^2-5x+1-k=0$
$$x=\frac{5\pm\sqrt{25-4(1-k)}}{2}$$
$$=\frac{5\pm\sqrt{21+4k}}{2}$$

이때 직선 $y=x$는 기울기가 1인 직선이므로 두 함수 $y=f(x)$와 $y=g(x)$가 만나는 두 점의 x좌표의 차는
$$\sqrt{10}\times\frac{1}{\sqrt{2}}=\sqrt{5}$$
가 되므로
$$\sqrt{21+4k}=\sqrt{5}$$
양변을 제곱하면
$21+4k=5$
따라서 $k=-4$

답 -4

대단원 종합문제

01 ②	**02** 280	**03** ③	**04** ⑤	**05** 9
06 2	**07** $\dfrac{2x^2-x+2}{x^3-1}$		**08** ②	**09** ③
10 2	**11** ②	**12** $\sqrt{7}$	**13** ②	
14 $\dfrac{1}{2}<a<4$		**15** 4	**16** ①	**17** ③
18 $a>2$	**19** ③	**20** ②	**21** ②	**22** 3
23 $\dfrac{20}{3}$	**24** ④	**25** ②	**26** ④	**27** 4
28 $(-1,1)$, $\left(\dfrac{1}{4},6\right)$		**29** 4		

01 $f(-1)=(-1-1)^2-1=4-1=3$
$f(0)=(0-1)^2-1=1-1=0$
$f(1)=(1-1)^2-1=0-1=-1$
$f(2)=(2-1)^2-1=1-1=0$
$f(3)=(3-1)^2-1=4-1=3$
에서 치역은 $\{-1, 0, 3\}$이므로 치역의 모든 원소의 합은
$-1+0+3=2$

답 ②

02 집합 $X=\{1, 2, 3, 4\}$에 대하여 X에서 X로의 함수의 개수는 1, 2, 3, 4에 대응될 수 있는 값이 각각 4가지씩이므로
$4\times4\times4\times4=256$
즉, $a=256$
일대일대응의 개수는
$4!=4\times3\times2\times1=24$
즉, $b=24$
따라서 $a+b=256+24=280$

답 280

03 주어진 함수 $f:X\longrightarrow X$가 일대일대응이려면 일대일함수이고, 정의역과 공역이 모두 집합 X로 같으므로 정의역이 치역이 되어야 한다.
$f(x)=x^2-2x=(x-1)^2-1$이고, 정의역과 치역이 모두 $\{x\,|\,x\geq k\}$이므로 $k\geq1$이고 $f(k)=k$
$f(k)=k^2-2k=k$
$k^2-3k=k(k-3)=0$
따라서 $k=3$

답 ③

04 $f(x)=x^2+4x-3$에서
$f(1)=1+4-3=2$이므로
$$(f \circ f)(1)=f(f(1))$$
$$=f(2)$$
$$=2^2+4\times2-3$$
$$=9$$

답 ⑤

05 $f\left(\dfrac{x+1}{2}\right)=2x+3$에서 $\dfrac{x+1}{2}=2$로 놓으면
$x+1=4,\ x=3$
따라서 $f(2)=f\left(\dfrac{3+1}{2}\right)=2\times3+3=9$

답 9

06 $f^{-1}(1)=3$이므로 $f(3)=1$
$f(2x-1)=g(x)$의 양변에 $x=2$를 대입하면
$f(2\times2-1)=g(2)$, 즉 $f(3)=g(2)=1$
따라서 $g^{-1}(1)=2$

답 2

07 $\dfrac{1}{x-1}+\dfrac{x-1}{x^2+x+1}=\dfrac{(x^2+x+1)+(x-1)^2}{(x-1)(x^2+x+1)}$
$$=\dfrac{2x^2-x+2}{x^3-1}$$

답 $\dfrac{2x^2-x+2}{x^3-1}$

08 $y=\dfrac{ax+3}{x-1}=\dfrac{a(x-1)+a+3}{x-1}=\dfrac{a+3}{x-1}+a$
이므로 함수 $y=\dfrac{ax+3}{x-1}$의 그래프의 점근선의 방정식은
$x=1,\ y=a$
즉, $b=1,\ a=-2$
따라서 $a+b=-2+1=-1$

답 ②

09 $y=\dfrac{ax}{2x+3}$에서
$(2x+3)y=ax$
$(a-2y)x=3y$
$x=\dfrac{3y}{a-2y}$
x와 y를 서로 바꾸면
$y=\dfrac{3x}{a-2x}$

즉, 역함수는 $f^{-1}(x)=\dfrac{-3x}{2x-a}$
$f=f^{-1}$이므로 $a=-3$

답 ③

참고

함수 $y=\dfrac{ax}{2x+3}=\dfrac{a\left(x+\dfrac{3}{2}\right)-\dfrac{3}{2}a}{2\left(x+\dfrac{3}{2}\right)}=\dfrac{-\dfrac{3}{4}a}{x+\dfrac{3}{2}}+\dfrac{a}{2}$의 그래프

의 점근선의 방정식이 $x=-\dfrac{3}{2},\ y=\dfrac{a}{2}$이므로 역함수의 점근선

의 방정식은 $x=\dfrac{a}{2},\ y=-\dfrac{3}{2}$이다.
$f=f^{-1}$에서 $a=-3$

10 $f(x)=\sqrt{2x+1}+\sqrt{2x-1}$에서
$$\dfrac{1}{f(x)}=\dfrac{1}{\sqrt{2x+1}+\sqrt{2x-1}}$$
$$=\dfrac{\sqrt{2x+1}-\sqrt{2x-1}}{(2x+1)-(2x-1)}$$
$$=\dfrac{1}{2}(\sqrt{2x+1}-\sqrt{2x-1})$$
따라서
$$\dfrac{1}{f(1)}+\dfrac{1}{f(2)}+\dfrac{1}{f(3)}+\cdots+\dfrac{1}{f(12)}$$
$$=\dfrac{1}{2}\{(\sqrt{3}-1)+(\sqrt{5}-\sqrt{3})+(\sqrt{7}-\sqrt{5})+$$
$$\cdots+(\sqrt{25}-\sqrt{23})\}$$
$$=\dfrac{1}{2}(\sqrt{25}-1)$$
$$=\dfrac{1}{2}(5-1)=2$$

답 2

11 함수 $y=\sqrt{2x}$의 그래프를 x축의 방향으로 -2만큼, y축의
방향으로 1만큼 평행이동하면
$y=\sqrt{2(x+2)}+1=\sqrt{2x+4}+1$이므로
$a=2,\ b=4,\ c=1$
따라서 $a+b+c=2+4+1=7$

답 ②

12 함수 $f(x)=\sqrt{x+a}$의 그래프는 함수 $y=\sqrt{x}$의 그래프를
x축의 방향으로 $-a$만큼 평행이동한 것이므로
$1\leq x\leq5$에서 함수 $f(x)=\sqrt{x+a}$는 $x=1$에서 최솟값, $x=5$
에서 최댓값을 갖는다.
$f(1)=\sqrt{1+a}=\sqrt{3}$
에서 $a=2$

따라서 함수 $f(x)=\sqrt{x+2}$의 최댓값은
$f(5)=\sqrt{5+2}=\sqrt{7}$

🄰 $\sqrt{7}$

13 $f=g$가 성립하려면
정의역 $X=\{a,\,b\}$의 각 원소 $a,\,b$에 대하여
$f(a)=g(a),\ f(b)=g(b)$
가 성립하여야 한다.
따라서
$2a^2+4a=3a+2$
$2b^2+4b=3b+2$
즉, $2a^2+a-2=0,\ 2b^2+b-2=0$
따라서 $a,\,b$는 이차방정식 $2x^2+x-2=0$의 두 근이므로
이차방정식의 근과 계수의 관계에 의하여
$a+b=-\dfrac{1}{2}$

🄰 ②

14 $f(x)=\begin{cases}(2a-1)x+10 & (x<2)\\(4-a)x+6a & (x\geq2)\end{cases}$

에서 일대일대응이 되려면 그림과 같이 두 범위에서의 직선의 기울기의 부호가 같아야 한다.

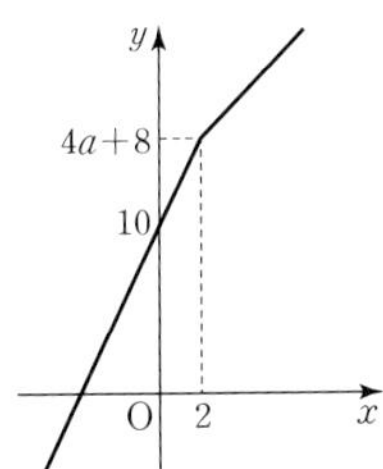

$(2a-1)(4-a)>0$
즉, $(2a-1)(a-4)<0$에서
$\dfrac{1}{2}<a<4$

🄰 $\dfrac{1}{2}<a<4$

15 합성함수의 성질에 의하여 결합법칙이 성립하므로
$(f\circ(g\circ h))(x)=((f\circ g)\circ h)(x)$
$\qquad\qquad\qquad=(f\circ g)(h(x))$
$\qquad\qquad\qquad=h(x)+1$
즉, $h(x)+1=4x-3$
에서
$h(x)=4x-4$
따라서 $h(2)=4\times2-4=4$

🄰 4

16 $f(x)=ax+b\,(a\neq0)$로 놓으면
$(f\circ f)(x)=a(ax+b)+b=a^2x+ab+b=4x+9$
에서 $a^2=4,\ ab+b=9$이므로
$a=2,\ b=3$ 또는 $a=-2,\ b=-9$
즉, $f(x)=2x+3$ 또는 $f(x)=-2x-9$
이때 함수 $y=f(x)$의 그래프가 제4사분면을 지나므로
$f(x)=-2x-9$
따라서 $f(-2)=4-9=-5$

🄰 ①

17 함수 f는 역함수 f^{-1}가 존재하므로 일대일대응이고,
$f=f^{-1}$에서 $f(a)=b$이면 $f^{-1}(a)=b$이므로 $f(b)=a$이다.
(i) $f(1)=1$일 때,
　$f(2)=2,\ f(3)=3$ 또는 $f(2)=3,\ f(3)=2$
(ii) $f(1)=2$일 때,
　$f(2)=1$이므로 $f(3)=3$
(iii) $f(1)=3$일 때,
　$f(3)=1$이므로 $f(2)=2$
(i), (ii), (iii)에서 함수 f의 개수는 4이다.

🄰 ③

18 함수 $y=\dfrac{a}{x-1}+2$의 그래프의 점근선의 방정식은 $x=1$, $y=2$이고, 이 그래프가 모든 사분면을 지나기 위해서는 $a>0$이고, 그림과 같이 $x=0$일 때 $y<0$이어야 한다.

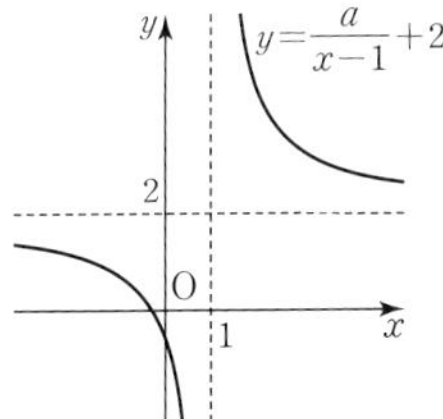

즉, $\dfrac{a}{0-1}+2<0,\ -a+2<0$
따라서 $a>2$

🄰 $a>2$

19 ㄱ. 함수 $y=\dfrac{x+2}{x-1}=\dfrac{(x-1)+3}{x-1}=\dfrac{3}{x-1}+1$의 그래프를 x축의 방향으로 -1만큼, y축의 방향으로 -1만큼 평행이동하면 함수 $y=\dfrac{3}{x}$의 그래프와 일치시킬 수 있다.

ㄴ. 함수 $y=\dfrac{5x+7}{x+2}=\dfrac{5(x+2)-3}{x+2}=-\dfrac{3}{x+2}+5$의 그래프를 x축에 대하여 대칭이동하면 $y=\dfrac{3}{x+2}-5$이고, 이 그래

프를 x축의 방향으로 2만큼, y축의 방향으로 5만큼 평행이동
하면 함수 $y=\dfrac{3}{x}$의 그래프와 일치시킬 수 있다.

ㄷ. 함수 $y=\dfrac{4x+1}{2x-1}=\dfrac{2(2x-1)+3}{2x-1}=\dfrac{3}{2x-1}+2$의 그래프
는 함수 $y=\dfrac{3}{2x}$의 그래프를 평행이동시킨 것으로 $y=\dfrac{3}{x}$의
그래프와 일치시킬 수 없다.

따라서 평행이동 또는 대칭이동을 반복하여 일치시킬 수 있는 것
은 ㄱ, ㄴ이다.

답 ③

20 $2f(x)+f(-x)=2x+3$ ······ ㉠

㉠의 x에 $-x$를 대입하면

$2f(-x)+f(x)=-2x+3$ ······ ㉡

$2\times㉠-㉡$에서

$3f(x)=6x+3$

$f(x)=2x+1$

$f^{-1}(0)=a$라 하면 $f(a)=0$이므로

$2a+1=0$

$a=-\dfrac{1}{2}$

따라서 $f^{-1}(0)=-\dfrac{1}{2}$

답 ②

21 $(g\circ f)^{-1}(2)=(f^{-1}\circ g^{-1})(2)=f^{-1}(g^{-1}(2))$

$g^{-1}(2)=a$라 하면 $g(a)=2$이므로

$\sqrt{4a+3}=2$

$4a+3=4$

$a=\dfrac{1}{4}$

즉, $g^{-1}(2)=\dfrac{1}{4}$

$f^{-1}(g^{-1}(2))=f^{-1}\left(\dfrac{1}{4}\right)=b$라 하면

$f(b)=\dfrac{1}{4}$

즉, $\dfrac{b-2}{b+1}=\dfrac{1}{4}$

$4(b-2)=b+1$, $3b=9$

$b=3$

따라서 $(g\circ f)^{-1}(2)=3$

답 ②

22 $f(x)=x^3-8x$가 항등함수가 되려면 $f(x)=x$이므로

$x^3-8x=x$, $x^3-9x=0$

$x(x+3)(x-3)=0$

$x=0$ 또는 $x=-3$ 또는 $x=3$

즉, 집합 X는 집합 $\{-3,\ 0,\ 3\}$의 부분집합 중 원소의 개수가 2
인 집합이고, 이 중 원소의 합이 최대가 되는 경우는 $\{0,\ 3\}$이므
로 모든 원소의 합의 최댓값은

$0+3=3$

답 3

23 $y=\dfrac{x-2}{x+2}=\dfrac{(x+2)-4}{x+2}=-\dfrac{4}{x+2}+1$

이므로 $x>-2$에서의 함수 $y=f(x)$의 그래프는 그림과 같다.

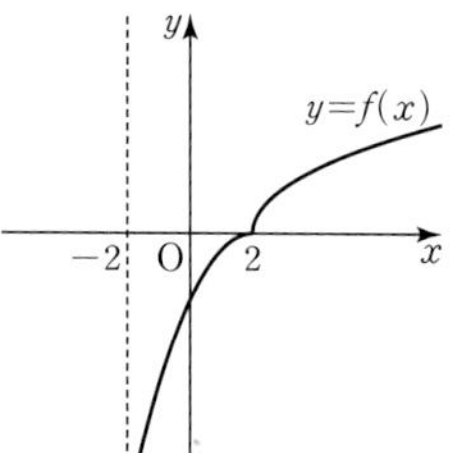

$-2<x<2$에서 $f(x)<0$이고 $x\geq2$에서 $f(x)\geq0$이므로

$f^{-1}\left(-\dfrac{1}{2}\right)=a$로 놓으면

$f(a)=\dfrac{a-2}{a+2}=-\dfrac{1}{2}$이므로

$2a-4=-a-2$

$a=\dfrac{2}{3}$

$f^{-1}(2)=b$로 놓으면

$f(b)=\sqrt{b-2}=2$이므로

$b-2=4$

$b=6$

따라서

$f^{-1}\left(-\dfrac{1}{2}\right)+f^{-1}(2)=\dfrac{2}{3}+6=\dfrac{20}{3}$

답 $\dfrac{20}{3}$

24 $h(x)=2x$라 하면 $h^{-1}(x)=\dfrac{1}{2}x$

$f(2x)=f(h(x))=(f\circ h)(x)$

따라서 $f(2x)=(f\circ h)(x)$의 역함수는

$(f\circ h)^{-1}(x)=(h^{-1}\circ f^{-1})(x)$

$\qquad\qquad\quad =(h^{-1}\circ g)(x)$

$\qquad\qquad\quad =h^{-1}(g(x))$

$\qquad\qquad\quad =\dfrac{1}{2}g(x)$

답 ④

25 $f(x)=\dfrac{x-1}{x}=1-\dfrac{1}{x}$에서

$$f^2(x)=f(f(x))=f\left(1-\dfrac{1}{x}\right)$$

$$=1-\dfrac{1}{1-\dfrac{1}{x}}=1-\dfrac{x}{x-1}=\dfrac{x-1-x}{x-1}=\dfrac{1}{1-x}$$

$$f^3(x)=f(f^2(x))=f\left(\dfrac{1}{1-x}\right)$$

$$=1-\dfrac{1}{\dfrac{1}{1-x}}=1-(1-x)=x$$

이므로 $f^3(x)=x$로 항등함수이다.

$f^3(x)=f^6(x)=x$,

$f^7(x)=f(f^6(x))=f(x)$,

$f^8(x)=f(f^7(x))=f^2(x)$

따라서

$$f^8(4)=f^2(4)=\dfrac{1}{1-4}=-\dfrac{1}{3}$$

답 ②

26 직선 $y=k(x+1)+1$은 기울기가 k이고 k의 값에 관계없이 점 $(-1,\,1)$을 지난다.

한편, 함수 $y=\dfrac{x-2}{x}=-\dfrac{2}{x}+1$의 그래프에서 직선 $y=1$은 점근선이다.

직선 $y=k(x+1)+1$이 함수 $y=\dfrac{x-2}{x}$의 그래프와 만나지 않으려면 $k\geq0$이고, 이 직선이 함수 $y=\dfrac{x-2}{x}$의 그래프에 접할 때의 기울기보다 k의 값이 작아야 한다.

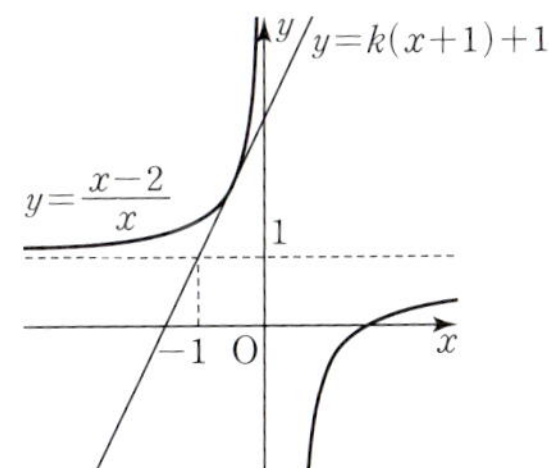

$\dfrac{x-2}{x}=k(x+1)+1$에서

$kx^2+kx+2=0$

이 이차방정식의 판별식을 D라 하면

$D=k^2-8k=0$

$k(k-8)=0$

$k\neq0$이므로 $k=8$

따라서 조건을 만족시키는 k의 값의 범위는

$0\leq k<8$

이므로 정수 k의 개수는 $8-0=8$

답 ④

27 함수 $f(x)=\sqrt{x+2}$의 역함수는

$f^{-1}(x)=x^2-2\ (x\geq0)$

두 곡선 $y=f(x)$, $y=f^{-1}(x)$의 교점은 곡선 $y=f^{-1}(x)$와 직선 $y=x$의 교점과 같으므로

$x^2-2=x$에서

$x^2-x-2=0$

$(x-2)(x+1)=0$

이때 $x\geq0$이므로 $x=2$

즉, $A(2,\,2)$

곡선 $y=f^{-1}(x)$와 직선 $y=-x$의 교점은

$x^2-2=-x$에서

$x^2+x-2=0,\ (x+2)(x-1)=0$

이때 $x\geq0$이므로 $x=1$

즉, $C(1,\,-1)$

원점 O에 대한 그래프의 대칭성에 의하여

$B(-1,\,1)$

삼각형 ABC는 밑변이 $\overline{BC}$, 높이가 $\overline{OA}$인 이등변삼각형이므로

$$\overline{BC}=\sqrt{\{1-(-1)\}^2+(-1-1)^2}=2\sqrt{2}$$

$$\overline{OA}=\sqrt{2^2+2^2}=2\sqrt{2}$$

따라서 삼각형 ABC의 넓이는

$$\dfrac{1}{2}\times2\sqrt{2}\times2\sqrt{2}=4$$

답 4

28
$$((f\circ g)\circ h)(1)=(f\circ(g\circ h))(1)$$
$$=f((g\circ h)(1))$$
$$=f(-2+b)$$
$$=a(-2+b)+1$$
$$=ab-2a+1=2$$

에서

$ab-2a-1=0$ $\qquad\cdots\cdots\ \bigcirc$ $\qquad$ ❶

$$(g\circ(h\circ f))(2)=((g\circ h)\circ f)(2)$$
$$=(g\circ h)(f(2))$$
$$=(g\circ h)(2a+1)$$
$$=-2(2a+1)+b$$
$$=-4a-2+b=3$$

에서

$b=4a+5$ $\qquad\cdots\cdots\ \bigcirc$ $\qquad$ ❷

$\bigcirc$을 $\bigcirc$에 대입하면

$a(4a+5)-2a-1=0$

$4a^2+3a-1=0$

$(a+1)(4a-1)=0$

$a=-1$ 또는 $a=\dfrac{1}{4}$

따라서

$a=-1$일 때 $b=1$, $a=\dfrac{1}{4}$일 때 $b=6$이므로

모든 순서쌍 $(a,\ b)$는 $(-1,\ 1)$, $\left(\dfrac{1}{4},\ 6\right)$이다. ······ ❸

$$\text{답}\ (-1,\ 1),\ \left(\dfrac{1}{4},\ 6\right)$$

단계	채점 기준	비율
❶	$((f\circ g)\circ h)(1)=2$에서 식을 구한 경우	30 %
❷	$(g\circ(h\circ f))(2)=3$에서 식을 구한 경우	30 %
❸	모든 순서쌍 $(a,\ b)$를 구한 경우	40 %

29 함수 $y=\dfrac{1}{x-1}$의 그래프 위의 점 P를 $P\left(a,\ \dfrac{1}{a-1}\right)$이라

하면 점 $A(1,\ 0)$에 대하여

$$\overline{AP}=\sqrt{(a-1)^2+\left(\dfrac{1}{a-1}-0\right)^2}$$

이때

$$(a-1)^2+\left(\dfrac{1}{a-1}\right)^2\geq 2\sqrt{(a-1)^2\times\left(\dfrac{1}{a-1}\right)^2}=2$$

이므로 $\overline{AP}\geq\sqrt{2}$이고, $(a-1)^2=\left(\dfrac{1}{a-1}\right)^2$일 때 등호가 성립

한다. ······ ❶

즉, $a-1=1$ 또는 $a-1=-1$일 때 등호가 성립하므로

$a=2$ 또는 $a=0$

에서 두 선분 AP, AQ의 길이가 각각 최소가 되는 두 점 P, Q

의 좌표는 각각

$P(0,\ -1),\ Q(2,\ 1)$ ······ ❷

이고 두 점 P, Q 사이의 거리는

$$\sqrt{(0-2)^2+(-1-1)^2}=2\sqrt{2}$$

따라서 선분 PQ를 대각선으로 하는 정사각형은 한 변의 길이가

2이므로 그 넓이는 4이다. ······ ❸

$$\text{답}\ 4$$

단계	채점 기준	비율
❶	$\overline{AP}$가 최소가 되는 조건을 구한 경우	40 %
❷	두 선분이 최소가 되는 두 점 P, Q의 좌표를 구한 경우	40 %
❸	정사각형의 넓이를 구한 경우	20 %

올림포스

공통수학2

구분	고교 입문	기초	기본 + 연습	특화
국어	고등 예비 과정 / 내 등급은?	윤혜정의 개념의 나비효과 입문 편 + 워크북 / 어휘가 독해다! 수능 국어 어휘		국어의 원리
영어		정승익의 수능 개념 잡는 대박구문 / 주혜연의 해석공식 논리 구조편	[기본서] 올림포스 / [유형서] 올림포스 유형편 / 올림포스 전국연합학력평가 기출문제집	Grammar POWER / Reading POWER / Listening POWER / Voca POWER / [고급] 올림포스 고급영어독해
수학		[기초] 50일 수학 + 기출 워크북 / 매쓰 디렉터의 고1 수학 개념 끝장내기		[고급] 올림포스 고난도 / 수학의 왕도
한국사 사회			[기본서] 개념완성 / 개념완성 문항편 / 개념완성 전국연합학력평가 기출문제집	고등학생을 위한 多담은 한국사 연표
과학		50일 통합과학		[인공지능] 수학과 함께하는 고교 AI 입문 / 수학과 함께하는 AI 기초

과목	시리즈명	특징	난이도	권장 학년
전 과목	고등예비과정	예비 고등학생을 위한 과목별 단기 완성		예비 고1
전 과목	내 등급은?	고1 첫 학력평가 + 반 배치고사 대비 모의고사		예비 고1
국/영/수	올림포스	내신과 수능 대비 EBS 대표 국어·수학·영어 기본서		고1~2
국/영/수	올림포스 전국연합학력평가 기출문제집	전국연합학력평가 문제 + 개념 기본서		고1~2
한/사/과	개념완성&개념완성 문항편	개념 한 권 + 문항 한 권으로 끝내는 한국사·탐구 기본서		고1~2
한/사/과	개념완성 전국연합학력평가 기출문제집	전국연합학력평가 문제 + 개념 기본서		고1~2
국어	윤혜정의 개념의 나비효과 입문 편 + 워크북	윤혜정 선생님과 함께 시작하는 국어 공부의 첫걸음		예비 고1~고2
국어	어휘가 독해다! 수능 국어 어휘	학평·모평·수능 출제 필수 어휘 학습		예비 고1~고2
국어	국어의 원리	원리로 이해하는 내신과 수능 대비 국어 특화서		고1~2
영어	정승익의 수능 개념 잡는 대박구문	정승익 선생님과 CODE로 이해하는 영어 구문		예비 고1~고2
영어	주혜연의 해석공식 논리 구조편	주혜연 선생님과 함께하는 유형별 지문 독해		예비 고1~고2
영어	Grammar POWER	구문 분석 트리로 이해하는 영어 문법 특화서		고1~2
영어	Reading POWER	수준과 학습 목적에 따라 선택하는 영어 독해 특화서		고1~2
영어	Listening POWER	유형 연습과 모의고사·수행평가 대비 올인원 듣기 특화서		고1~2
영어	Voca POWER	영어 교육과정 필수 어휘와 어원별 어휘 학습		고1~2
영어	올림포스 고급영어독해	영어 독해력을 높이는 영미 문학/비문학 읽기		고2~3
수학	50일 수학 + 기출 워크북	50일 만에 완성하는 초·중·고 수학의 맥		예비 고1~고2
수학	매쓰 디렉터의 고1 수학 개념 끝장내기	스타강사 강의, 손글씨 풀이와 함께 고1 수학 개념 정복		예비 고1~고1
수학	올림포스 유형편	유형별 반복 학습을 통해 실력 잡는 수학 유형서		고1~2
수학	올림포스 고난도	1등급을 위한 고난도 유형 집중 연습		고1~2
수학	수학의 왕도	직관적 개념 설명과 세분화된 문항 수록 수학 특화서		고1~2
한국사	고등학생을 위한 多담은 한국사 연표	연표로 흐름을 잡는 한국사 학습		예비 고1~고2
과학	50일 통합과학	50일 만에 통합과학의 핵심 개념 완벽 이해		예비 고1~고1
기타	수학과 함께하는 고교 AI 입문/AI 기초	파이선 프로그래밍, AI 알고리즘에 필요한 수학 개념 학습		예비 고1~고2